21世纪高职高专教育统编教材

水工钢结构

王建伟　彭　明　主编

黄 河 水 利 出 版 社

内容提要

本书是根据高等职业技术教育水利水电类《水工钢结构》教学大纲，主要依据国家标准《钢结构设计规范》(GB50017—2003)和《水利水电工程钢闸门设计规范》(SL74—95)编写的。本书共分7章，主要内容包括钢结构的材料和设计方法、钢结构的连接、钢梁、轴心受力构件、拉弯和压弯构件、平面钢闸门等。为便于教学和强化基本技能的训练，书中增加了有关例题、习题和思考题，书后附有相关附录。本书适用于高职高专院校水利水电类专业教学，也适用于电大、职大同类专业的教学，同时可供相关专业技术人员阅读参考。

图书在版编目(CIP)数据

水工钢结构/王建伟，彭明主编．—郑州：黄河水利出版社，2006.8

ISBN 7-80734-113-0

Ⅰ．水…　Ⅱ．①王…②彭…　Ⅲ．水工结构：钢结构　Ⅳ．TV34

中国版本图书馆CIP数据核字(2006)第095066号

策划组稿：王路平　电话：0371-66022212　E-mail：wlp@yrcp.com

出 版 社：黄河水利出版社

地址：河南省郑州市金水路11号　　邮政编码：450003

发行单位：黄河水利出版社

发行部电话：0371-66026940　　传真：0371-66022620

E-mail：hhslcbs@126.com

承印单位：黄河水利委员会印刷厂

开本：787 mm×1 092 mm　1/16

印张：12

字数：275千字　　印数：1—4 100

版次：2006年8月第1版　　印次：2006年8月第1次印刷

书号：ISBN 7-80734-113-0/TV·470　　定价：20.00元

前 言

本书是根据高等职业技术教育水利水电类《水工钢结构》教学大纲编写的，是高职高专水利水电工程专业《水工钢结构》课程的通用教材。全书共分 7 章和附录，主要内容包括钢结构设计的基本知识、基本理论、基本构件和连接计算与构造规定，以及水工钢闸门等。

本书主要依据国家标准《钢结构设计规范》(GB50017—2003)和《水利水电工程钢闸门设计规范》(SL74—95)编写。

本书从高职教育的实际特点出发，在内容上加强了知识的针对性和实用性，注重学生实践能力的培养，并注意反映技术发展的最新成果，理论与实际相结合；减少理论推导，注重有关结论和构造规定，以"适度、够用"为准则，不苛求学科的系统性和完整性，充分体现高等职业教育的特色。在阐述上力求做到由浅到深，循序渐进。为便于教学和强化基本技能的训练，书中增加了有关例题、习题和思考题，书后附有相关附录。

参加本书编写的有：黄河水利职业技术学院王建伟(第一、三章，第四章第六、七节)；黄河水利职业技术学院郭遂安(第二章)；沙颍河工程管理局周向阳、汪军(第五章、附录)黄河水利职业技术学院李梅华(第四章一至五节)；黄河水利职业技术学院彭明(第六、七章)。全书由王建伟、彭明主编，黄河水利职业技术学院刘纯义主审。

本书在编写过程中参考并引用了国内同行的著作、教材和有关资料，在此对所有文献的作者深表谢意。由于作者水平有限，书中错误之处在所难免，恳请广大读者批评指正。

编 者

2006 年 6 月

目　录

第一章　绪　论

用型钢或钢板通过焊接或螺栓连接组成的承重结构称为钢结构。钢结构在实际工程中的应用极为广泛,下面简要介绍钢结构的概况。

一、钢结构的特点

(一)钢结构的优点

1.强度高,重量轻

钢材的重度(76.9kN/m^3)比其他建筑材料大,但钢材的强度很高,在相同的荷载条件下,钢结构的自重较小。钢结构与钢筋混凝土结构相比,构件体积小,重量轻,运输和安装方便,适用于跨度大、建筑物高、荷载大,以及要求装拆和移动的结构。

2.钢材内部组织比较均匀,塑性、韧性好

与混凝土和其他材料相比,钢材的内部组织比较均匀,各方向的物理力学性能基本相同,接近匀质各向同性体,钢材的弹性模量较大($E=2.06\times10^5\text{N/mm}^2$),具有良好的塑性和韧性,这些性能最符合目前采用的结构分析中的基本假定和结构计算方法。所以,钢结构的实际受力情况与结构分析计算结果最接近,在使用中最为安全可靠。

3.可焊性好

可焊性是指钢材在焊接过程中和焊接后,能保持焊接部分不开裂的性质。钢材的这种性能为采用焊接结构创造了条件。焊接连接简单方便,适应于制造各种复杂结构形状的需要。

4.制造简便,施工方便,装配性好

钢结构由各种型钢和板材组成,在金属结构制造厂中加工制造,制作简便,生产效率高,速度快。制成的构件在现场拼接,安装常用螺栓连接或焊接,施工方便,施工周期短,便于拆卸、加固或改建。

5.密封性好

钢材具有不渗漏性,可以采用焊接制成安全密封的焊接密闭结构。例如气密性和水密性要求较高的高压容器、大型油库、大型管道、煤气柜等板壳结构。

(二)钢结构的缺点

1.耐热但不耐高温

钢材耐热但不耐高温,随着温度的升高,其强度和弹性模量都将降低,而伸长率和线膨胀系数增大。当环境温度在150℃以上时,需要采取防护措施。在火灾中,钢结构的耐火时间较短;在温度达到500℃以上时,结构会丧失承载力。因此,应根据建筑物的耐火极限时间,对承重构件采取有效的防护措施,如涂刷防火涂料等。

2.耐腐蚀性差

钢结构在湿度大、有侵蚀介质的环境中容易被腐蚀,为了防止锈蚀,不仅在初建时需要采取除锈、油漆、镀锌等防锈措施，而且建成后需要定期维护。在水工钢闸门上也可采用电化学效应的阴极保护法。

3.在低温和其他条件下容易发生脆性断裂

钢材在低温和其他条件下容易发生脆性断裂，实际工程中应注意这方面的问题。

二、钢结构的应用

钢结构在桥梁、水利、水运、海洋采油等工程中的合理应用范围大致如下。

(一)大跨度结构

结构的跨度越大，减轻结构自重越具有明显的经济效果。由于钢材轻质高强，适合于建造大跨度结构。例如三峡水利枢纽升船机的承船厢，有效长度 120m，宽 18m，水深 3.5m，总重量 11.8 万 t，可承载 3 000t 船舶过坝，为当今世界最大的承船厢；上海卢浦大桥为全钢结构大桥，主跨 550m。

(二)活动式结构

水工结构中大量采用的钢闸门、拦污栅、船闸闸门、升船机和钢引桥等均为活动式结构。对于此类需要移动或转动的结构，可以充分发挥钢结构自重较轻的特点，从而降低启闭设备的造价和运转所耗费的动力。有“天下第一门”称号的三峡工程永久船闸南线第一闸首人字门，高 38.5m，宽 20.2m，厚 3m，每扇门重量达 804t，无论是尺寸还是重量都在世界船闸闸门中名列首位。

(三)装拆式结构

在水利工程中经常会遇到需要拆迁和周转使用的结构。例如施工用的钢栈桥，钢模板，装配式的混凝土拌和楼及砂、石骨料的输送架等。这类结构充分发挥了钢结构自重较轻，便于运输和安装的特点。

(四)板壳结构

用钢板制造的压力管道、储液罐、储气罐等结构密封性好。例如三峡水利枢纽工程中的电厂进水压力钢管内径达 12.4m。

(五)高耸结构

主要是指承受风荷载的高耸塔桅结构，如输电线路塔、微波塔、电视转播塔等。例如世界第一高塔加拿大多伦多电视塔高达 553m，世界第二高塔俄罗斯电视塔高 540m，世界第三高塔上海东方明珠电视塔高 468m。广州新电视塔将于 2009 年建成，总高度 610m，其中塔体 450m，天线桅杆 160m，建成后有望成为世界上最高的电视塔。

(六)海工钢结构

海洋工程中的钻井、采油平台结构，由采油平台、生活平台和烽火台组成，中间由轻便的栈桥连接。这类结构要承受平台上各种装置及机械设备的荷载以及风、浪和冰等动力荷载作用，这就利用了钢材强度高、抗震性能好以及便于安装等优点。

(七)受动力荷载作用的结构

由于钢材抵抗动力荷载的性能好，因而重量较大的桥式吊车的吊车梁应采用钢结构，有较大锻锤或动力设备的厂房通常采用钢结构。

三、钢结构的发展概况

中国是最早用钢铁建造承重结构的国家。公元 60 年左右开始在高山峡谷地区建造铁链桥,其中明朝时湖南的沅江桥、清朝时四川的泸定桥最为著名。泸定桥建于 1706 年,净跨 100m,宽 2.7m,共有 13 根铁链,每根质量 1.6t,铁链系于直径 200mm、长 4m 的铸铁锚桩上。

中国古代除铁链桥外,尚有众多的观赏铁塔,至今尚存的有宋代(1061 年)湖北荆州玉泉寺铁塔,塔身高 17.9m,共 13 层,由生铁铸造而成;还有山东济宁铁塔和江苏镇江甘露寺铁塔等。

1782 年,英国用生铁建造了科尔布鲁克代尔肋拱桥,跨长 30.5m。随着冶金技术的发展,出现了熟铁铆钉连接结构,1889 年法国建成的埃菲尔铁塔,高 321m。19 世纪 60 年代,平炉和转炉炼钢出现后,才开始用钢建造桥梁和高层建筑。1974 年在芝加哥建造了西尔斯大厦,高 443m;1998 年建成的日本明石海峡吊桥,跨度为 1 990m。

新中国成立后,随着国家经济的飞速发展,在钢结构设计理论、结构制造安装等方面都有了较快的发展。在钢结构桥梁、大跨度工业厂房、大型公共建筑和高耸结构、高层建筑等方面都有较多的应用。

在钢结构桥梁方面,自 1957 年建成武汉长江大桥以后,又建成了多座大桥,如 1968 年建成的南京长江大桥,正桥长 1 577m,采用 16 锰桥(16Mnq)钢,160m×3 的三跨连续桁架。1992 年建成的九江长江大桥,正桥长 1 806.6m,为 15 锰钒氮桥(15MnVNq)钢、柔性拱加肋的桁架桥,最大跨度 216m。1993 年 10 月建成的上海黄浦大桥,总长 8 346m,主桥为双塔双索面斜拉桥,主桥长 846m,主跨为 423m。

在工业建筑方面,鞍钢、武钢、宝钢等冶金企业的许多车间都采用钢结构厂房。如 1977 年建成的上海锅炉厂的重型容器车间,主跨长 36m,高 40m。1996 年建成的首都大型客机检修库屋盖采用双跨 150m 的钢网架结构。

在公共建筑方面,采用大跨度的平板网架、悬索结构等。如 1961 年建成的北京工人体育馆、1975 年建成的上海体育馆、1990 年建成的亚运村综合馆等。

用钢结构建成的塔桅结构也较多,如 1977 年建成的北京环境气象塔,是由 5 层纤绳组成的桅杆结构,杆身截面为三角形,边宽 2.7m,总高 325m。在石油开发和城市建设中,建造了不少大型油气储罐及筒仓等。1987 年在秦皇岛建成两座 10 万 m^3 储油罐。在北京建造的钢板筒式粮仓,高 20m,直径 10m。

随着国民经济的发展与科技进步,我国将建造更多的大跨度、高层钢结构、预应力结构。薄壁型钢尤其是压型钢板组合结构,近年来得到较快的发展。

四、水工钢结构的发展方向

随着经济建设和国际贸易的迅速发展,钢结构的应用会更加广泛。水工钢结构的发展主要有以下几个方面。

(一)优质高强钢材的研制和应用

长期以来,钢结构传统地采用普通碳素结构钢,随着冶金工业的发展,冶炼时在碳素钢里加入少量的合金元素，可得到强度高、综合机械性能好的普通低合金钢。这类钢还具有抗蚀性、耐磨性及耐低温等性能。屈服点 $f_y = 345\text{N/mm}^2$ 的 16 锰(16Mn)钢在我国最为常用，其次为 15 锰钒(15MnV)钢，屈服点 $f_y = 390\text{N/mm}^2$。此外，屈服点 $f_y = 390\text{N/mm}^2$的 15 锰钛(15MnTi)钢、$f_y = 400\text{N/mm}^2$ 的 30 硅钛(30SiTi)钢以及 $f_y = 450\text{N/mm}^2$的 15 锰钒氮(15MnVN)钢等也曾用于一些重要工程，但这与国外高强度钢材的发展还有一定的差距。例如，美国早在 1969 年已将屈服点 $f_y = 700\text{N/mm}^2$ 的钢材列入规范。

采用高强度低合金钢可大大节约钢材，提高结构的经济使用寿命，同时由于构件截面尺寸减薄，还可以简化制造工艺，节约工时，利于运输和安装，对于大跨度结构更有利。如南京长江大桥、葛洲坝水利枢纽中的各类钢闸门均采用 16 锰钢或 16 锰桥钢建造。1992 年建成的九江长江大桥采用的是 15 锰钒氮桥钢。

为了合理利用材料，对于由稳定条件控制的构件，宜采用价格较低的 Q235 钢；对于由强度条件控制的构件，宜采用强度较高的 Q345、Q390 和 Q420 钢。

(二)结构和新技术的研究和应用

钢与混凝土组合构件充分利用了钢材宜抗拉和混凝土宜抗压的特性，且使一个构件有多种用途，是一种经济合理的结构。例如，目前在桥梁和房屋楼盖中应用的钢梁与钢筋混凝土板组合结构，钢梁与钢筋混凝土板间用抗剪连接件相连而使整个结构整体工作。此外，钢管混凝土结构也是一种组合结构，当用作受压构件时，不仅混凝土受到钢管的约束而提高了其抗压强度，同时由于管内混凝土的填充也提高了钢管抗压的稳定性，因而构件的承载能力大大提高，且具有良好的塑性和韧性，经济效益显著。钢管既承受荷载，又代替了模板，施工很方便。

组合结构是一种很有发展前途的结构形式，有待于进一步研究开发。

我国从 20 世纪 50 年代开始就对预应力钢结构进行理论和实验研究，并在一些工程中应用。预应力钢结构，可以较大幅度地节约钢材，并能增加结构的刚度。例如在三峡工程中船闸人字钢闸门上采用了预应力的门背斜拉杆，可以有效地防止当门扇在水中旋转时产生过大的挠曲和扭转变形。

(三)设计理论和计算方法

水工钢结构一直用容许应力的设计方法。其优点是计算简便，可满足正常的使用要求；缺点是所给定的容许应力不能保证各种结构具有比较一致的可靠度。因此，水工钢结构应研究以概率论为基础的极限状态设计法。现行《钢结构设计规范》(GB50017—2003)(以下简称《规范》)采用的就是此方法。

水工钢闸门的结构计算，通常是将空间结构简化成若干个平面结构来计算。这种计算方法没有考虑结构的整体性，其结果不能准确反映结构实际的工作性能。因此，不能充分合理使用材料。我国从 20 世纪 50 年代以来，对钢闸门已经有按空间结构的计算方法。此法较真实地反映了闸门的工作情况，还可节约钢材。对于跨度较小的闸门，节约效果不显著，且计算过程比较烦琐。所以，按空间结构计算并不普遍。但计算机的发展已为钢闸门按空间计算提供了条件，同时还可以对结构进行优化设计。

(四)新型连接方法

在钢构件的连接上使用最多的是焊接。不仅工厂内的构件组装和装配加固构件,而且现场的构件连接也大量采用焊接。因此,要改进焊接工艺,提高焊接质量,采用二氧化碳气体保护焊、电渣焊等,研究与高强度结构钢相匹配的高质量焊接材料。

现场连接中比焊接用得更多的是高强度螺栓连接。摩擦型高强螺栓连接具有较好的塑性和韧性,避免了焊接中存在的焊接应力和焊接变形等缺点。它不仅安装迅速,而且承受动力荷载的性能也较好。

(五)钢结构的标准化和系列化

钢结构制造工业和机械化水平需要进一步提高。改进工艺和革新设备,使有些构件系列化、产品化。推行水工钢结构的标准化和系列化是缩短工期、降低成本、提高劳动生产率的有效措施。

五、课程的性质和任务

钢结构在各项工程建设中的应用极为广泛,如钢桥、钢厂房、钢闸门、管道、容器、高层建筑和塔桅结构等。钢结构是结构工程中按材料划分出来的一门学科。这门学科主要是建立在建筑材料、工程力学及工程实践知识的基础上,按照结构物的使用目的,在预计的各种荷载作用下,在预定的使用期限内,使结构不致失效。因此,在进行结构设计时必须考虑具体的材料性能,综合运用上述力学知识,研究结构在使用环境和荷载作用下的工作状况,设计出既安全适用,又经济合理的结构。

由于本课程有时需要直接引用上述课程中的有关计算方法和计算公式,有时还要通过适当的假定,把某些复杂的公式转化成实用方便的简化公式,所以,对于设计工作者,必须熟悉上述有关力学课程的内容。然而,钢结构这门学科的特点,不仅是力学的分析和运算,还必须熟悉结构的使用要求,了解结构的工作状况,需要掌握钢材在各种因素作用下的工作性能以及各种构造要求。然而工程中的许多问题不是全部能借助公式解决的,往往需要有丰富的工程实践经验,然后才能设计构件,进行构造处理,确定必要的制造工艺和安装方法。

本课程的任务是阐述常用结构的工作性能、钢结构的连接设计、钢结构各类基本构件的设计原理以及结合水利工程专业的要求讲述平面钢闸门的设计原理和方法。通过本课程的学习,学生应掌握钢结构的基本知识、设计原理和方法,能够对钢梁、钢柱等基本构件进行设计,了解平面钢闸门的组成及各部件的作用,为设计其他类型的钢结构打下基础。

思考题

1-1 根据你所知道的钢结构工程,试述其特点。

1-2 钢结构有哪些特点?

1-3 该课程有哪些主要内容和特点?

第二章　钢结构的材料和设计方法

第一节　建筑钢材的两种破坏形式

钢材有塑性破坏和脆性破坏两种破坏形式。钢结构所用的材料虽然有较高的塑性和韧性,一般为塑性破坏,但在一定条件下,仍有发生脆性破坏的可能性。

当构件中的应力超过屈服点 f_y 即有明显的塑性变形产生,当应力超过钢材的抗拉强度 f_u 后,构件将在很大的变形情况下断裂,这种破坏称为塑性破坏。塑性破坏前,结构有明显的塑性变形,且变形持续时间长,使人们易于发现结构处于危险状态并有机会采取补救措施。因此,在钢结构中未经发现和补救而真正发生塑性破坏的情况很少。另外,塑性变形后结构出现内力重分布,使结构中原先受力不均匀的部分应力趋于均匀,因而提高了结构的承载能力。

另一种破坏形式是脆性破坏。脆性破坏前塑性变形很小,甚至没有塑性变形,计算应力可能小于钢材的屈服点 f_y,断裂从应力集中处开始。冶金和机械加工过程中产生的缺陷,特别是缺口和裂纹,常是断裂的发源地。破坏前没有明显的变形和预兆,断裂往往发生在瞬间。由于脆性破坏前没有明显的预兆,无法及时察觉和采取补救措施,而且个别构件的断裂常引起整个结构塌毁,后果严重,损失较大。

同一种钢材,由于具体情况和工作条件不同,可能发生塑性破坏,也可能发生脆性破坏。使钢材产生脆性破坏的原因包括钢材材质的优劣、设计与构造是否正确、施工制作是否合理及结构使用是否恰当等。应充分认识到钢材脆性破坏的严重后果,在设计、施工和使用钢结构时,采取合理措施,避免脆性破坏的发生。

第二节　钢材的主要工作性能

一、钢材单向拉伸试验表现的机械性能

钢材的机械性能也称力学性能,主要通过试验获得。在静载、常温条件下由标准试件的一次单向均匀拉伸试验得出的静力性能最具有代表性,拉伸试验也比较容易进行,便于规定标准的试验方法和多项性能指标。所以,钢材的主要强度指标和变形性能是根据标准试件在规定试验条件下的拉伸试验确定的。

碳素结构钢和低合金钢一次拉伸时的应力—应变曲线如图 2-1 所示。建筑钢材一次拉伸时的工作特征可分为四个阶段。

(一)弹性阶段

应力由零到比例极限 f_p(因弹性极限和比例极限很接近,所以通常略去弹性极限,把

f_p 看做弹性极限）。在此阶段，钢材表现为弹性，应力应变成线性关系，弹性模量很大，且为常数，$E=206\times10^3\text{N/mm}^2$，卸荷后变形完全恢复，符合胡克定律。

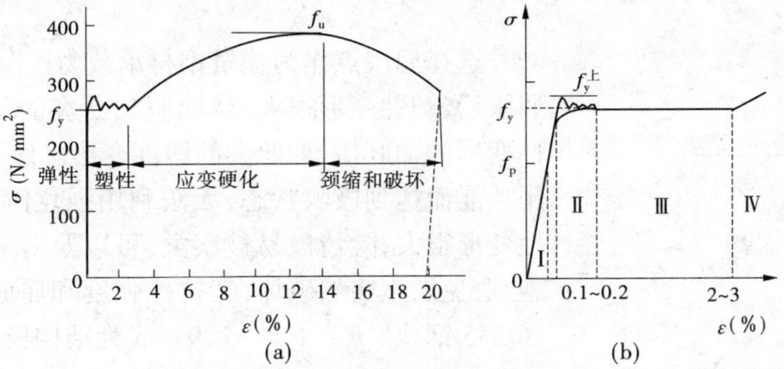

图 2-1　建筑钢材应力应变曲线

(二)弹塑性阶段

由比例极限 f_p 到屈服极限 f_y。应力应变表现为曲线关系，应变值 ε 增加比应力值 σ 增加快，弹性模量由 $E=206\times10^3\text{N/mm}^2$ 逐渐减为零。在此阶段内，任何一点的变形中都将包括弹性变形和塑性变形两部分，其中塑性变形在卸荷后不再恢复。

(三)塑性阶段

应力维持屈服点 f_y 不变，而应变不断增加，应变 ε 由开始屈服时的 0.1%～2%达到屈服结束时的 2%～3%，表现为钢材暂时失去承载力，应力应变关系形成水平段，弹性模量 E 为零。

(四)强化阶段

钢材发生很大的塑性变形后，内部结晶组织自行调整，抵抗外荷载的能力又有所提高，应力应变关系曲线又上升。最后当应力达到极限抗拉强度 f_u 时，在试件的某一薄弱截面发生颈缩现象而断裂破坏，这种破坏是塑性破坏。

通过标准试件的拉伸试验，可得到建筑钢材的三个重要机械性能指标：屈服点 f_y、极限抗拉强度 f_u 及伸长率 δ_{10} 或 δ_5。

钢材的极限抗拉强度 f_u 是衡量钢材在经过巨大变形后抵抗拉断的能力，它直接反映钢材内部组织的优劣，并与疲劳有密切关系。

伸长率是反映钢材在荷载作用下塑性变形能力的指标，它等于试件拉断后原标距间的长度伸长值与原标距长度的百分比。

虽然钢材在应力达到极限抗拉强度 f_u 时才发生断裂，但是结构强度设计时以钢材的屈服点 f_y 作为静力强度的承载极限。试验表明，当应力开始进入塑性阶段时，曲线的波动较大，而后才逐渐趋于平稳，即出现上屈服点和下屈服点。前者和试验时的加载速度及试件形状等试验条件有关，而后者则对此不太敏感，因而设计中以下屈服点作为材料抗力的标准。另外，钢材之所以有弹塑性阶段，是由于存在残余应力，如果消除了试件中残余应力，比例极限 f_p 将和屈服点 f_y 重合。由于一般建筑钢材中的残余应力并不大，f_p 为 $(0.7\sim0.8)f_y$。为了简化计算，可以把钢材的应力应变关系看作是两根直线组成的理想弹性塑性体,如图 2-2 所示。当应力达到屈服点后,将使结构产生很大的残余变形,表明钢材的承载能力达到了最大限度。因此,在设计中取屈服点 f_y 为钢材可以达到的最大应力。

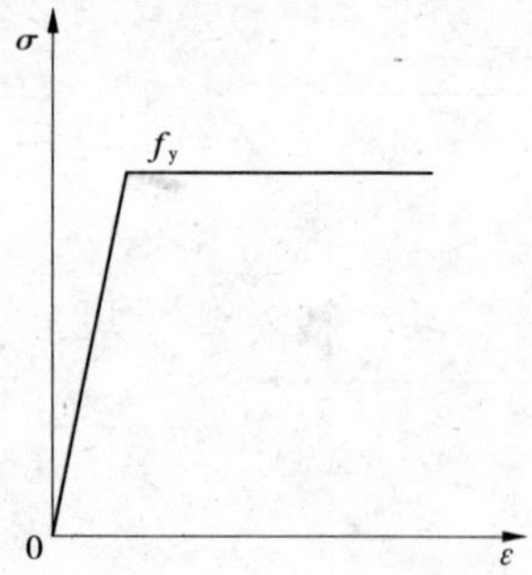

图 2-2　理想弹性塑性体

选择屈服点作为建筑钢材承载力极限的依据:①钢材屈服后,塑性变形很大,从屈服到断裂的塑性变形约为弹性变形的 200 倍,如此大的塑性变形已使结构失去正常使用功能而达到极限状态,无法利用强化阶段;②屈服后塑性变形很大,险情极易被察觉,可以及时采用适当补救措施,避免发生突然破坏;③抗拉强度和屈服点的比值较大(Q235 钢 $f_u/f_y=1.6\sim1.9$),成为结构极大的后备强度。

钢材屈服点的高低还与钢材晶粒的粗细有关,材质好,轧制次数多,晶粒细,屈服点就高。因此,不同厚度的钢材,屈服点是不同的。钢材按厚度分为 6 个范围并分别规定了其屈服点 f_y 和伸长率 δ_{10}。

钢材在一次压缩或剪切时表现出来的应力应变关系变化规律基本上与拉伸试验相似,只是剪切时的屈服点 τ_y 和抗剪强度 τ_u 均较受拉时为低;剪变模量也低于弹性模量。

碳素结构钢和低合金钢有明显的屈服点和屈服平台(见图 2-1(a))。而热处理钢材有较好的塑性性质,但没有明显的屈服点和屈服平台,应力应变曲线形成一条连续的曲线。对于没有明显屈服点的钢材,规定永久变形为 0.2%时的应力作为名义屈服点,用 $\sigma_{0.2}$ 表示,如图 2-3 所示。为简明起见,也可用 $\varepsilon=0.5\%$ 对应的应力作为屈服强度,因为它与 $\sigma_{0.2}$ 相差不多,统一用屈服强度 f_y 表示。

二、冷弯性能

钢材的冷弯性能是判别钢材塑性变形能力及冶金质量的综合指标,是比单向拉伸试验所表现性能更严格的一项指标。冷弯性能由试验来确定,如图 2-4 所示。根据试件原有厚度,按照规定的弯心直径在试验机上将试件弯曲 180°,其表面及内侧面不出现裂纹或分层即为冷弯试验合格。冷弯试验不但能直接检验钢材的弯曲变形能力和塑性性能,还能暴露钢材内部的冶金缺陷,如硫、磷偏析及非金属夹杂等情况。重要的结构中需要有良好的冷加工性能时,应有冷弯试验合格保证。

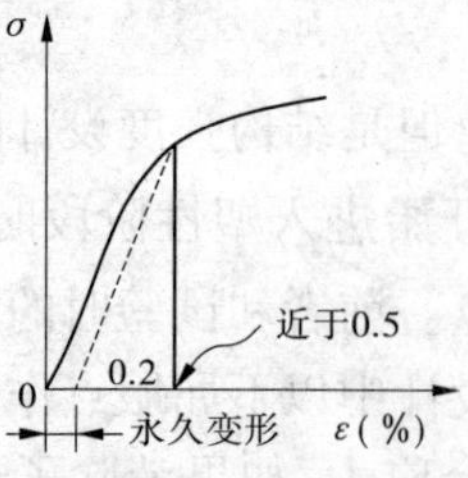

图 2-3　名义屈服点

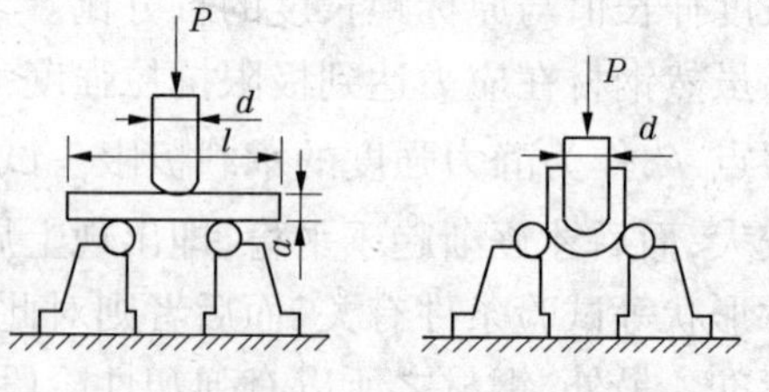

图 2-4　冷弯试验

三、冲击韧性

冲击韧性是钢材的一种动力性能，是钢材抵抗冲击荷载的能力，它可用钢材在塑性变形及断裂过程中吸收能量的能力来衡量。钢材在一次拉伸静力作用下断裂时所吸收的能量，用单位体积吸收的能量来表示，其值等于图 2-1(a)中 $\sigma\sim\varepsilon$ 曲线与横坐标所包围的总面积。塑性好的钢材，其应力应变关系曲线下的面积大，韧性也好。但是在实际结构中，脆性断裂并不是发生在单向受拉的地方，而总是发生在有缺陷高峰应力的地方，在缺陷处的高峰应力往往呈现三向受拉的应力状态。因此，最具代表性的是钢材的缺口冲击韧性，简称冲击韧性。

材料的冲击韧性数值随试件缺口形式和使用试验机不同而异。国家标准《碳素结构钢》(GB700—88)规定采用国际上通用的夏比 V 形缺口试件在夏比试验机上进行，如图 2-5 所示。夏比缺口韧性用 C_v 表示，其值为试件折断所需要的功，单位为 J。

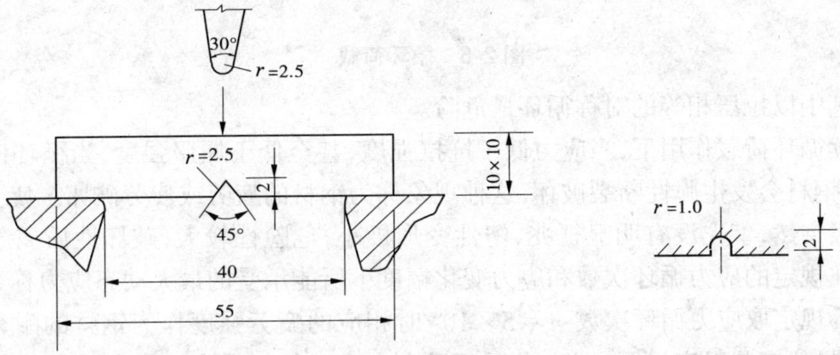

图 2-5 冲击韧性试验 （单位：mm）

由于低温对钢材的脆性破坏影响显著，当温度低于某值时冲击韧性将急剧降低。在寒冷地区建造的结构不但具有常温(20℃)冲击韧性指标，还要求具有负温(0℃，−20℃或−40℃)冲击韧性指标，以保证结构具有足够的抗脆性破坏能力。

第三节　钢材的疲劳

一、钢材疲劳破坏的特征

建筑结构中大小和方向随时间变化的荷载，称为循环荷载，如图 2-6 所示。每次循环中的最大应力 σ_{max} 和最小应力 σ_{min}（拉应力取正值，压应力取负值）之差称为应力幅，即 $\Delta\sigma=\sigma_{max}-\sigma_{min}$。

当所有应力循环中的应力幅保持常量时称为常幅循环荷载；反之，在每次应力循环中，其应力幅值不是常数而是一种随机变量，这种循环荷载称为变幅循环荷载。

循环形式用应力比值 $\rho=\sigma_{min}/\sigma_{max}$ 表示，一般有拉压相等的对称循环($\rho=-1$)、异号不对称循环($-1<\rho<0$)、σ_{min} 为零的脉冲循环($\rho=0$)，以及同号不对称循环($\rho>0$)等四

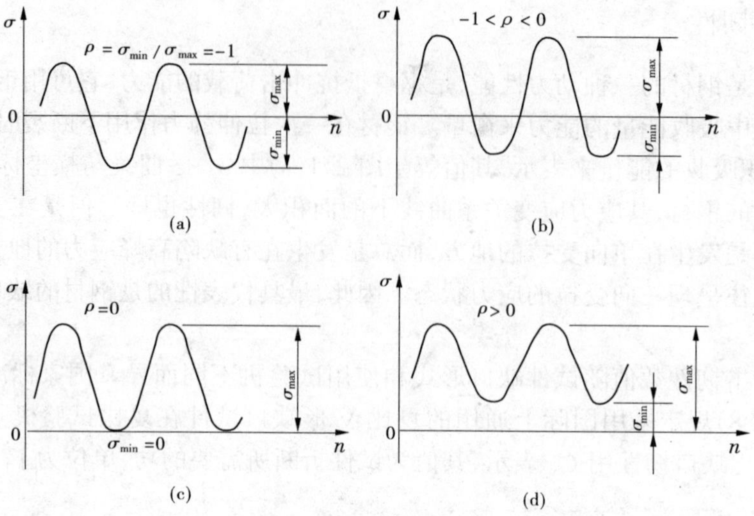

图 2-6　循环荷载

种情况。其中以拉压相等的对称循环最危险。

在连续循环荷载作用下，当应力低于抗拉强度，甚至低于屈服强度，当循环次数达到某数值时，钢材会发生脆性断裂破坏，这种现象称为钢材的疲劳或疲劳破坏。疲劳破坏往往发生得很突然，事先没有明显征兆，塑性变形极小，危险性较大，破坏性质属于脆性破坏。钢材在规定的应力循环次数和应力变化幅度下所能承受的最大动态应力称为疲劳强度。《规范》规定取应力循环次数 $n=5\times10^6$ 时相应的疲劳强度作为钢材的耐久疲劳强度，或称钢材的疲劳强度极限，即应力循环无穷多次试件不致发生疲劳破坏的循环应力 σ_{max} 的极限值。

从宏观上看，疲劳断裂是突然发生的，但实际上是在钢材内部经历长期的发展过程才出现的，疲劳破坏是微观裂纹在连续重复荷载作用下不断扩展直至断裂的过程。影响钢材疲劳破坏的主要因素是应力集中、作用的应力幅和应力循环次数，而与钢材的静力强度无关。现分述如下：

(1)应力集中的影响。在钢材中不可避免地存在一些局部缺陷，如不均匀夹杂，化学成分偏析，轧制时形成的微裂纹，或加工制造形成的刻槽、孔洞和裂纹等。当循环荷载作用时，在这些缺陷处截面上应力分布不均匀，产生应力集中，且应力集中处的高峰应力往往形成双向或三向同号应力场。在反复应力作用下，首先在应力高峰处出现微观裂缝，然后逐渐开展形成宏观裂缝。随着裂缝不断开展，有效截面不断减小，应力集中越来越严重，更促使裂缝的继续开展，形成恶性循环。同时，由于应力集中处是双向或三向同号拉应力场，材料的塑性变形受到限制。因此，当反复循环荷载作用达到一定的循环次数时，裂缝的开展使不断削弱的截面难以承受外力作用，危险截面突然断裂，出现钢材的疲劳破坏。如果钢材中存在残余应力，将加剧疲劳破坏的产生。构件截面几何形状的突然改变也会引起应力集中。《规范》将构件和连接形式按应力集中的影响程度由低到高分为 8 类，并分别规定了它们的容许应力幅[$\Delta\sigma$]作为疲劳强度验算的标准。其中第 1 类为基本无应力集中影响的主体金属，第 8 类为应力集中最严重的角焊缝，第 2～7 类则是有不同程度应力集中的主体金属。

(2)国内外大量疲劳试验证实，无论何种形式的应力循环，都可用 $\Delta\sigma = \sigma_{max} - \sigma_{min}$ 表示其应力幅，只要他们的应力幅相等，不论其循环特征有无差异，其疲劳强度均相同。

(3)在不同的应力幅作用下，各类构件和连接产生疲劳破坏的应力循环次数不同，应力幅愈大，循环次数愈少，反之则愈多。当应力幅小于一定数值时，即使应力无限多次循环，亦不致产生疲劳破坏，即达到通称的疲劳极限。《规范》将 $n = 5\times10^6$ 视为各类构件和连接疲劳极限对应的应力循环次数。

二、常幅疲劳计算

《规范》确定最低疲劳寿命为 $n = 5\times10^5$。对直接动力荷载重复作用的钢构件及其连接，当应力变化循环次数 $n \geqslant 5\times10^4$ 时，应进行疲劳计算，在应力循环中不出现拉应力的部位可不计算疲劳。疲劳计算仍采用容许应力幅法，疲劳计算采用荷载的标准值按结构在弹性阶段工作进行应力分析，这是由于现阶段对疲劳裂缝的形成、扩展以至断裂这一过程的极限状态定义及有关影响因素的研究还不足的缘故。

根据试验数据可以画出构件或连接的应力幅与相应的致损循环次数 n 的关系曲线，如图 2-7(a)所示，目前常用双对数坐标轴的方法，使曲线改为直线，以便分析，如图 2-7(b)所示。

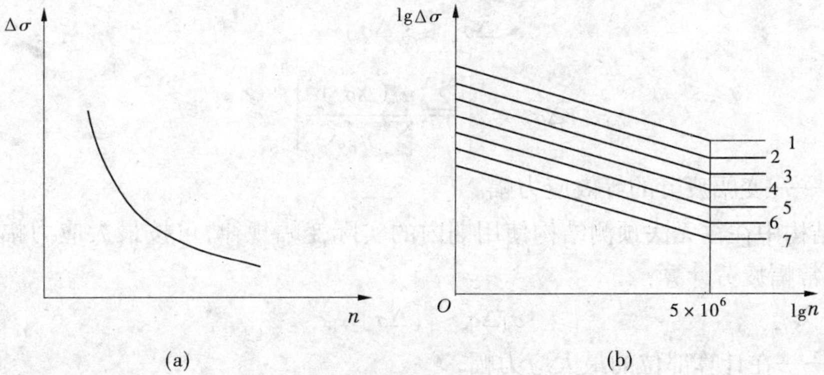

图 2-7　$\Delta\sigma \sim n$ 曲线

在双对数坐标图中，$\Delta\sigma \sim n$ 的直线方程可按数理统计理论回归为：

$$\beta \lg\Delta\sigma + \lg n - \lg C = 0$$

或写成：

$$\lg\Delta\sigma = \frac{1}{\beta}(\lg C - \lg n) = \lg(C/n)^{\frac{1}{\beta}}$$

考虑安全系数后，得到对应于 n 次循环寿命的容许应力幅$[\Delta\sigma]$为：

$$[\Delta\sigma] = (C/n)^{\frac{1}{\beta}} \tag{2-1}$$

对于不同的焊接构件和连接形式，按试验数据回归的直线方程的斜率也不尽相同。为了设计方便，按连接方式、受力特点和疲劳强度，归纳划分为 8 类，它们的 β 和 C 值见表 2-1。

表 2-1　系数 β 和 C 值

构件和连接类别	1	2	3	4	5	6	7	8
C	$1\,940\times10^{12}$	861×10^{12}	3.26×10^{12}	2.18×10^{12}	1.47×10^{12}	0.96×10^{12}	0.65×10^{12}	0.41×10^{12}
β	4	4	3	3	3	3	3	3

为保证构件和连接不发生疲劳破坏，当应力循环次数 $n\geqslant5\times10^4$ 次时，应按式(2-2)进行疲劳计算：

$$\Delta\sigma=\sigma_{\max}-\sigma_{\min}\leqslant[\Delta\sigma] \tag{2-2}$$

式中，$\Delta\sigma$ 为计算部位的应力幅，对焊接部位，$\Delta\sigma=\sigma_{\max}-\sigma_{\min}$；对非焊接部位，为折算应力幅，$\Delta\sigma=\sigma_{\max}-0.7\sigma_{\min}$。$\sigma_{\max}$ 和 $\sigma_{\min}$ 按荷载标准值计算，不考虑动力系数。

三、变幅疲劳计算

对变幅疲劳，若能预测结构在使用寿命期间各种荷载的频率分布、应力幅水平及频次分布总和所构成的设计应力谱，则可按线性累积损伤法则，将其折算为等效常幅疲劳，按式(2-3)计算：

$$\Delta\sigma_{\mathrm{e}}\leqslant[\Delta\sigma] \tag{2-3}$$

$$\Delta\sigma_{\mathrm{e}}=\left[\frac{\sum n_i(\Delta\sigma_i)^{\beta}}{\sum n_i}\right]^{\frac{1}{\beta}} \tag{2-4}$$

式中　$\Delta\sigma_{\mathrm{e}}$——变幅疲劳的等效应力幅。

实际结构中往往无法预测结构使用期内的实际变幅规律，可按最大应力幅考虑欠载效应后，按常幅疲劳计算：

$$\alpha_{\mathrm{f}}\Delta\sigma\leqslant[\Delta\sigma]_{2\times10^6} \tag{2-5}$$

式中　$\Delta\sigma$——在计算部位的最大应力幅；

$[\Delta\sigma]_{2\times10^6}$——循环次数 $n=2\times10^6$ 次的容许应力幅，按式(2-1)计算；

α_{f}——欠载效应的等效系数，对重级工作制硬钩吊车 $\alpha_{\mathrm{f}}=1.0$，对重级工作制软钩吊车 $\alpha_{\mathrm{f}}=0.8$，对中级工作制吊车 $\alpha_{\mathrm{f}}=0.5$。

第四节　影响钢材性能的主要因素

一、化学成分

钢是由各种化学成分组成的，其中铁(Fe)是钢材的基本元素，纯铁体质软，在碳素结构钢中占 99%。其他元素有碳(C)、硅(Si)、锰(Mn)、硫(S)、磷(P)、氧(O)、氮(N)等，它们的总和只占1%左右。在低合金钢中，除上述元素外，还有少量合金元素，如铜(Cu)、钒(V)、钛(Ti)、铌(Nb)、铬(Cr)等，总含量低于5%。尽管钢材中除铁以外的其他元素含量不大，但对钢材的物理力学性能却影响极大。

碳(C)是形成钢材强度的主要成分，是钢材中除铁以外最主要的元素。含碳量高，则钢材强度高，但同时钢材的塑性、韧性、冷弯性能、可焊性及抗锈蚀能力下降。因此，建筑钢材对含碳量要加以限制，一般不应超过0.22%，在焊接结构中还应低于0.20%。

硅(Si)是强脱氧剂，是制作镇静钢的必要元素。硅适量时可提高钢材的强度而不显著影响其塑性、韧性、冷弯性能及可焊性。在碳素镇静钢中硅的含量为0.12%～0.3%，在低合金钢中为0.2%～0.55%。过量时会恶化钢材的可焊性及抗锈蚀性。

锰(Mn)是有益元素，它能显著提高钢材的强度而不过多降低塑性和冲击韧性。锰有脱氧作用，是弱脱氧剂。同时还可以消除硫引起的钢材热脆现象及改善冷脆倾向。锰是低合金钢中的主要合金元素，含量一般为1.2%～1.6%，过量时会降低钢材的可焊性。

硫(S)是有害元素，属杂质。硫在钢材温度达到800～1 000℃时生成硫化铁而熔化，使钢材变脆，易出现裂缝，称为热脆。硫还会降低钢材的冲击韧性、可焊性、疲劳强度及抗锈蚀能力。因此，对硫的含量必须严加控制，一般不超过0.045%～0.05%，Q235的C级与D级钢要求更严。

磷(P)可以提高钢材的强度和抗锈蚀能力，但却严重降低钢材的塑性、韧性和可焊性，特别是在温度较低时使钢材变脆(冷脆)，因而应严格控制其含量，一般不超过0.045%。但采用适当的冶金工艺处理，磷也可作为合金元素，含量在0.05%～0.12%之间。

氧(O)和氮(N)是有害元素，氧能使钢材热脆，其作用比硫剧烈；氮能使钢材冷脆，与磷类似，故其含量应严格控制。由于氧和氮在冶炼过程中容易逸出，一般不会超过极限含量，故不作含量要求。

钒(V)和钛(Ti)是钢中合金元素，能提高钢材的强度和抗锈蚀性，又不显著降低塑性。

铜(Cu)在碳素钢中属杂质成分，它可以提高钢材的强度和抗锈蚀性能，但对可焊性不利。

二、冶金缺陷

常见的冶金缺陷有偏析、非金属夹杂、气孔、裂纹及分层等。偏析是钢中化学成分不一致和不均匀，偏析能恶化钢材的性能，特别是硫、磷的偏析会严重恶化钢材的塑性、韧性和可焊性。非金属夹杂是指硫化物和氧化物等杂质，对钢材性能影响极为不利。硫化物在800～1 200℃高温下，使钢材变脆(即热脆)，氧化物则严重地降低钢材的力学性能和工艺性能。气孔是浇注钢锭时，由于氧化铁和碳生成的一氧化碳气体不能充分逸出而形成的。这些缺陷会形成应力集中，影响钢材的力学性能。浇注时的非金属夹杂和气孔在轧制后造成钢材的裂纹和分层，也会严重影响钢材的性能。

三、构造缺陷

钢材的主要机械性能指标是以标准试件受均匀拉力试验为基础。实际上在钢结构的构件中总是存在着刻槽、孔洞、凹角、截面突变等构造缺陷。此时，构件中的应力分布将不再保持均匀，而是在某些区域产生局部高峰应力，在另外一些区域内则应力降低，形成应力集中现象，如图 2-8 所示。高峰区的最大应力与净截面的平均应力之比称为应力集中系数。研究表明，在应力高峰区域总是存在同号双向或三向应力场，使钢材处于复杂受力状态，塑性变形受到限制，有变脆的趋势。应力集中系数越大，钢材变脆的倾向越严重。一般情况下，钢材的塑性较好，在一定程度上能促使应力重分布，使应力分布严重不均匀的现象趋于平缓，故受静力荷载作用的构件在常温下工作时，计算中可不考虑应力集中的影响。但在负温下或受动力荷载作用的结构，应力集中的不利影响十分突出，是引起脆性破坏的根源，故在设计中应采取措施避免或减小应力集中。

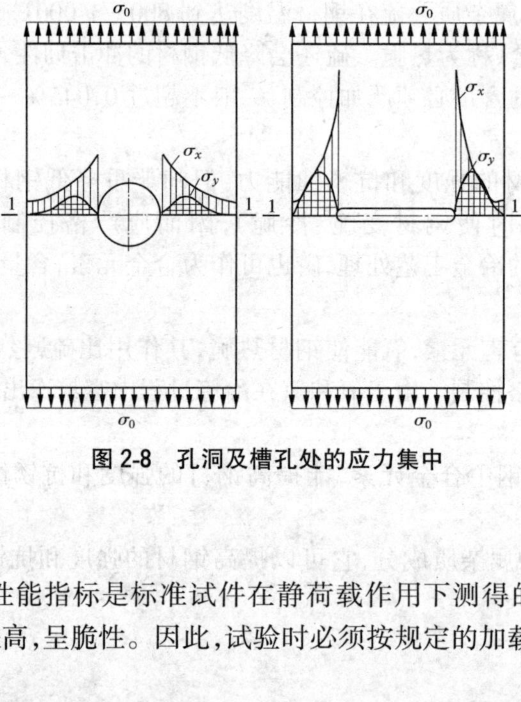

图 2-8　孔洞及槽孔处的应力集中

四、加载速度

钢材的主要力学性能指标是标准试件在静荷载作用下测得的。随着加载速度的提高，钢材的屈服点也提高，呈脆性。因此，试验时必须按规定的加载速度进行。

五、钢材的硬化

钢材在弹性变形范围内，多次间歇重复加载并不影响钢材的性能，因为弹性变形是可以恢复的。但在弹塑性变形范围内，如在冷拉、冷拔、冷弯、冲孔和机械剪切等冷加工过程中，钢材产生很大的塑性变形，将提高钢材的屈服强度和抗拉强度，但却降低钢材的塑性和冲击韧性，这种现象称为冷作硬化。

钢材中常有一些碳和氮的化合物，以固溶体的形式存在于纯铁的结晶体中。它们在晶体中的存在是不稳定的，随着时间的增长逐渐从晶体中析出，形成自由碳化物和氮化物，从而加强了结晶群之间的间层，对纯铁体的塑性变形起遏制作用，使钢材的强度提高，塑性和韧性下降，这种现象称为时效硬化，俗称老化。

当钢材产生塑性变形时,碳和氮的化合物更容易从晶体中析出。因此,对钢材进行冷加工时,常伴随着产生时效硬化。如果在钢材塑性变形后对其加热,则使时效硬化现象更加迅速发生,这种方法称为人工时效或冷作时效。

图 2-9 给出了硬化的三种情况示意图。曲线 *OABCDE* 是钢材正常的应力应变关系曲线,时效硬化的应力应变曲线为 *OAFGH*,沿曲线 *OAB* 加荷至点 *C*,产生冷作硬化,卸载后到达点 *I*,再重新加载时,应力应变关系沿 *ICDE* 变化,这就是冷作硬化后的拉伸曲线。若冷作然后卸载到达 *I* 点,再经过时效硬化才重新加载,则将得到曲线 *ICJKL*,这就是冷作时效后的拉伸曲线。

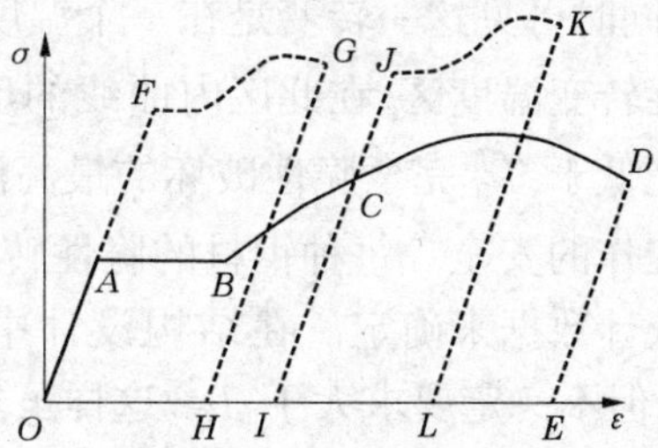

图 2-9　钢材的硬化

无论哪一种硬化,都要降低钢材的塑性和韧性,对钢材不利。在一般钢结构中,不利用硬化所提高的强度,对特殊和重要的结构,要求对钢材进行人工时效后检验其塑性和冲击韧性,有时还要采取措施,消除或减轻硬化的不利影响,保证结构具有足够的抗脆性破坏能力。对局部硬化部分可用刨边或钻孔予以消除。

六、温度的影响

钢材性能随温度变动而变化。总的趋势是:温度升高,钢材强度降低,变形增大;反之,温度降低,钢材的强度会略有增加,塑性和韧性却会降低而变脆。如图 2-10 所示。

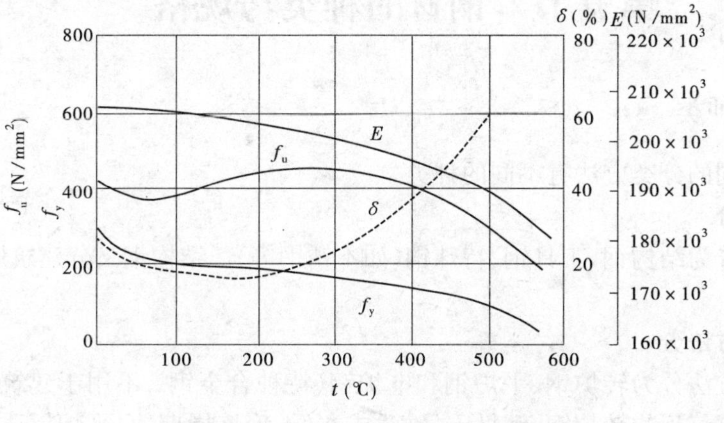

图 2-10　温度对钢材机械性能的影响

温度在 200℃以内时,钢材性能没有很大变化,在 430～540℃之间时强度急剧下降,在 600℃时强度很低,不能承担荷载。但在 250℃左右,钢材的强度反而略有增加,同时塑性和韧性均下降,材料有转脆的倾向,这时钢材表面氧化膜呈蓝色,称为蓝脆现象。因此,应避免在蓝脆区对钢材进行热加工,否则可能产生裂纹。此外,当温度在 260～320℃时,钢材将产生徐变。因此,钢结构表面所受辐射温度应不超过 200℃。设计时以规定 150℃为适宜,超过之后结构表面需加设隔热保护层。

当温度从常温开始下降，特别是在负温度范围内时，钢材的强度虽略有提高，但其塑性和韧性降低，材料逐渐变脆，这种性能称为低温冷脆。图 2-11 是钢材冲击韧性与温度的关系曲线。由图可见，随着温度降低，C_v 值迅速下降，材料将由塑性破坏转为脆性破坏，同时可见这一转变是在一个温度区间 T_1T_2 内完成的，此温度区间 T_1T_2 称为钢材的脆性转变温度区，在此区内曲线的反弯点（最陡点）所对应的温度 T_0 称为转变温度。如果把低于 T_0 完全脆性破坏的最高温度 T_1 作为钢材的脆断设计温度，即可保证钢结构低温工作的安全。每种钢材的脆性转变温度区及脆断设计温度需要根据实践经验由大量试验统计数据来确定。在结构设计中要求避免完全脆性破坏，所以结构所处温度应大于 T_1，但不一定要求大于 T_2，这样虽然安全，但对材料要求过严将会造成浪费。

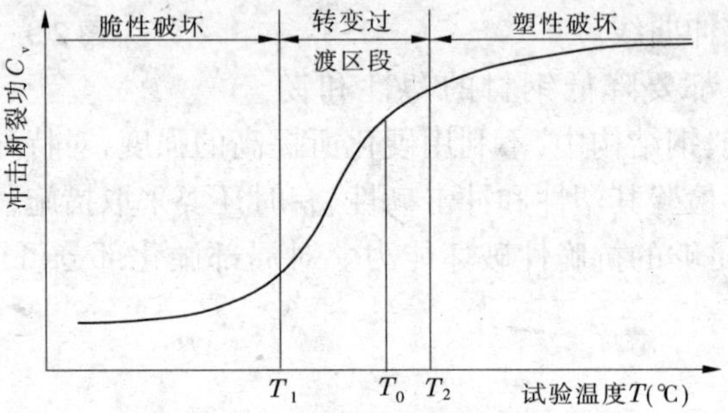

图 2-11　冲击韧性与温度的关系曲线

第五节　钢材的种类与规格

一、钢材的种类

钢材按照不同的分类方法有不同的种类。

（一）按用途分

钢材按用途分为结构钢、工具钢、特殊钢（如不锈钢等）。结构钢又分建筑用钢和机械用钢。

（二）按冶炼方法分

钢材按冶炼方法分为转炉钢、平炉钢和电炉钢（特种合金钢，不用于建筑）。当前的转炉钢主要采用氧气顶吹转炉钢，钢材质量好，成本低，冶炼周期短；平炉钢质量好，但冶炼时间长，成本高。

（三）按浇注前脱氧程度分

按浇注前脱氧程度，钢材又分为沸腾钢（F）、镇静钢（Z）、半镇静钢（b）和特殊镇静钢（TZ）。镇静钢和特殊镇静钢的代号可以省去。镇静钢脱氧完全，成分和质量均匀，但成本较高；沸腾钢脱氧不完全，材质不均匀，力学性能差，但成本低；半镇静钢介于镇静钢与沸腾钢之间。

(四)按成型方法分

按成型方法,钢材分为轧制钢(热轧、冷轧)、铸钢和锻钢。

(五)按化学成分分

按化学成分,钢材分为碳素结构钢和合金钢。在建筑工程中采用的是碳素结构钢、低合金高强度结构钢和优质碳素结构钢。

国家标准《碳素结构钢》(GB700—88)是参照国际标准化组织 ISO630《钢结构》制定的。按质量等级将钢材分为 A、B、C、D 四级。由 A 到 D 表示质量由低到高。A 级钢只保证其抗拉强度、屈服点、伸长率,必要时尚可附加冷弯试验要求,对化学成分中碳、锰可以不作为交货条件。B、C、D 级钢均保证其抗拉强度、屈服点、伸长率、冷弯和冲击韧性(分别为 20℃、0℃、-20℃)等力学性能。化学成分对碳、硫、磷的含量要求比旧标准更严格。

钢产品牌号的表示方法由代表屈服点的字母 Q、屈服点数值、质量等级符号(A、B、C、D)、脱氧程度符号 4 个部分按顺序组成,如 Q235Bb 表示屈服强度为 235N/mm^2 的 B 级半镇静钢。

根据钢材厚度(直径)≤16mm 时的屈服点数值,分为 Q195、Q215、Q235、Q255、Q275。钢结构中一般用 Q235。因此,钢的牌号根据需要可为 Q235A、Q235B、Q235C、Q235D 等。

《低合金高强度结构钢》(GB/T1591—94)不再用钢的品种表示钢的牌号,而是采用与碳素结构钢相同的牌号表示方法。根据钢材厚度(直径)≤16mm 时的屈服点大小,低合金高强度结构钢分为 Q295、Q345、Q390、Q420、Q460。

低合金钢的牌号仍有质量等级符号,除与碳素结构钢 A、B、C、D 四个等级相同外,增加一个等级 E,主要是要求 -40℃ 的冲击韧性。钢的牌号如 Q345—B,Q390—C 等。低合金高强度结构钢一般为镇静钢。

A 级钢应进行冷弯试验,其他质量等级的钢如供方能保证弯曲试验结果符合规定要求,可不作检验。Q460 和各牌号 D、E 级钢一般不供应型钢、钢棒。

二、钢材的规格

钢结构所用的钢材主要为热轧成型的钢板、型钢和圆钢,以及冷弯成型的薄壁型钢,还有热轧成型钢管和冷弯成型焊接钢管。

钢结构构件设计在很多情况下可直接选用型钢,这样可以减少制造加工和焊接工作量,加快工程进度,降低工程造价。当型钢尺寸不合适或构件截面尺寸很大时,可用钢板组成所需截面形状和尺寸,也可以选用型钢辅以钢板组成所需截面。所以,钢结构中的基本元件是型钢及钢板。

(一)热轧钢板

钢板有薄板、厚板、特厚板和扁钢(带钢)等,其规格和用途如下所述。

(1)薄钢板:厚度 0.35~4mm,宽度 500~1 500mm,长度 0.5~4m。主要用来制造冷弯薄壁型钢。

(2)厚钢板:厚度 4.5~60mm,常用厚度间隔为 2mm,宽度 600~3 000mm,长度 4~12m。主要用作梁、柱、实腹式框架等构件的腹板和翼缘及桁架中的节点板等。

(3)特厚板:板厚>60mm,宽度 600～3 800mm,长度 4～9m。主要用于高层钢结构箱形柱等。

(4)扁钢:厚度 4～60mm,宽度 12～200mm,长度 3～9m。可用作组合梁和实腹式框架构件的翼缘板、构件的连接板、桁架节点板和零件等,也是制造螺旋焊接钢管的原材料。

(5)花纹钢板:厚度 2.5～8mm,宽度 600～1 800mm,长度 0.6～12m。主要用作走道板和梯子踏板。

钢板在图纸文件中的表示方法为在钢板横断面符号"—"后加"宽度×厚度×长度",如—600×10×1 200,单位为 mm。

(二)热轧型钢

常用的热轧型钢有角钢、工字钢、槽钢、T 型钢、钢管等,如图 2-12 所示。

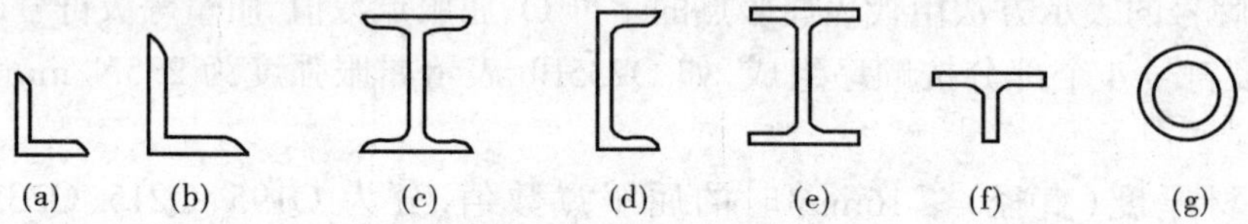

图 2-12 热轧型钢截面

(1)角钢:分等边角钢和不等边角钢两种。可以用来组成独立的受力构件,或作为受力构件之间的连接零件。等边角钢以边宽和厚度来表示,即在角钢符号"∠"后加"边宽×厚度"表示,如∠100×8 即为边宽 100mm、厚度 8mm 的等边角钢。不等边角钢的表示方法为,在符号"∠"后加"长边宽×短边宽×厚度",如∠100×80×8 即为长边宽 100mm、短边宽 80mm、厚度 8mm 的不等边角钢。我国目前生产的最大等边角钢的边宽为 200mm,最大不等边角钢的两个边宽分别为 200mm 和 125mm,角钢长度一般为 3～19m。

(2)工字钢:分普通工字钢和轻型工字钢。它主要用于在其腹板平面内受弯的构件,或由几个工字钢组成的组合构件。普通工字钢用号数表示,号数即为其截面高度的厘米数。20 号以上的工字钢,同一号数有三种腹板厚度,分别为 a、b、c 三类。如 I32a 即表示截面高度为 32cm,其腹板厚度为 a 类。a 类腹板最薄,翼缘最窄,用作受弯构件比较经济。b 类较厚较宽,c 类最厚最宽。同样高度的轻型工字钢的翼缘要比普通工字钢的翼缘宽而薄,腹板也薄,因而在相同质量下其截面刚度大,节约钢材。

轻型工字钢可用汉语拼音符号"Q"表示,如 QI40,即表示截面高度为 40cm 的轻型工字钢。我国生产的普通工字钢最大号数为 63 号,轻型工字钢为 70 号,长度 5～19m 不等。由于普通工字钢及轻型工字钢在两个主轴方向惯性矩相差较大,用作轴心受压构件和双向弯曲构件时不经济。

(3)槽钢:分普通槽钢和轻型槽钢两种。也用其截面高度的厘米数编号表示,其腹板由薄到厚分为 a、b、c 三类,如[30a 为普通槽钢,Q[22a 为轻型槽钢。号码相同的轻型槽钢,其翼缘及腹板较普通槽钢薄,回转半径大,质量小,较经济。我国生产的最大槽钢号数为 40 号,长度视号数不同在 5～19m 范围内变动。

(4)H 型钢和剖分 T 型钢:H 型钢是世界各国广泛应用的热轧型钢,与普通工字钢相比,它的翼缘较宽,两个主轴方向的惯性矩相差较小,受力合理,且其翼缘内侧平行,便于与其他构件连接。H型钢可分为宽翼缘H型钢（代号HW，翼缘宽度 B 与截面高度 H 相等）、中翼缘H型钢（代号HM，$B=(1/2\sim2/3)H$）和窄翼缘H型钢（代号HN，$B=(1/3\sim1/2)H$）。各种H型钢均可剖分为T型钢供应，代号分别为TW、TM和TN。

H型钢和剖分T型钢的规格表示方法为：高度 $H\times$ 宽度 $B\times$ 腹板厚度 $t_1\times$ 翼缘厚度 t_2。例如HM340×250×9×14，其剖分T型钢为TM170×250×9×14，单位均为mm。近年来国产H型钢年生产能力逐年迅速增长，品种规格达70余种，可满足国内建筑钢结构需求的70%以上。

(5)钢管：分无缝钢管和焊接钢管两种，用符号“ϕ”后面加“外径×厚度”表示，如ϕ400×6，单位为mm。圆管截面任一方向都是主轴方向，在所有方向的惯性矩相等，风载体型系数小，适合用作塔桅结构的杆件。

（三）薄壁型钢

薄壁型钢（见图2-13）是用薄钢板（一般采用Q235或Q345钢）经模压或弯曲成型，其壁厚一般为1.5～5mm。有防锈涂层的彩色压型钢板是近年来发展迅速的薄壁型材，所用钢板厚度为0.4～2mm，用作轻型屋面及墙面等构件。因其壁薄而截面开展，能充分利用钢材的强度，特别经济，在我国广泛应用。

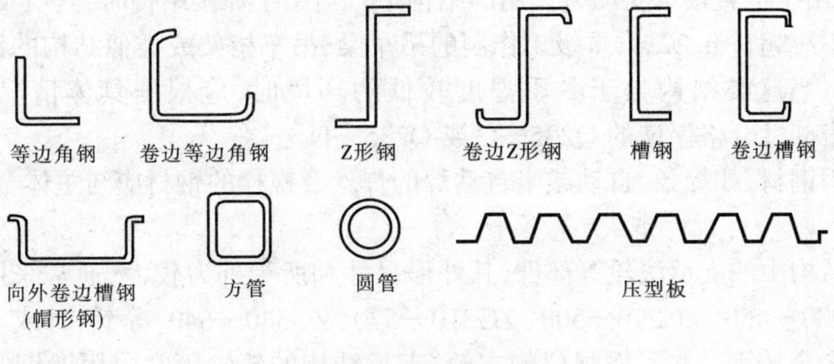

图2-13　薄壁型钢截面

热轧型钢的型号及截面几何特性详见附录五。薄壁型钢的常用型号及截面几何特性见《冷弯薄壁型钢结构技术规范》（GB50018—2002）。

三、钢材的选择

选择钢材的目的是保证安全可靠和经济合理。钢材的选用应考虑的主要因素如下。

（一）结构的重要性

对重型工业建筑结构、大跨度结构、高层或超高层的民用建筑结构等重要结构，应考虑选用质量好的钢材。对一般工业与民用建筑结构，可选择普通质量的钢材，结构的安全等级不同，要求的钢材质量也不同。

（二）荷载情况

荷载可分为静态荷载和动态荷载两种。直接承受动力荷载的构件及强震区的结构，应选用综合性能好的钢材，如Q345C或Q345D，一般承受静态荷载的结构则可选择价格较低的Q235钢。

（三）连接方法

钢结构的连接方法分焊接连接和非焊接连接两种。由于焊接是一种不均匀热作业，在焊接过程中，构件中会产生焊接应力、焊接变形及其他一些焊接缺陷，有导致结构产生裂缝或脆性断裂的危险。因此，焊接结构对材质的要求应严格一些。例如，在化学成分方面，焊接结构必须严格控制碳、硫、磷的极限含量，而非焊接结构对含碳量的要求则可降低。

（四）结构所处的温度和环境

钢材处于低温状态时容易冷脆，因而在低温条件下工作的结构，尤其是焊接结构，应选用具有良好抗低温脆断性能的镇静钢，根据具体情况提出适当的负温冲击韧性要求。此外，露天的结构容易产生时效，受有害介质作用的钢材容易腐蚀、疲劳和断裂，应加以区别地选择不同材质。

（五）钢材的厚度

薄钢材滚轧次数多，强度较高，塑性和冲击韧性较好；厚度大的钢材不但强度较低，而且塑性、韧性和可焊性较差。因此，厚度大的焊接结构应采用材质较好的钢材。

Q235—A 钢的保证项目中，含碳量、冷弯性能和冲击韧性值均未作为必要的保证条件，所以只宜用于不直接承受动力作用的结构中。当用于焊接结构时，其质量证明书中注明的碳含量不应超过 0.22%，重级工作制的吊车梁、吊车桁架或类似结构的钢材，则应采用 Q235—B。当这类结构处于冬季温度较低的环境时，应根据具体情况选用有 0℃或 -20℃冲击韧性合格保证的 Q235—C 或 Q235—D。

连接所用钢材，如焊条、自动或半自动焊的焊丝及螺栓的钢材应与主体金属的强度相适应。

水工钢结构中的支承滚轮等部件，其外形尺寸和所受外力较大，通常采用铸钢制成，可采用 ZG230—450、ZG270—500、ZG310—570、ZG340—640 等铸钢或 ZG35CrMo、$ZG50Mn_2$等合金铸钢。水工钢闸门的主轨、支承结构的轮轴等常采用锻钢制作，可采用 35 号、45 号优质碳素结构钢或 $35Mn_2$、40Cr、$34CrNi_3Mo$ 等合金钢。锻件经过锻锤反复锻打，其韧性比铸钢好。

第六节　钢结构的设计方法

一、概率极限状态设计法

结构计算的目的是保证结构的构件及其连接在使用荷载作用下安全可靠地工作，恰当处理结构的可靠性（安全、适用和耐久）和经济性两方面的要求。结构计算的方法有传统的容许应力法和半概率半经验的极限状态法等。近年来，由于结构可靠度理论在国内外得到迅速发展，结构设计正在逐步推广以概率为基础的极限状态设计方法，来取代传统的定值设计方法。我国于 1983 年颁布的《建筑结构设计统一标准》（试行）（简称“统一标准”）已经采用以近似概率法为基础的极限状态设计法，简称概率极限状态法。对于闸、坝、码头和采油平台等水工结构和桥梁结构，因统计资料不足，条件尚不成熟，仍采用容许应力法。

结构可靠度的定义:“结构在规定的时间内,在规定的条件下,完成预定功能的概率。”其中“规定的时间”是指结构的“设计基准使用期”,“统一标准”取为 50 年;“预定功能”是指下列 4 项基本功能:

(1)能承受在正常施工和正常使用时可能出现的各种作用,包括荷载和温度变化,基础不均匀沉降以及地震作用等;

(2)在正常使用时具有良好的工作性能;

(3)在正常维护下具有足够的耐久性能;

(4)在偶然事件发生时及发生后仍能保持必需的整体稳定性。

结构的极限状态可以分为承载能力极限状态和正常使用极限状态两类:承载能力极限状态对应于结构或构件达到最大承载能力或不适于继续承载的变形;正常使用极限状态对应于结构或构件达到正常使用或耐久性的某项限值。

现以 Z 表示结构的功能函数,它由结构构件或连接的抗力 R 以及荷载对结构构件或连接的综合效应(简称荷载效应)S 所组成:

$$Z = R - S$$

当 $Z>0$ 时,结构处于可靠状态;当 $Z<0$ 时,结构处于失效状态;当 $Z=0$ 时,结构处于极限状态。

$Z=R-S=0$ 称为极限状态方程。$Z=g(R,S)$是反映结构完成功能状态的函数,称为结构功能函数或状态函数。

因 R 和 S 是受多种因素影响的随机变量,故功能函数 Z 也是随机变量。从概率论的观点看,结构是否达到极限状态并非确定的事实。按一切正常的途径来设计建造的结构,不能认为它就绝对安全可靠,它仍然存在着抗力 R 小于荷载效应 S 的可能,但只要这种可能性(抗力小于荷载效应的概率)极小,即可认为此结构是安全可靠的。

以 $P_S=P(Z\geqslant 0)$表示结构的可靠度,$P_f=P(Z<0)$表示结构的失效概率。因完成预定功能($Z\geqslant 0$)和失效($Z<0$)这两个事件是对立的,故 $P_S=1-P_f$。

因此,结构可靠度 P_S 的计算可以转化为失效概率 P_f 的计算。只要结构的失效概率 P_f 小于预定的可以接受的程度,就认为此结构是安全可靠的。

设抗力 R 和荷载效应 S 两个随机变量相互独立且都服从正态分布,则功能函数 Z 也服从正态分布,其概率密度曲线如图 2-14(a)所示。图中的阴影面积就是 $Z<0$ 的失效概率 P_f。由于目前尚难给出 R 及 S 的理论概率分布,很难用积分直接求得结构的失效概率。因此,须采用另一个称为可靠指标 β 的系数作为衡量结构可靠度的统一尺度。

以 m 表示随机变量的平均值,以 σ_Z 表示标准差,并令 $\beta=m_Z/\sigma_Z$,由平均值和标准差的性质可知:

$$m_Z = m_R - m_S \quad \sigma_Z = \sqrt{\sigma_R^2 + \sigma_S^2}$$

可靠指标

$$\beta = \frac{m_Z}{\sigma_Z} = \frac{m_R - m_S}{\sqrt{\sigma_R^2 + \sigma_S^2}} \tag{2-6}$$

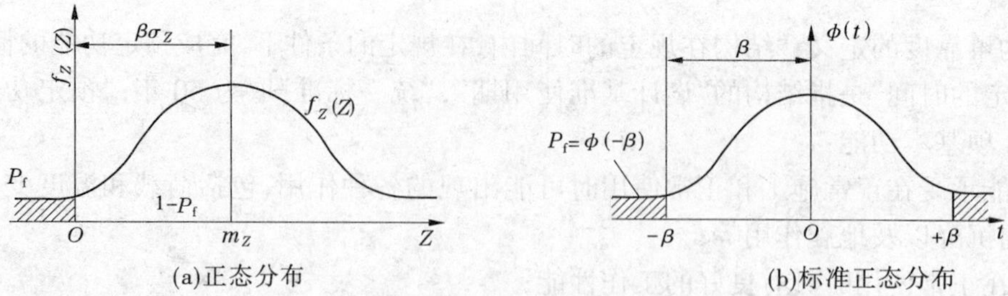

图 2-14　P_f 与 β 的对应关系

由图 2-14(a)可看出 β 与 P_f 的对应关系：当 β 变小时，曲线向左移，或趋于平坦，则阴影面积 P_f 增大；反之，当 β 变大时，失效概率减小。所以 β 如同 P_f 一样，可以作为衡量结构可靠度的一个指标。

为了对各种建筑结构的设计取得相同的可靠度，应该制定结构设计统一的可靠指标。在规范或标准内规定的 β 值称为目标可靠指标。即通过对原规范进行反复演算，找出隐含在现有工程结构中相应的可靠指标；经过综合分析后，确定原设计规范中各类构件和连接相应的目标可靠指标值 β。对钢结构各类主要构件，β 一般在 3.16～3.62 之间，故钢结构构件的 β 一般取 3.2。钢结构连接经常发生脆性破坏，其可靠指标应比塑性破坏的构件高，一般取 4.5。

用 β 值直接进行设计不符合人们长期以来的习惯。为此，规范仍采用极限状态计算的多系数表达式，但在各个分项系数中隐含了可靠指标 β。

二、钢结构设计规范的计算方法

《规范》规定，钢结构的计算(除疲劳计算外)，采用以概率理论为基础的极限状态设计方法，用分项系数的设计表达式进行计算。各种承重结构均应按承载能力极限状态和正常使用极限状态设计。

对于承载能力极限状态，当考虑荷载效应基本组合进行强度和稳定性设计时，采用下列表达式：

$$\gamma_0\left(\sigma_{Gd} + \sigma_{Q1d} + \Psi_c \sum_{i=2}^{n} \sigma_{Qid}\right) \leqslant f \tag{2-7}$$

式中　γ_0——结构重要性系数，一、二、三级三个安全级别分别采用 1.1、1.0、0.9，对设计使用年限为 25 年的结构构件，γ_0 不应小于 0.95；

σ_{Gd}——永久荷载设计值 G_d 在结构构件截面或连接中产生的应力；

G_K——永久荷载的标准值，如结构自重等；

γ_G——永久荷载分项系数，一般采用 1.2，当永久荷载对结构的承载能力有利时宜采用 1.0；

σ_{Q1d}——第 1 个可变荷载的设计值 Q_{1d} 在结构构件截面或连接中产生的应力，该应力大于其他任意第 i 个可变荷载设计值产生的应力，$Q_{1d} = \gamma_{Q1} Q_{1k}$；

σ_{Qid}——其他第 i 个可变荷载的设计值 Q_{id} 在结构构件截面或连接中产生的应力

$Q_{id}=\gamma_{Qi}Q_{ik}$；

γ_{Q1}、γ_{Qi}——第 1 个和其他第 i 个可变荷载的分项系数，一般采用 1.4；

Q_{1k}、Q_{ik}——第 1 个和其他第 i 个可变荷载的标准值，如楼面活荷载等；

Ψ_c——可变荷载的组合系数，一般情况下，当风荷载与其他荷载组合时，可均采用 0.6，当没有风荷载参与组合时取 1.0；

f——结构构件或连接的强度设计值，$f=f_k/\gamma_R$，见附录一；

γ_R——抗力分项系数，经概率统计分析，3 号钢和 16 锰钢取 1.087，15 锰钒钢取 1.111；

f_k——钢材（或焊缝熔敷金属）强度标准值。

对于正常使用极限状态，用下式进行计算：

$$w=w_{Gk}+w_{Q1k}+\Psi_c\sum_{i=2}^{n}w_{Qik}\leqslant[w] \tag{2-8}$$

式中 w——结构或构件中产生的变形值；

w_{Gk}——永久荷载标准值在结构或构件中产生的变形值；

w_{Q1k}——第 1 个可变荷载标准值在结构或构件中产生的变形值，它大于其他任意第 i 个可变荷载标准值产生的变形值；

w_{Qik}——其他第 i 个可变荷载标准值在结构或构件中产生的变形值；

$[w]$——结构或构件的变形限值。

《规范》不仅适用于工业与民用建筑钢结构，而且适用于水工建筑物水上部分的钢结构。

三、水工钢结构按容许应力计算方法

水工钢结构根据不同用途，设计时必须遵守各类专门的规范。水利部 1995 年《水利水电工程钢闸门设计规范》（SL74—95）（以下简称《钢闸门设计规范》适用于水利水电工程钢闸门。

水工钢结构设计，由于所受荷载涉及水文、泥沙、波浪等自然条件比较复杂，统计资料不足。同时，经常处于水位变动或盐雾潮湿等容易腐蚀的环境。因此，水工钢结构目前还不具备采用概率极限状态法计算条件。在上述各专门规范中规定水工钢结构仍采用容许应力计算法。下面着重介绍《钢闸门设计规范》的计算方法。

《钢闸门设计规范》所采用的容许应力法是以结构的极限状态（强度、稳定、变形等）为依据，对影响结构可靠度的某种因素以数理统计的方法，进行多系数分析，求出单一的设计安全系数，以简单的容许应力的形式表达，实质上属于半概率、半经验的极限状态计算法。其强度计算的一般表达式为：

$$\sum N_i\leqslant\frac{f_yS}{K_1K_2K_3}=\frac{f_yS}{K} \tag{2-9}$$

即

$$\sigma=\frac{\sum N_i}{S}\leqslant\frac{f_y}{K}=[\sigma] \tag{2-10}$$

式中 N_i——根据标准荷载求得的内力；

f_y——钢材的屈服强度；

K_1——荷载安全系数；

K_2——钢材强度安全系数；

K_3——调整系数，用以考虑结构的重要性、荷载的特殊变异和受力复杂等因素；

S——构件的几何特性；

$[\sigma]$——钢材的容许应力。

式(2-10)对荷载、钢材强度及其相应的安全系数均取为定值，而没有考虑荷载和材料性能的随机变异性，这也是容许应力法与概率极限状态法的主要区别。

《钢闸门设计规范》规定的钢材容许应力见附表1-8，机械零件的容许应力见附表1-9。

四、钢结构设计的要求

钢结构设计要贯彻技术先进、经济合理、安全适用、确保质量的基本原则，具体应满足下列几项基本要求：

(1)结构必须安全可靠，保证结构在运输，安装和使用过程中，具有足够的强度、刚度、主体稳定和局部稳定。

(2)应从工程实际出发，合理选用钢材，精心设计，保证结构有良好的耐久性。

(3)尽可能采用先进的设计理论、新型的结构形式和连接方式，优先选用高强低合金钢等优质钢材，以便减轻结构自重和节省钢材。

(4)尽量做到结构形式简单和材料集中使用，减少构件的数量，制造、运输、安装方便，从而缩短建筑施工周期，降低造价。

(5)采取有效措施，提高钢结构的防锈蚀能力。

思考题

2-1 钢材的塑性破坏和脆性破坏各有何特点？如何防止脆性破坏？

2-2 简述建筑钢材单向拉伸应力应变曲线各阶段的特征。

2-3 建筑钢材的主要机械性能指标有哪些？各反映材料的什么性质？

2-4 应力场对钢材的破坏形式有何影响？为什么？

2-5 什么叫钢材的疲劳？它属于什么性质的破坏？其主要影响因素和防止措施有哪些？

2-6 影响钢材性能的因素有哪些？各有何影响？

2-7 简述钢材牌号的表示方法。

2-8 选择建筑钢材时主要应考虑哪些影响因素？

2-9 概率极限状态设计法与容许应力设计法有何不同？

2-10 分项系数 γ_G、γ_Q、γ_R 分别代表什么？如何取值？

2-11 什么是极限状态？承载能力极限状态和正常使用极限状态有何区别？

2-12 说明常幅和变幅疲劳验算公式的意义。

第三章　钢结构的连接

第一节　连接方法及特点

钢结构是由各种型钢和钢板等连接成的基本构件，如梁、柱和桁架等，再通过安装连接成空间整体，如厂房、桥梁等。连接是传力的关键部位，连接的构造和计算是钢结构设计的重要组成部分。

钢结构采用的连接方法有焊接连接、螺栓连接和铆钉连接三种(见图3-1)。

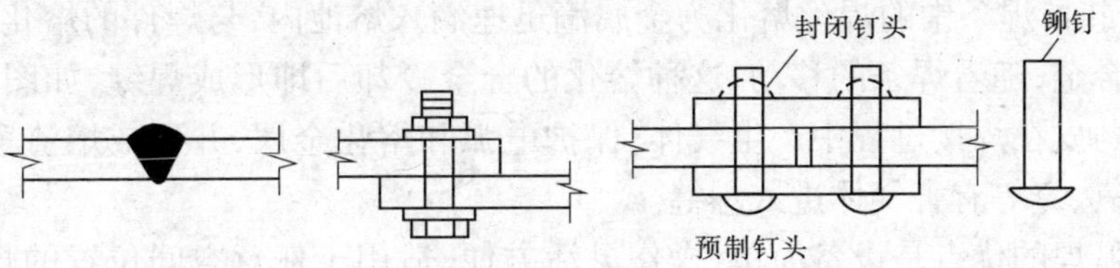

(a)焊接连接　(b)螺栓连接　(c)铆钉连接

图3-1　钢结构的连接方法

一、焊接连接

焊接连接是现代钢结构最主要的连接方法。

优点是构造简单，不削弱构件截面；制作加工方便；连接的密封性好；刚度大；可省去拼接板，节约钢材；易于自动化作业，生产效率高。

缺点是在焊缝附近的热影响区内，钢材的组织发生改变，导致局部材质变脆；在焊件中产生焊接残余应力和残余变形，对结构工作有不利影响；低温冷脆问题较为突出等。

焊接连接广泛用于除直接承受动力荷载的钢结构中。

二、螺栓连接

螺栓连接是先在被连接件上钻孔，然后装入预制的螺栓，拧紧螺母，安装时不需要特殊设备，操作简便，便于拆卸；缺点是连接部分需钻孔，削弱截面，增加了加工工作量，连接部分需搭接或另加拼接板，比焊接连接多用钢材。螺栓连接适用于结构的安装连接、经常装拆结构的连接和临时固定连接。

三、铆钉连接

铆钉连接构造复杂，费钢费工，目前很少采用。但是，铆钉连接的塑性和韧性较好，传力可靠，质量易于检查，在某些重型和直接承受动力荷载的结构中，有时仍然采用。

第二节　焊接方法及焊缝强度

一、焊接方法

钢结构的焊接方法主要是电弧焊，包括手工电弧焊、自动和半自动埋弧电弧焊。

（一）手工电弧焊

电弧焊是采用低电压（一般为 50～70V）、大电流（几十到几百安）引燃电弧，使焊条和焊件之间产生很大热量和强烈的弧光，利用电弧热来熔化焊件的接头和焊条进行焊接。

手工电弧焊是生产中最常用的一种焊接方法，如图 3-2(a)所示。焊条和焊件各接一极，通过焊钳、导线和电焊机相接。焊接时首先将焊条和焊件撞击接触引燃电弧，电弧的温度可高达 3 000℃。电弧的高温使接缝边缘的主体金属变成液态，形成熔池（一般 1～2mm 深）。同时，焊条中的焊丝熔化为金属滴迅速滴入熔池内，与焊件的熔化金属混合而铸成均匀的合金，随着焊条的移动，这种熔化的合金冷却后即形成焊缝，如图 3-2(b)、(c)所示。焊条药皮在焊接过程中产生气体，保护电弧和熔化金属，并形成熔渣覆盖焊缝，防止空气中的氧、氮等有害气体进入焊缝。

手工电弧焊的优点是设备简单，操作灵活方便，适用于任意空间位置的焊接，特别适于焊接短焊缝；缺点是生产效率低，劳动量大。焊接质量取决于焊工的精神状态与技术水平。

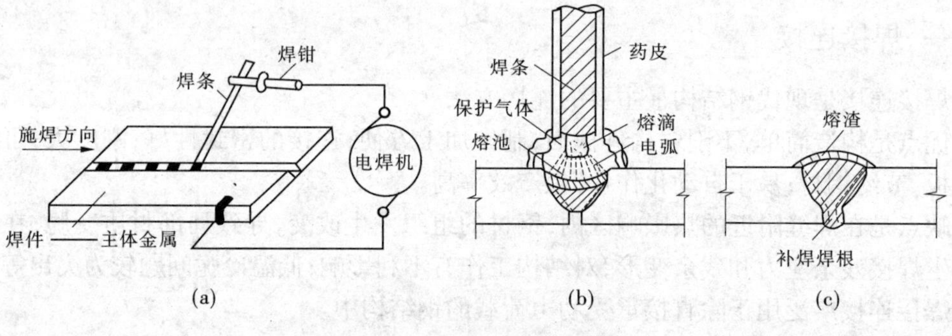

图 3-2　手工电弧焊示意图

手工焊所采用的焊条应与焊件钢材强度相适应。对 Q235 钢用 E43 型焊条（E4300～E4328），对 Q345 钢用 E50 型焊条（E5000～E5048），对 Q390 钢和 Q420 钢用 E55 型焊条（E5500～ E5518）。

（二）自动（或半自动焊）电弧焊

焊剂层下自动焊是焊接过程机械化的一种主要焊接方法，如图 3-3 所示。它的引弧、焊丝送下、焊剂堆落和焊丝沿着焊缝方向的移动都是自动的。焊剂层下自动焊的实质就是电弧不暴露在大气中燃烧，而是埋在散粒状的焊剂层下面，故又叫做埋弧自动焊。

半自动焊既有自动焊的优点，又有手工焊的灵活性。半自动焊除由人工操作前进外，其余过程与自动焊相同，即半自动焊的焊丝送下、焊剂堆落是自动的，而焊丝沿着焊缝方向的移动仍是手持焊枪移动。半自动焊可以应用于直线或曲线形焊缝、连续或间断焊缝，但也和自动焊一样只能在平面倾角不大的斜面位置上施焊。

另外还有二氧化碳气体保护焊(见图3-4)、气焊、电阻焊等。

二、焊接连接形式和焊缝类型

焊接连接形式按被连接钢材间的相互位置分为对接、搭接、T形连接和角接连接4种形式。这些连接所采用的焊缝按其构造来分，主要有对接焊缝和角焊缝，如图3-5所示。

焊缝按施焊位置分为俯焊(平焊)、横焊、立焊及仰焊四种(见图3-6)。俯焊施焊质量最易保证；立焊和横焊施焊比俯焊困难，质量较难保证；仰焊最难施焊，焊缝质量不易保证，应尽量避免。

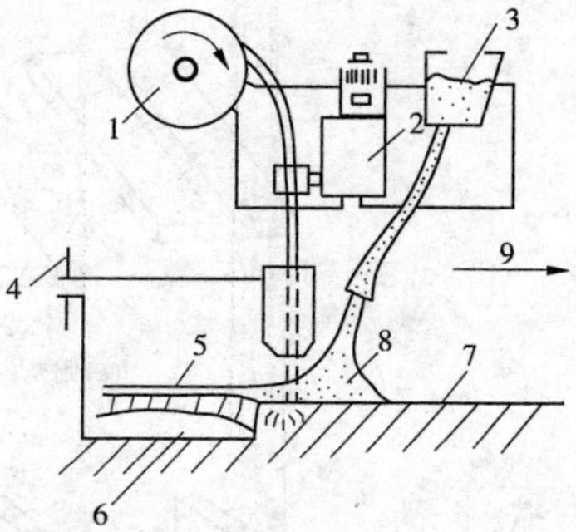

1—焊丝转盘；2—转动焊丝的电动机；3—焊剂漏斗；4—电源；5—熔化的焊剂；6—焊缝金属；7—焊件；8—焊剂；9—移动方向

图3-3 焊剂层下自动焊示意图

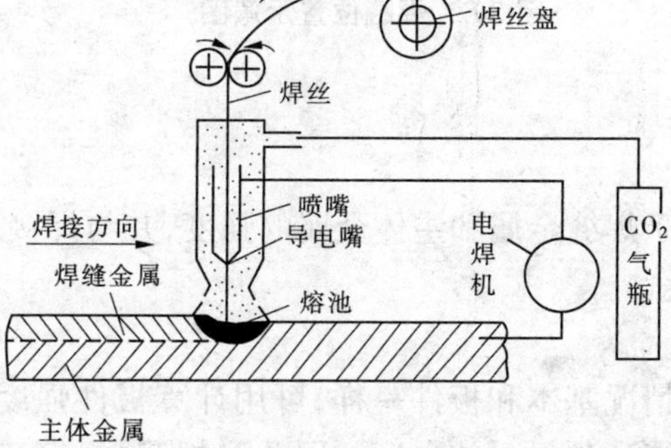

图3-4 二氧化碳气体保护焊过程示意图

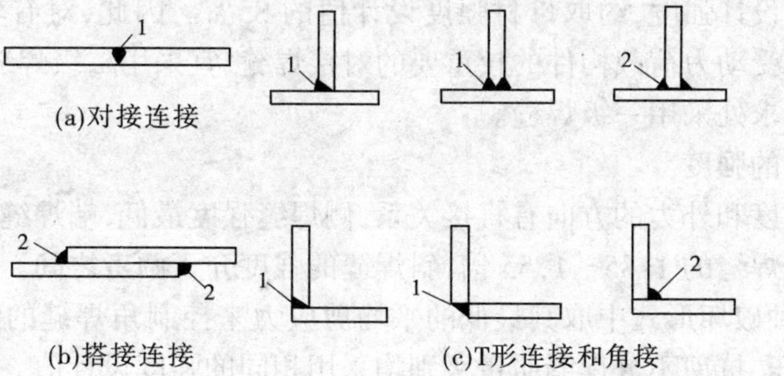

1—对接焊缝；2—角焊缝

图3-5 焊缝连接形式和焊缝类型

角焊缝按其与外力方向的不同分为端焊缝、侧焊缝和斜焊缝。

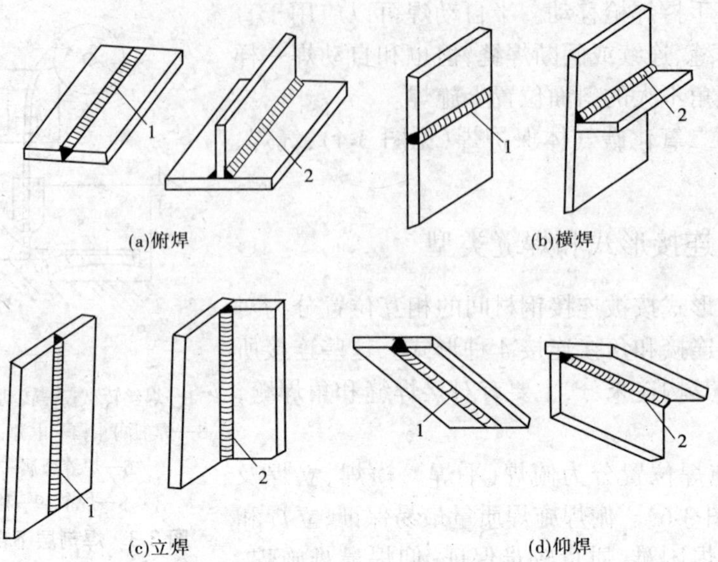

1—对接焊缝;2—角焊缝

图 3-6　焊缝位置示意图

三、焊缝的强度

焊缝的强度主要取决于焊缝金属和主体金属的强度,并与焊接形式、应力集中程度以及焊接的工艺条件等有关。

(一)对接焊缝的强度

对接焊缝的应力分布情况基本和板件一样,可用计算板件强度的方法进行计算。对接焊缝的静力强度一般均能达到母材的强度。因此,《规范》规定,对接焊缝的抗压、抗剪和满足二级焊缝质量检查标准的抗拉强度设计值均与母材相同;仅对满足三级检查标准的对接焊缝抗拉设计强度,约取母材强度设计值的 85%。因此,对有较大拉应力的对接焊缝以及直接承受动力荷载构件的较重要的对接焊缝,宜采用二级焊缝;对抗动力和抗疲劳性能有较高要求处采用一级焊缝。

(二)角焊缝的强度

角焊缝的强度和外力的方向有直接关系,侧焊缝强度最低,端焊缝强度最高。端焊缝的破坏强度是侧焊缝的 1.35～1.55 倍,斜焊缝的强度介于两者之间。由于角焊缝的应力状态复杂,在各种破坏形式中取其最低的平均剪应力来控制角焊缝的强度。《规范》规定角焊缝抗拉、抗压、抗剪不分焊缝质量级别均采用相同的强度设计值。侧焊缝与端焊缝在强度上的区别,将在计算式中予以体现。对施工条件较差的高空安装焊缝的强度设计值乘以 0.9 的系数。水工钢闸门等水工钢结构,由于使用条件特殊,应按《钢闸门设计规范》的规定采用焊缝的容许应力,如附表 1-3 所示。

第三节　对接焊缝连接的构造和计算

一、构造规定

对接焊缝主要用于板件、型钢的拼接或构件的连接。对接焊缝按焊缝是否被焊透,分为焊透的对接焊缝和未焊透的对接焊缝两种。一般采用焊透的对接焊缝。为了保证对接焊缝内部有足够的熔透深度,焊件之间必须保持正确的等宽间隙,并根据板厚及焊接方法不同,板边常需加工成不同的坡口,其形式如图 3-7 所示,分为不开坡口的 I 形,开坡口的 V 形、X 形、U 形和 K 形等。

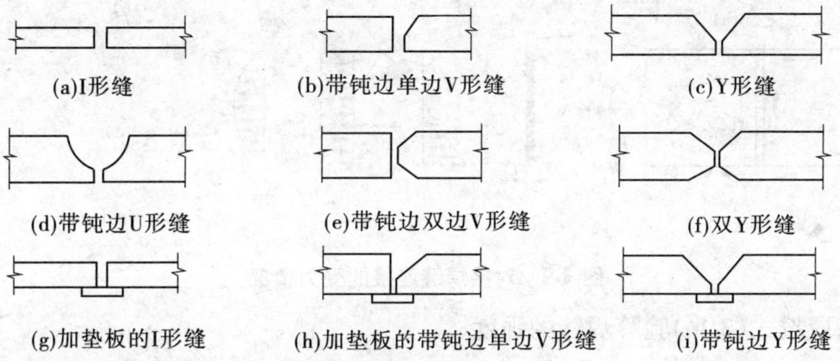

图 3-7　对接焊缝的坡口形式

当两钢板厚度相差超过 4mm 时,还需将较厚板的边缘刨成 1∶2.5 的坡度,使其逐渐减到与较薄板等厚,以减缓突变处应力集中的影响。当两钢板宽度不同时,应将宽板两侧以不大于 1∶2.5 的坡度缩减到窄板宽度(如图 3-8 所示)。

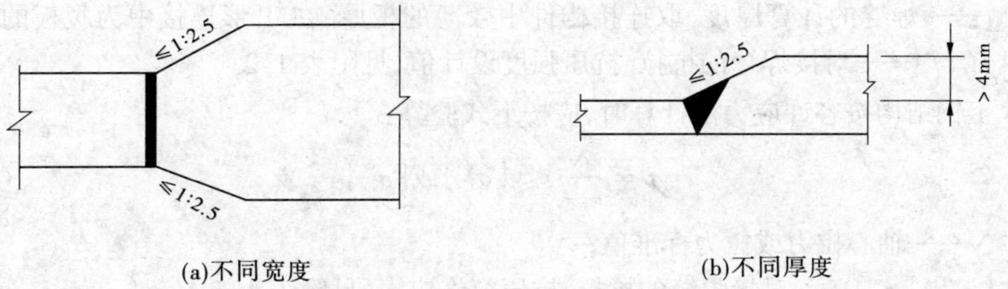

图 3-8　不同宽度或厚度钢板的连接

在一般焊缝中,每条焊缝的起弧端和灭弧端分别存在弧坑和未熔透的缺陷,这种缺陷统称为焊口。焊口处常产生裂纹和应力集中。这对处于低温或承受动力荷载的结构不利。一般的焊缝计算长度 l_w 应由实际长度减去 $2t$(t 为焊件的较小厚度)。为了消除焊口缺陷的影响,《钢结构工程施工质量验收规范》(GB500205—2001)规定,对于重要结构的对接焊缝可采用临时引弧板。

二、对接焊缝的强度计算

(一)对接直焊缝受轴心力的计算

当外力垂直于焊缝轴线方向(见图 3-9(a)),且通过焊缝重心,对接直焊缝受轴心力

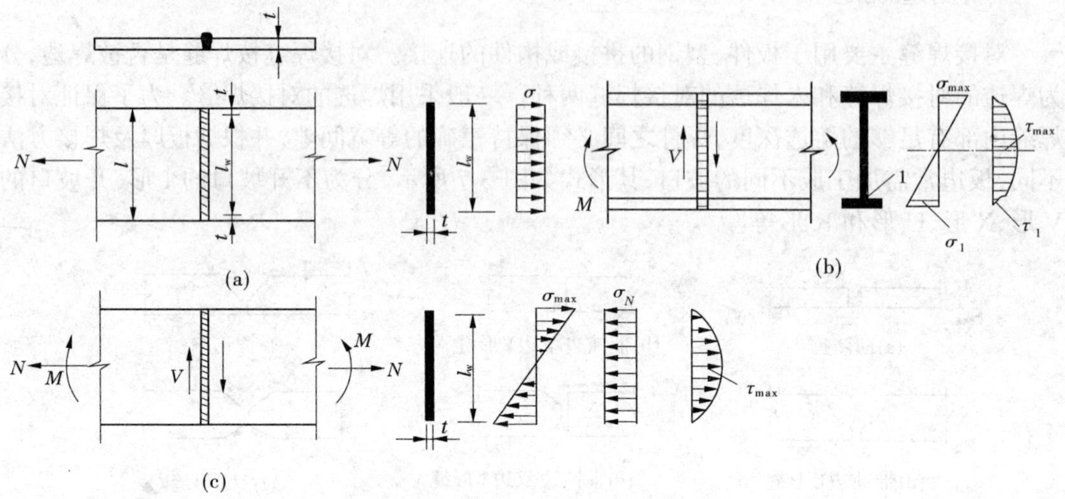

图 3-9 对接焊缝连接的受力情况

N 作用时,应按式(3-1a)验算焊缝的强度。

$$\sigma = \frac{N}{l_w t} \leqslant f_t^w \text{ 或 } f_c^w \tag{3-1a}$$

式中 N——轴心拉力或压力设计值;

l_w——焊缝计算长度,当未采用引弧板时,取实际长度减去 $2t$,当采用引弧板时,取焊缝实际长度;

t——焊缝的计算厚度,取连接构件中较薄的板厚,在 T 形连接中为腹板的厚度;

f_t^w、f_c^w——对接焊缝的抗拉、抗压强度设计值,见附表 1-2。

水工钢结构按容许应力法计算时,应按下式验算:

$$\sigma = \frac{N}{l_w t} \leqslant [\sigma_t^w] \text{或} [\sigma_c^w] \tag{3-1b}$$

式中 N——轴心拉力或压力标准值;

$[\sigma_t^w]$、$[\sigma_c^w]$——对接焊缝的抗拉、抗压容许应力,见附表 1-3。

【例题 3-1】 两钢板拼接采用对接焊缝,钢板截面为 500mm×12mm,承受轴心拉力标准值 $N_{Gk}=300\text{kN}$,$N_{Qk}=350\text{kN}$,钢材采用 Q235,采用手工电弧焊,焊缝质量为三级,施焊时不用引弧板。试按两种方法验算焊缝的强度。

解:

方法一:极限状态法

焊缝计算厚度 $t=12\text{mm}$,查附表 1-2 得焊缝的抗拉强度 $f_t^w=185\text{N/mm}^2$。

焊缝计算长度 $l_w=l-2t=500-2\times12=476(\text{mm})$

轴心拉力设计值　$N = 1.2 \times N_{Gk} + 1.4 \times N_{Qk} = 1.2 \times 300 + 1.4 \times 350 = 850(\mathrm{kN})$

焊缝应力　$\sigma = \dfrac{N}{l_w t} = \dfrac{850 \times 10^3}{476 \times 12} = 148.8(\mathrm{N/mm^2}) \leqslant f_t^w = 185\mathrm{N/mm^2}$

满足要求。

方法二:容许应力法

焊缝计算厚度 $t = 12\mathrm{mm}$,查附表 1-3 得焊缝的抗拉容许应力$[\sigma_t^w] = 135\mathrm{N/mm^2}$,不用引弧板,焊缝计算长度　$l_w = l - 2t = 500 - 2 \times 12 = 476(\mathrm{mm})$

轴心拉力　$N = N_{Gk} + N_{Qk} = 300 + 350 = 650(\mathrm{kN})$

焊缝应力　$\sigma = \dfrac{N}{l_w t} = \dfrac{650 \times 10^3}{476 \times 12} = 113.8(\mathrm{N/mm^2}) \leqslant [\sigma_t^w] = 135(\mathrm{N/mm^2})$

满足要求。

(二)弯矩和剪力共同作用下的计算

1.矩形截面的对接焊缝

对接焊缝承受弯矩 M 和剪力 V 作用时,焊缝中的应力状态和构件中的应力状态基本相同,焊缝端部的最大正应力与焊缝截面中和轴的最大剪应力,按下列公式进行验算:

$$\sigma_{\max} = \frac{M}{W_w} \leqslant f_t^w \tag{3-2}$$

$$\tau_{\max} = \frac{VS_w}{I_w t} \leqslant f_v^w \tag{3-3a}$$

矩形截面

$$\tau = \frac{1.5V}{l_w t} \tag{3-3b}$$

式中　M——计算截面的弯矩设计值;

W_w——焊缝的截面抵抗矩,$W_w = \dfrac{1}{6} t l_w^{\ 2}$;

I_w——焊缝计算截面对中和轴的惯性矩,$I_w = \dfrac{1}{12} t l_w^3$;

S_w——所求应力点以上(或以下)焊缝截面对中和轴的面积矩;

V——计算截面的剪力设计值;

f_v^w——对接焊缝的抗剪强度设计值,见附表 1-2;

t——对接焊缝的计算厚度;

l_w——焊缝的计算长度。

2.工字形构件的对接焊缝

这时焊缝截面也是工字形。在正应力和剪应力都较大的点,工字梁腹板和翼缘的交接处 1 点(见图 3-9(b)),同时受有较大的正应力 σ_1 和较大的剪应力 τ_1,则应按下式计算其折算应力:

$$\sqrt{\sigma_1^{\ 2} + 3\tau_1^{\ 2}} \leqslant 1.1 f_t^w \tag{3-4}$$

式中　σ_1——工字形焊缝截面翼缘腹板交界处的正应力,$\sigma_1 = \sigma_{\max} \dfrac{h_0}{h}$;

h_0——腹板高度；

τ_1——工字形焊缝截面翼缘腹板交界处的剪应力，$\tau_1=\dfrac{VS_1}{I_w t_w}$；

I_w——工字形截面的惯性矩；

S_1——工字形焊缝截面翼缘对中性轴的面积矩；

t_w——焊缝的计算厚度，即腹板厚度。

【例题 3-2】 验算图 3-10 所示热轧普通工字钢 I20a 对接焊缝强度。对接截面承受弯矩设计值 $M=46\text{kN·m}$，剪力设计值 $V=90\text{kN}$，钢材为 Q235—B，采用手工焊，E43 型焊条，焊缝质量为二级。

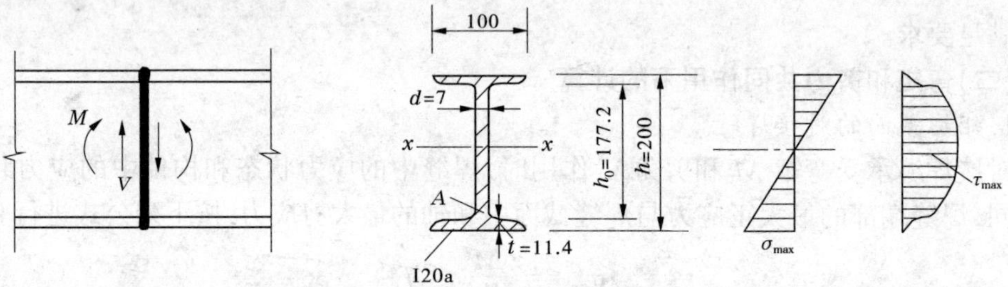

图 3-10 工字钢对接焊缝示意图 （单位：mm）

解：

由型钢表查出 $I_x=2\ 369\times10^4\text{mm}^4$，$W_x=236.9\times10^3\text{mm}^3$，$S_x=136.1\times10^3\text{mm}^3$。又 $I_w=I_x$，$W_w=W_x$，$S_w=S_x$。

查附表 1-2 得 $f_t^w=f_c^w=215\text{N/mm}^2$，$f_v^w=125\text{N/mm}^2$。

$$\sigma_{max}=\frac{M}{W_w}=\frac{46\times10^6}{236.9\times10^3}=194.17(\text{N/mm}^2)<f_t^w=215\text{N/mm}^2$$

$$\tau_{max}=\frac{VS_w}{I_w d}=\frac{90\times10^3\times136.1\times10^3}{2\ 369\times10^4\times7}=73.86(\text{N/mm}^2)<f_v^w=125\text{N/mm}^2$$

验算腹板边缘 A 点的折算应力：

$$\sigma_A^w=\frac{46\times10^6\times177.2}{236.9\times10^3\times200}=172.03(\text{N/mm}^2)$$

A 点以下翼缘焊缝截面对中和轴的面积矩：

$$S_w=11.4\times100\times(100-5.7)=107.5\times10^3(\text{mm}^3)$$

$$\tau_A^w=\frac{90\times10^3\times107.5\times10^3}{2\ 369\times10^4\times7}=58.34(\text{N/mm}^2)$$

所以 $$\sqrt{(\sigma_A^w)^2+3(\tau_A^w)^2}=\sqrt{172.03^2+3\times58.34^2}=199.51(\text{N/mm}^2)$$
$$<1.1f_t^w=1.1\times215=236.5(\text{N/mm}^2)$$

满足要求。

第四节　角焊缝连接的构造和计算

一、受力情况和构造规定

(一)角焊缝的受力情况

角焊缝主要采用直角角焊缝(见图 3-11),两焊脚边的夹角为 90°。有时也采用斜角角焊缝(见图 3-12),但夹角 α 大于 120°或小于 60°时,除钢管结构外,不宜用作受力焊缝。

平行于力作用方向的角焊缝称为侧焊缝;垂直于力作用方向的角焊缝称为端焊缝;与力作用方向斜交的角焊缝称为斜焊缝。

直角角焊缝截面形式分为普通角焊缝(见图 3-11(a))、平坡焊缝(见图 3-11(b))和凹焊缝(见图 3-11(c))。

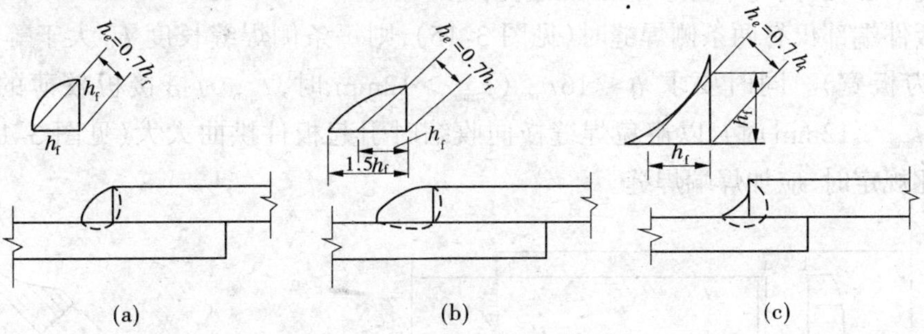

图 3-11　直角角焊缝截面形式

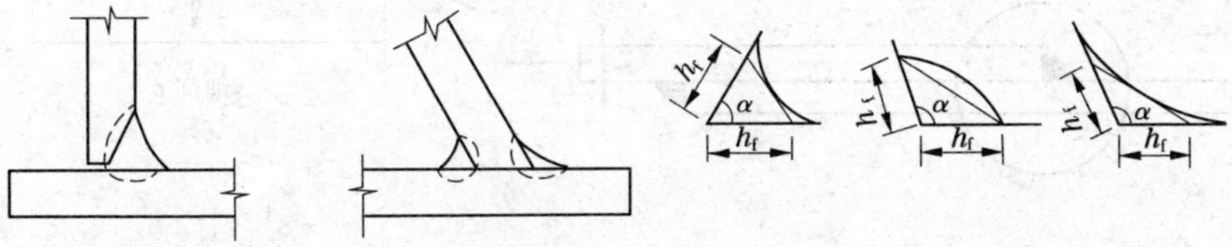

图 3-12　斜角角焊缝截面形式

侧焊缝主要承受纵向剪应力,剪切破坏通常发生在焊缝截面三角形最小厚度的平面上(见图 3-15(b)),故直角角焊缝计算的有效厚度 $h_e = h_f\cos45° \approx 0.7h_f$。

(二)角焊缝的构造规定

角焊缝的主要尺寸是焊脚尺寸 h_f 和焊缝计算长度 l_w。它们应该满足下列构造规定:

(1)最小焊脚尺寸 $h_f \geqslant 1.5\sqrt{t_{max}}$。$t_{max}$ 为较厚焊件厚度,如图 3-13 所示。对自动焊 h_f 可减去 1mm,对 T 形连接单面角焊缝 h_f 应增加 1mm;当 $t_{max} \leqslant 4$mm 时,取 $h_f = t_{max}$。

(2)最大焊脚尺寸 $h_f \leqslant 1.2t_{min}$。t_{min}为薄焊件厚度,如图 3-13 所示。对板件厚度为 t_1 的板边焊缝,还应满足 $h_f \leqslant t_1$(当 $t_1 \leqslant 6$mm 时)或 $h_f \leqslant t_1-(1\sim2)$mm(当 $t_1>6$mm 时)。

(3)考虑起弧和灭弧的不利影响,角焊缝的计算长度 l_w 取其实际长度减去 $2h_f$。

(4)最小焊缝计算长度 $l_w \geqslant 40$mm 及 $8h_f$。

(5)最大侧焊缝计算长度 $l_w \leqslant 40h_f$(直接承受动力荷载时),$l_w \leqslant 60h_f$(承受静力或间接承受动力荷载时)。若 l_w 超出上述规定,则超出部分计算时不予考虑。当作用力沿侧焊缝全长作用时,计算长度不受此限制。

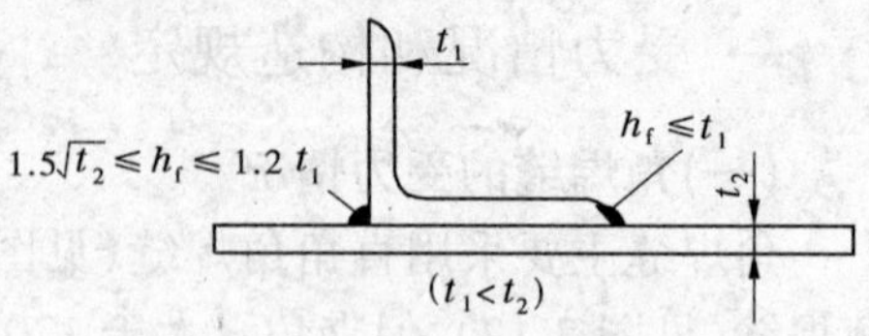

图 3-13　角焊缝厚度的规定

(6)为了避免连接中产生过大的残余应力,在搭接过程中,其搭接长度不得小于较薄焊件厚度的 5 倍,同时不得小于 25mm(见图 3-14)。

当板件端部仅有两条侧焊缝时(见图 3-15),则每条侧焊缝长度 l_w 大于等于缝侧间距 b(b 为板宽)。同时要求 $b \leqslant 16t_{min}$($t_{min}>12$mm 时,t_{min}为搭接板较薄的厚度)或 190mm($t_{min} \leqslant 12$mm 时),以避免焊缝横向收缩时引起板件拱曲太大(见图 3-15)。当 b 不满足此规定时,应加焊端焊缝。

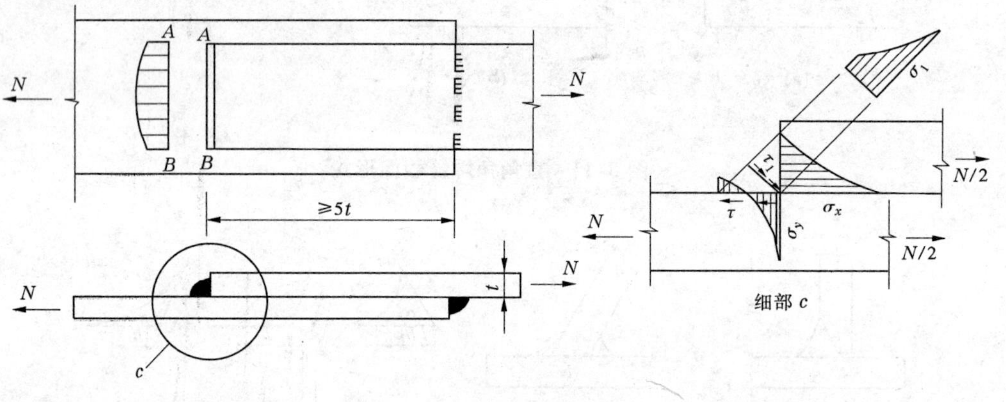

图 3-14　端焊缝的受力情况

二、强度计算

(一)基本公式

如图 3-16(a)所示的角焊缝连接,在外力 N_x 作用下角焊缝有效截面($h_e l_w = 0.7h_f l_w$)上产生的应力 $\sigma_\perp$ 和 $\tau_\perp$ 分别为垂直于焊缝长度方向的正应力和剪应力(见图 3-16(b));在外力 N_y 的作用下产生的 $\tau_{/\!/}$ 为平行于焊缝长度方向的剪应力。三向应力作用于一点,则该点处于复杂应力状态。按式(3-5)计算。

$$\sqrt{\left(\frac{\sigma_f}{\beta_f}\right)^2+\tau_f{}^2} \leqslant f_f{}^w \tag{3-5}$$

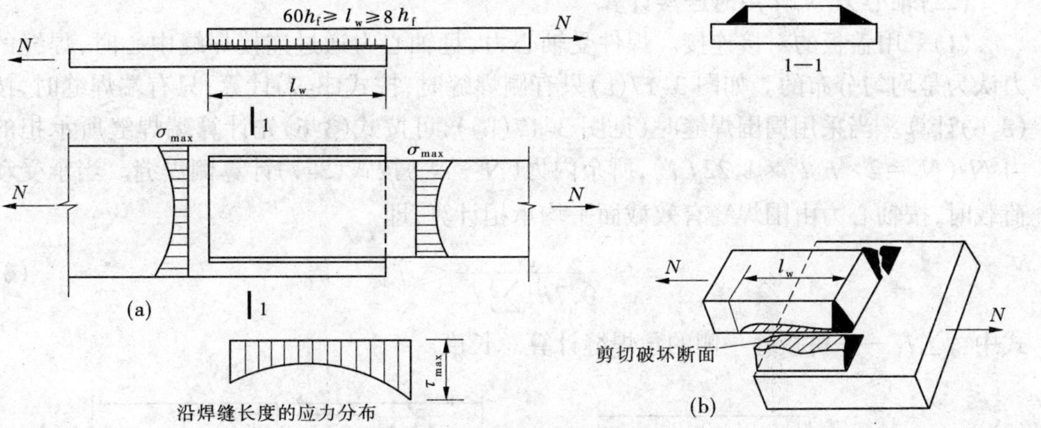

图 3-15　侧面角焊缝受力情况和破坏情况

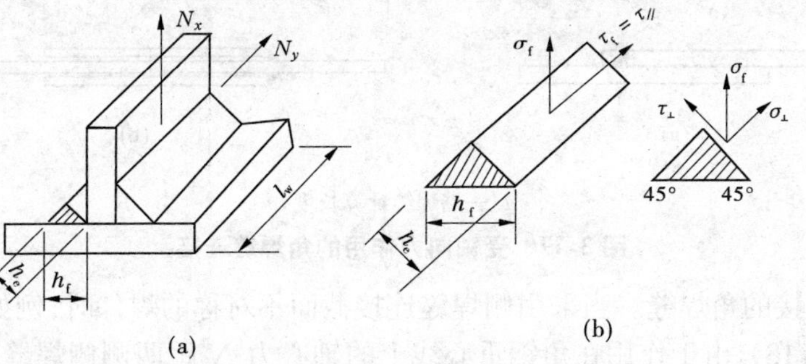

图 3-16　角焊缝有效截面上各种应力

式中　β_f——端焊缝强度设计值增大系数，$\beta_f = 1.22$；

f_f^w——角焊缝的强度设计值，按附表 1-2 采用。

式(3-5)是角焊缝连接计算的基本公式，由该公式可知：

(1)端焊缝，当只有垂直于焊缝长度方向的轴心力 N_x 时，应满足：

$$\sigma_f = \frac{N_x}{0.7h_f l_w} \leqslant \beta_f f_f^w \tag{3-6}$$

(2)侧焊缝，当只有平行于焊缝长度方向的轴心力 N_y 时，应满足：

$$\tau_f = \frac{N_y}{0.7h_f l_w} \leqslant f_f^w \tag{3-7}$$

按容许应力法计算时，角焊缝连接计算(各种受力情况的侧焊缝、端焊缝和围焊缝)应统一按角焊缝的容许剪应力$[\tau_t^w]$(见附表 1-3)验算，而 N、M、V 为由最大荷载标准值计算的内力，例如：

$$\frac{N}{0.7h_f l_w} \leqslant [\tau_t^w] \tag{3-8}$$

以后凡是须按容许应力法计算角焊缝，都可参照式(3-8)的方式进行。

(二)轴心力 N 作用时连接计算

(1)采用盖板的对接连接。焊件受轴心力，且轴心力通过连接焊缝中心时，焊缝的应力认为是均匀分布的。如图 3-17(a)只有侧焊缝时，按式(3-7)计算；只有端焊缝时，按式(3-6)计算。当采用周围焊缝时(见图 3-17(b))，可按式(3-6)先计算端焊缝所承担的内力 $N'(N'=2\times h_e l'_w \times 1.22 f_f^w)$，所余内力$(N-N')$按式(3-7)计算侧焊缝。当承受动力荷载时，按轴心力由围焊缝有效截面平均承担计算，即

$$\frac{N}{0.7h_f\sum l_w}\leqslant f_f^w \tag{3-9}$$

式中　$\sum l_w$——拼接缝一侧的角焊缝计算总长度。

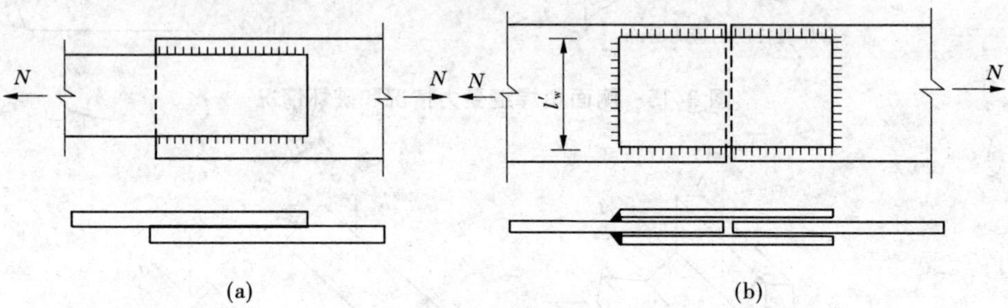

l'_w—端焊缝计算长度

图 3-17　受轴向力作用的角焊缝连接

(2)角钢连接的角焊缝。当采用侧焊缝连接截面不对称的焊件时，例如角钢和节点板的连接(见图 3-18)，由于作用在角钢重心线上的轴心力 N 距两侧侧焊缝的距离不相等，因而两侧侧焊缝受力大小也不同。由平衡条件得到角钢肢背焊缝和肢尖焊缝承担的内力 N_1 和 N_2 为：

$$N_1=\frac{b_2}{b}N=k_1N \tag{3-10a}$$

$$N_2=\frac{b_1}{b}N=k_2N \tag{3-10b}$$

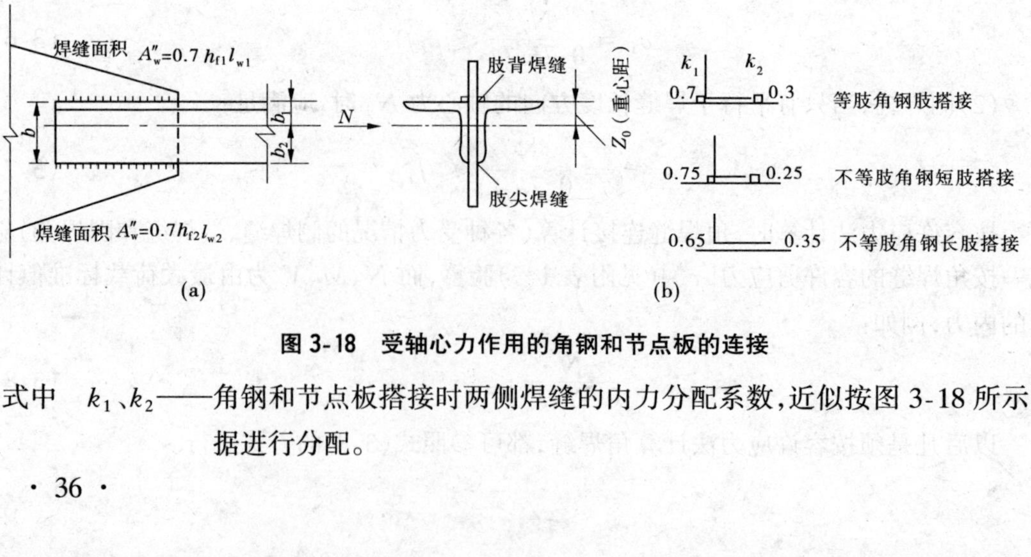

图 3-18　受轴心力作用的角钢和节点板的连接

式中　k_1、k_2——角钢和节点板搭接时两侧焊缝的内力分配系数，近似按图 3-18 所示数据进行分配。

两侧侧焊缝的内力求得后，再根据构造要求和强度计算即可确定每侧焊缝的厚度 h_f 和焊缝长度 l_w 为：

肢背 $$\sum h_{f1} l_{w1} = \frac{k_1 N}{0.7 f_f^w} \tag{3-11a}$$

肢尖 $$\sum h_{f2} l_{w2} = \frac{k_2 N}{0.7 f_f^w} \tag{3-11b}$$

对于单角钢连接，考虑不对称截面搭接的偏心影响，上式中的焊缝强度乘以折减系数 0.85。

为了使连接构造紧凑，也可采用围焊缝(见图 3-19)。可先选定正面焊缝的焊缝厚度 h_{f3}，计算出它所承受的内力 $N_3 = 2 \times 0.7\beta_f h_{f3} b f_f^w$，通过平衡关系解得：$N_1 = k_1 N - N_3/2$；$N_2 = k_2 N - N_3/2$。两侧所需焊缝尺寸为：

肢背 $$\sum l_{w1} = \frac{k_1 N - N_3/2}{0.7 h_{f1} f_f^w} \tag{3-12a}$$

肢尖 $$\sum l_{w2} = \frac{k_2 N - N_3/2}{0.7 h_{f2} f_f^w} \tag{3-12b}$$

为使连接构造合理，肢背与肢尖可采用不同的焊缝厚度，这样可使肢背和肢尖的焊缝长度 l_w 接近相等。

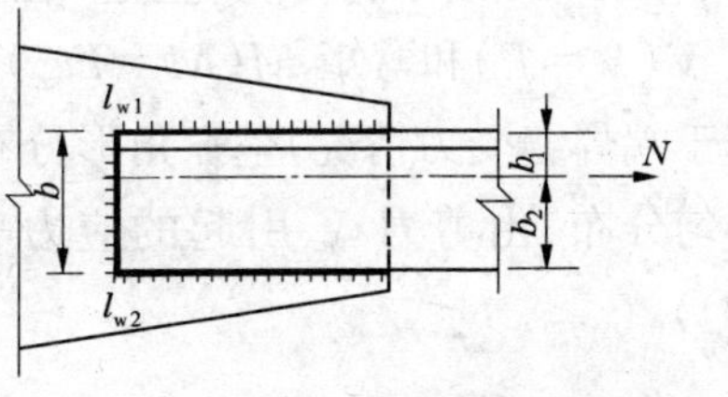

图 3-19　角钢和节点板采用围焊缝连接

【例题 3-3】　某桁架腹杆承受的拉力为 460kN，其截面由两个等肢角钢 2∠75×8 组成，节点板厚 10mm。钢材为 Q235，手工焊，采用 E43 型焊条。计算角焊缝的连接。

解：

查附表 1-1、附表 1-3 得钢材的强度设计值 $f = 215\text{N/mm}^2$，角焊缝的强度设计值 $f_f^w = 160\text{N/mm}^2$。

1.采用侧焊缝

等肢角钢的肢背和肢尖所分担的内力分别为：

$$N_1 = 0.7N = 0.7 \times 460 = 322(\text{kN})$$
$$N_2 = 0.3N = 0.3 \times 460 = 138(\text{kN})$$

设肢背焊缝厚度 $h_{f1} = 8\text{mm}$，需要焊缝长度为：

$$l_{w1} = \frac{N_1}{2 \times 0.7 h_{f1} f_f^w} = \frac{322 \times 10^3}{2 \times 0.7 \times 8 \times 160} = 179.7(\text{mm})$$

考虑焊口影响，取 $l_{w1} = 200\text{mm}$。

设肢尖焊缝厚度 $h_{f2} = 6\text{mm}$，需要焊缝长度为：

$$l_{w2} = \frac{N_2}{2 \times 0.7 h_{f2} f_f^w} = \frac{138 \times 10^3}{2 \times 0.7 \times 6 \times 160} = 102.7(\text{mm})$$

取 $l_{w2} = 120\text{mm}$。

2. 采用围焊缝

假定焊缝厚度 h_f 一律为 6mm，则肢端、肢背和肢尖分担的荷载分别为：

$N_3 = 2 \times 0.7 h_f \times 1.22 \times b f_f^w = 2 \times 0.7 \times 6 \times 1.22 \times 75 \times 160 = 122\,976(\text{N}) \approx 123\text{kN}$

$N_1 = 0.7N - N_3/2 = 0.7 \times 460 - 123/2 = 260.5(\text{kN})$

$N_2 = 0.3N - N_3/2 = 0.3 \times 460 - 123/2 = 76.5(\text{kN})$

肢背焊缝长度为：

$$l_{w1} = \frac{N_1}{2 \times 0.7 h_f f_f^w} = \frac{260.5 \times 10^3}{2 \times 0.7 \times 6 \times 160} = 193.8(\text{mm})$$

取 $l_{w1} = 210\text{mm}$。

肢尖焊缝长度为：

$$l_{w2} = \frac{N_2}{2 \times 0.7 h_f f_f^w} = \frac{76.5 \times 10^3}{2 \times 0.7 \times 6 \times 160} = 56.9(\text{mm})$$

取 $l_{w2} = 70\text{mm}$。

(三)弯矩 M、剪力 V 和轴力 N 共同作用 T 形连接计算

图 3-20 所示为 T 形连接。在轴心力 N 和偏心力 P 作用下，其中 P 在角焊缝引起剪力 $V(V = P)$ 和弯矩 $M(M = Pe_x)$。由弯矩 M 所产生的应力 σ_{fM}，其方向垂直于焊缝(相当于端焊缝受力情况)呈三角形分布；由轴心力 N 引起的应力 σ_{fN}，其方向垂直于焊缝为均匀分布；由剪力 V 引起的应力 τ_{fV}，其方向平行于焊缝，按均匀分布考虑(见图 3-20(d))。

$$\sigma_{fM} = \frac{M}{W_w};\ \sigma_{fN} = \frac{N}{A_w};\ \tau_{fV} = \frac{V}{A_w} \tag{3-13}$$

式中 W_w——角焊缝有效截面的抵抗矩，图 3-20(b)中 $W_w = h_e \sum l_w^2/6$；

A_w——角焊缝有效截面面积，图 3-20(b)中 $A_w = h_e \sum l_w$。

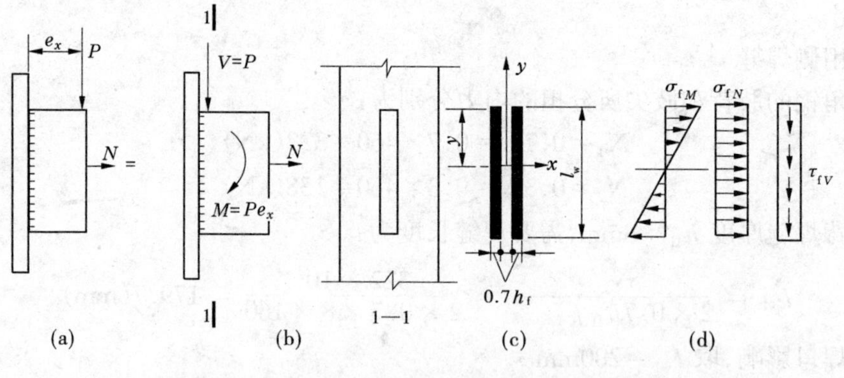

图 3-20 角焊缝受弯矩、剪力和轴心力共同作用

在 M、V 和 N 共同作用下，角焊缝有效截面上受力最大的应力点，按式(3-5)计算强度，即满足：

$$\sqrt{\left(\frac{\sigma_{fM}+\sigma_{fN}}{\beta_f}\right)^2+\tau_{fV}^{\ 2}}\leqslant f_f^w \tag{3-14}$$

当承受静力或间接动力荷载时，取 $\beta_f=1.22$；当直接承受动力荷载时，取 $\beta_f=1.0$。

【例题 3-4】 设有牛腿与钢柱连接，牛腿尺寸及作用力的设计值（静力荷载）如图3-21所示，钢材为 Q390 钢，采用 E55 型焊条，手工焊。试验算角焊缝的连接强度。

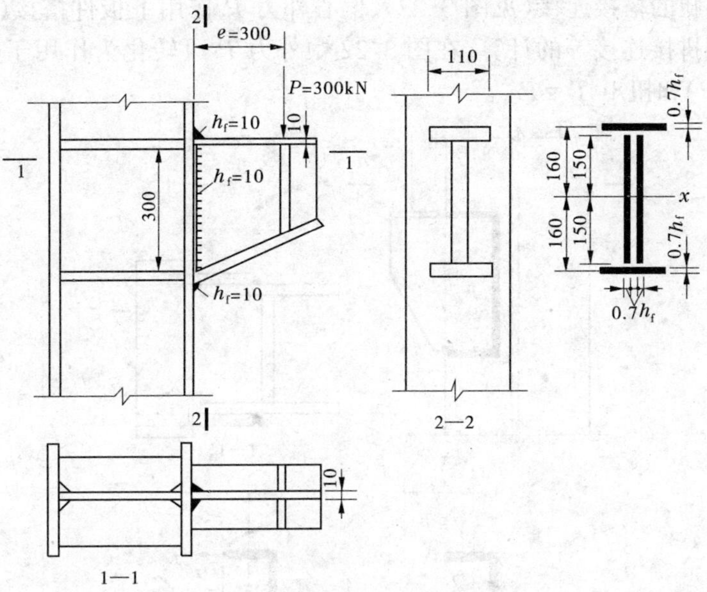

图 3-21　牛腿与柱之间角焊缝连接的计算简图（单位：mm）

解：

由附表 1-2 查得 $f_f^w=220\text{N/mm}^2$。牛腿和柱连接的角焊缝承受牛腿传来的剪力。

$$V=P=300\text{kN}，弯矩\ M=Pe=300\times0.3=90(\text{kN·m})$$

假定剪力仅由牛腿腹板上的焊缝承受，腹板上焊缝的有效截面面积为：

$$A_w=2\times0.7\times10\times(300-20)=3\,920(\text{mm}^2)$$

角焊缝有效截面对 x 轴的惯性矩为：

$I_w=2\times0.7\times10\times(300-20)^3/12+2\times0.7\times10\times(110-20)\times(163.5)^2=5\,929.3\times10^4(\text{mm}^4)$

翼缘焊缝最外缘的抵抗矩为：

$$W_1=5\,929.3\times10^4/167=3.55\times10^5(\text{mm}^3)$$

腹板焊缝有效边缘的抵抗矩为：

$$W_2=5\,929.3\times10^4/140=4.24\times10^5(\text{mm}^3)$$

弯矩产生的角焊缝最大应力为：

$\sigma_{f1}=(90\times10^6)/(3.55\times10^5)=253.5(\text{N/mm}^2)<1.22f_f^w=1.22\times220=268.4(\text{N/mm}^2)$

腹板有效边缘的应力：

$$\sigma_{f2}=90\times10^6/(4.24\times10^5)=212.3(\text{N/mm}^2)\leqslant1.22f_f^w=268.4\text{N/mm}^2$$

$$\tau_f = 300 \times 10^3 / 3\ 920 = 76.5(\mathrm{N/mm^2})$$

所以

$$\sqrt{\left(\frac{\sigma_{fM} + \sigma_{fN}}{\beta_f}\right)^2 + \tau_{fV}{}^2} = \sqrt{\left(\frac{212.3}{1.22}\right)^2 + 76.5^2} = 190.1(\mathrm{N/mm^2}) < f_f{}^w = 220\mathrm{N/mm^2}$$

(四)扭矩 T 和剪力 V 共同作用下搭接连接计算

例如柱和牛腿的搭接连接(见图 3-22)、偏心外力 P 作用下板件搭接(见图 3-23)以及组合梁腹板用拼接连接等的计算,在图 3-22 中外力 P 可转化为作用于角焊缝形心 O 的剪力 $V(V=P)$和扭矩 $T=Pe_x$。

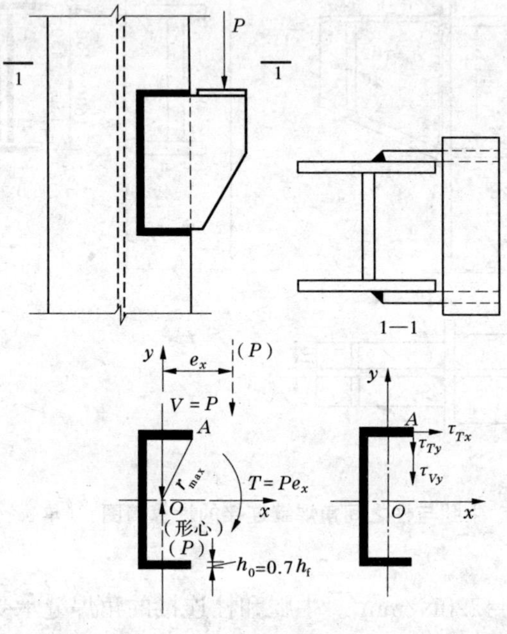

图 3-22 柱与牛腿角焊缝受剪力和扭矩共同作用

扭矩作用下角焊缝的计算假定:①被连接的构件是绝对刚性的,而角焊缝是弹性的;②被连接的构件绕角焊缝形心 O 转动。角焊缝上任意一点的应力方向垂直于该点和形心的连线,且应力大小与其距离 r 的大小成正比。距角焊缝有效截面形心最远点(如 A 点)的应力按式(3-15)计算:

$$\tau_A = \frac{Tr_{max}}{I_p} \tag{3-15}$$

式中 r_{max}——焊缝有效截面形心到应力作用最远点的距离;

I_p——角焊缝有效截面的极惯性矩,$I_p = I_x + I_y$,其中 I_x、I_y 为焊缝有效截面分别对 x、y 轴的惯性矩。

将扭矩 T 在 A 点产生的应力 τ_A 分解为对 x 、y 轴上的分应力为:

$$\tau_{Tx} = \frac{Ty_{max}}{I_x + I_y} \quad (侧焊缝受力性质) \tag{3-16}$$

$$\tau_{Ty} = \frac{Tx_{max}}{I_x + I_y} \quad (端焊缝受力性质) \tag{3-17}$$

在剪力 V 作用下焊缝有效截面上产生剪应力 τ 近似按平均分布考虑。A 点处的剪应力 $\tau_{Vy} = V/A_w$（端焊缝受力性质）。

在图 3-23 中，外力 P 分解为 P_x 和 P_y。扭矩 $T = P_x e_y + P_y e_x$，剪力分别为 P_x 和 P_y。

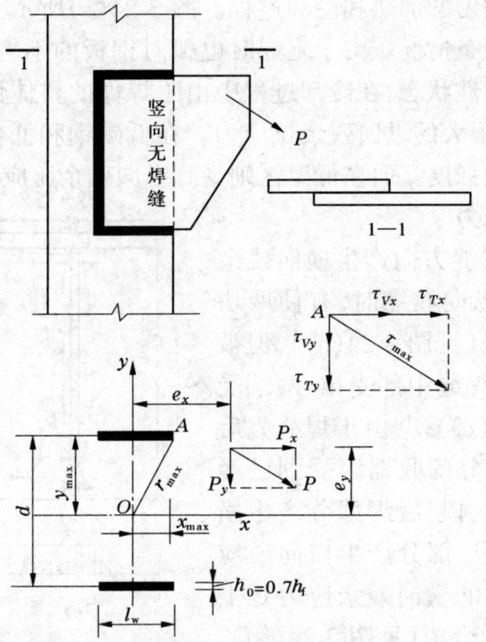

图 3-23　板件间角焊缝受剪力和扭矩共同作用

距角焊缝有效截面形心最远点（如 A 点）各应力的分量为：

$$\tau_{Vx} = \frac{P_x}{A_w};\quad \tau_{Vy} = \frac{P_y}{A_w}$$

$$\tau_{Tx} = \frac{(P_x e_y + P_y e_x)y_{max}}{I_x + I_y};\quad \tau_{Ty} = \frac{(P_x e_y + P_y e_x)x_{max}}{I_x + I_y}$$

在 T 和 V 的共同作用下，角焊缝中有效截面上受力最大的点，可根据受力性质分别按式(3-18a)和式(3-18b)两者之一计算强度：

$$\sqrt{\left(\frac{\tau_{Ty} + \tau_{Vy}}{1.22}\right)^2 + (\tau_{Tx} + \tau_{Vx})^2} \leqslant f_f^w \tag{3-18a}$$

或

$$\sqrt{(\tau_{Ty} + \tau_{Vy})^2 + (\tau_{Tx} + \tau_{Vx})^2} \leqslant f_f^w \tag{3-18b}$$

第五节　焊接应力和焊接变形

一、产生原因

焊接构件在受荷前，由于施焊的电弧高温作用引起的内应力和变形称为焊接应力和焊接变形。焊接应力有暂时应力与残余应力。暂时应力只在焊接过程中一定的温度情况下才存在。当焊件冷却至常温时，暂时应力即消失。焊接残余应力是指焊件冷却后残留在焊件内的应力，故又称为收缩应力。

(一)纵向焊接残余应力

焊接过程是一个不均匀的加热和冷却过程。图 3-24(a)所示为周边自由的两块钢板对接焊接后的残余应力分布情况。由于施焊时电弧对钢板的不均匀加热，焊缝及其附近热影响区温度达到了热塑性状态，在冷却过程中由于焊件的整体性妨碍了高温区的自由收缩，因而焊缝区发生了很大的纵向残余拉应力。在低碳钢和低合金钢中这种纵向残余拉应力常达到钢材的屈服强度。而在低温区则受到纵向残余压应力(见图 3-24(b))。

(二)横向焊接残余应力

焊件还会在垂直于焊缝方向产生横向残余应力，原因是：①当焊缝纵向收缩时，有使两块钢板向外弯成弓形的趋势(见图 3-24(a))，但被焊缝金属阻止，因而产生焊缝中部受拉、两端受压的横向应力(见图 3-24(c))；②由于焊缝先后冷却的时间不同，后焊部分的收缩因受到已经冷缩的先焊部分的阻碍，引起后焊部分产生横向拉应力，并使邻近的先焊部分产生横向压应力(见图 3-24(d))。焊缝的横向残余应力是上述两种原因产生的应力的合成(见图 3-24(e))。纵向和横向残余应力在焊件中部焊缝中形成了同号双向拉应力场(见图 3-24(a))，是焊接结构易发生脆性破坏的原因之一。

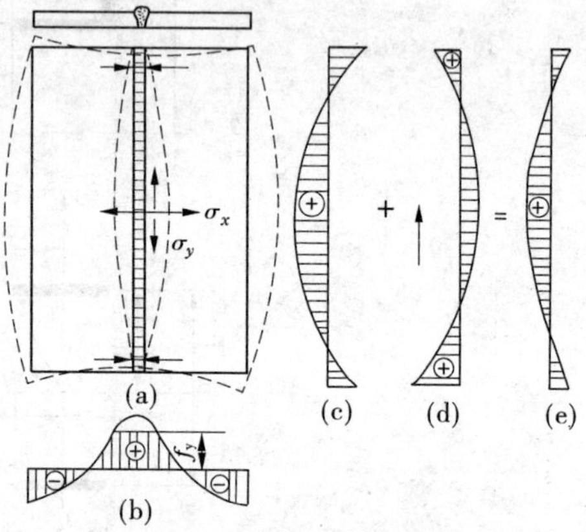

图 3-24　钢板对焊后的残余应力

(三)沿焊缝厚度方向的焊接残余应力

在厚钢板的连接中，焊缝需要多层施焊。因此，除有纵向和横向焊接残余应力(σ_x、σ_y)外，沿厚度方向还存在焊接残余应力 σ_z(见图 3-25)。这三种应力形成较严重的同号三向应力场，对焊缝的工作不利。

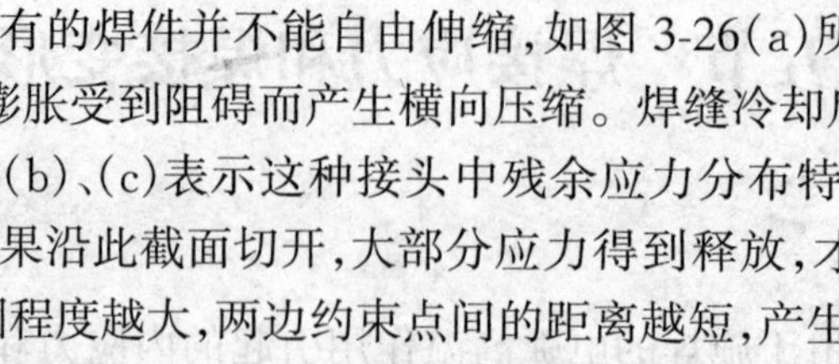

图 3-25　沿焊缝厚度方向的残余应力

(四)约束状态下产生的焊接应力

实际焊接接头中，有的焊件并不能自由伸缩，如图 3-26(a)所示，在施焊时，焊缝及其附近高温钢板的横向膨胀受到阻碍而产生横向压缩。焊缝冷却后，由于收缩受到约束，便产生约束应力，图 3-26(b)、(c)表示这种接头中残余应力分布特点：$e—f$ 截面上有约束，截面全部是受拉的，如果沿此截面切开，大部分应力得到释放，才呈自相平衡的残余应力分布。钢板两边的嵌固程度越大，两边约束点间的距离越短，产生的约束力就越大。因此，设计接头及考虑焊缝的施焊次序时，要尽可能使焊件能够自由伸缩，以便减小约束应力。

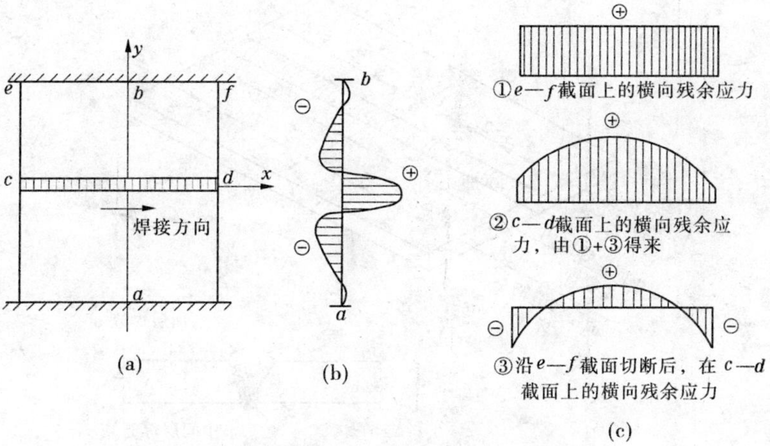

图 3-26　约束焊接接头中的残余应力分布

二、对结构构件的危害

对于承受静载的焊接结构，在常温下没有严重的应力集中，焊接残余应力并不影响结构的静力强度。当残余应力与外荷载引起的应力同号相加以后，该处材料将提前进入屈服阶段，局部形成塑性区；若继续加载，则变形加快。这说明残余应力的存在会降低结构的刚度，增大变形，降低稳定性。同时由于残余应力一般为三向同号应力状态，材料在这种应力状态下易转向脆性，降低疲劳强度，尤其在低温动荷载作用下，容易产生裂纹，有时会导致低温脆性断裂。

焊接残余变形使结构的安装困难，对使用有很大影响，过大的变形将显著降低结构的承载能力，甚至使结构不能使用。因此，在设计和制造时必须采取适当措施来减小焊接应力和变形的影响。

三、减小或消除焊接残余应力的措施

（一）构造设计方面

应避免引起三向拉应力的情况。当几个构件相交时，应避免焊缝过分集中。在正常情况下，当不采用特殊措施时，设计焊缝厚度和板厚度均不宜过大，以减小焊缝应力和变形。

（二）制造方面

应选用适当的焊接方法、合理的装配及施焊次序，尽量使各焊件能自由收缩。当焊缝较厚时应采用分层焊；当焊缝较长时可采用分段逆焊法（见图 3-27）。

焊件焊前预热和焊后热处理是防止焊接裂缝和减小残余应力的有效方法。焊前预热可减小焊缝金属和主体金属的温差，减小残余应力，减轻局部硬化和改善焊缝质量。焊后将焊件作退火处理（加热至 600℃左右，然后缓缓冷却），可消除焊接残余应力，但因工艺和设备较复杂，除特别重要的构件和尺寸不大的重要零部件外，一般较少采用。

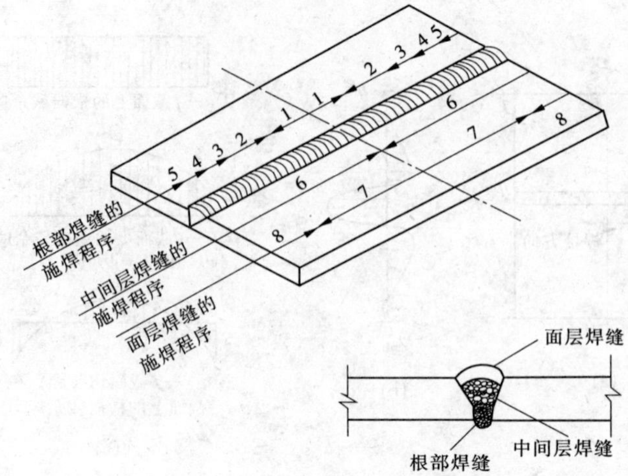

图 3-27　合理的施焊顺序

四、减小或消除焊接变形的措施

(1)反变形法。在施焊前预留适当的收缩量和根据经验预先造成相反方向和适当大小的变形来抵消焊后变形,如图 3-28 所示。这种方法一般适用于较薄板件。

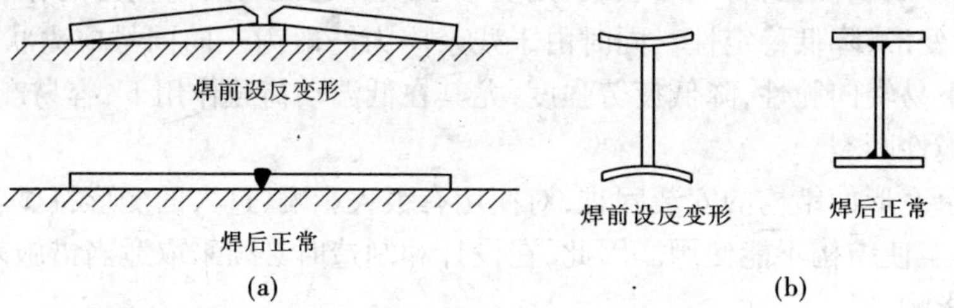

图 3-28　焊件的反变形措施

(2)采用合理的装配和焊接顺序。

(3)焊后矫正。以机械矫正和局部火焰加热矫正较为常用。对于低合金钢不宜使用锤击方法进行矫正。

第六节　螺栓连接

一、概述

(一)螺栓的种类

螺栓有普通螺栓、高强螺栓和锚固螺栓三类。普通螺栓根据加工精度又分为粗制螺栓和精制螺栓;高强螺栓分为摩擦型和承压型;锚栓只能承受拉力,不能承受剪力。

螺栓的制图符号见图 3-29。图中细“十”线表示定位线,孔径和杆径应标注清楚。

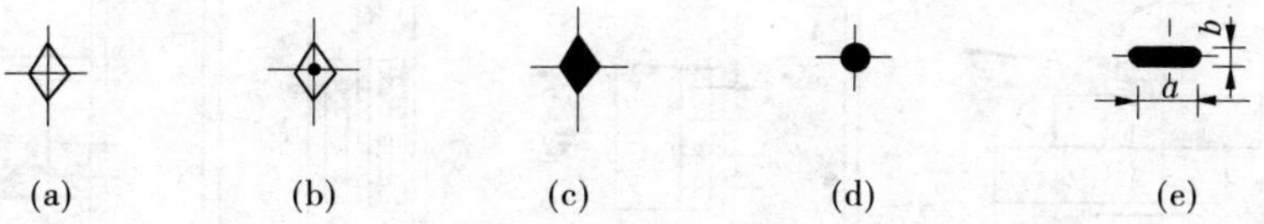

图 3-29　螺栓的制图符号

(二)螺栓的排列

螺栓的排列方式有并列和交错排列(见图 3-30)。前者简单,后者紧凑。按受力要求,螺孔(d_0)的最小端距为 $2d_0$,以免板端被剪穿;螺孔的最小边距为 $1.5d_0$(切割边)或 $1.2d_0$(轧成边)。在型钢上螺栓应排列在型钢准线上。中间螺孔的最小间距为 $3d_0$。另外,由安装要求要保证一定的间距,便于螺栓扳手的转动。螺栓的间距也不宜过大,特别是受压板件当栓距过大时易发生凸曲现象。板和刚性构件连接时栓距过大不易接触紧密,潮气易于侵入缝隙而锈蚀。中心最大间距受压时为 $12d_0$ 或 $18t$(t 为外层较薄板件的板厚),受拉时为 $16d_0$ 或 $24t$;中心至构件边缘最大距离为 $4d_0$ 或 $8t$。

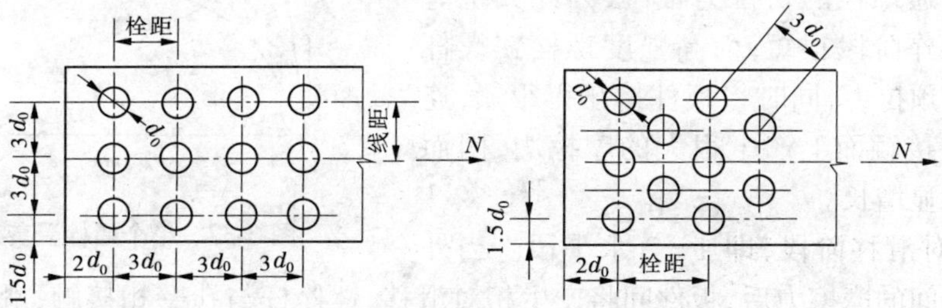

图 3-30　螺栓的排列间距

二、普通螺栓连接的计算

如图 3-31(a)所示,在外力作用下,被连接板件的接触面产生相对滑移的趋势,同时靠螺栓杆本身剪切面的抗剪和承压来传递垂直于螺栓杆方向的外力,这种连接称为抗剪连接,相应的受力螺栓称为抗剪螺栓。

如图 3-31(b)所示,在外力作用下,被连接板件的接触面出现了相互脱开的倾向,同时靠螺栓杆直接承受拉力来传递平行于螺栓杆方向的外力,这种连接称为抗拉连接,相应的受力螺栓称为抗拉螺栓。

如图 3-31(c)所示连接,受力后产生相对滑动和脱开并存的倾向,则螺栓杆既承受剪力又承受拉力,称为同时承受拉力和剪力的连接。

下面将分别介绍上述三种螺栓连接的计算方法。

(一)抗剪螺栓

实际螺栓连接中都是采用螺栓群。为了解决螺栓群的问题,我们先来研究单个螺栓的工作性能和计算。

1.单个抗剪螺栓的工作性能

图 3-32 为单个螺栓抗剪连接中的平均剪应力和连接的剪切变形间的关系曲线。从

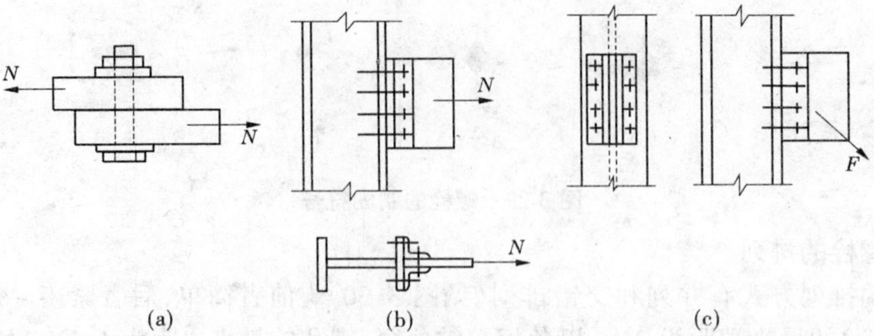

图 3-31　螺栓连接按传力方式分类

曲线中可以看出连接的破坏分三个阶段：

(1)弹性工作阶段，即 0—1 斜直线段。此时外力较小，靠板件间摩擦力传力，螺栓杆与孔壁之间的间隙保持不变，连接处于弹性工作阶段。一般普通螺栓的初拉力很小，因此其抗剪连接弹性工作阶段很短；而高强度螺栓在螺杆中有很大的预拉力，同时将板件挤压得很紧，连接受力后在接触面上产生很大的摩擦力，因而弹性阶段明显增长。

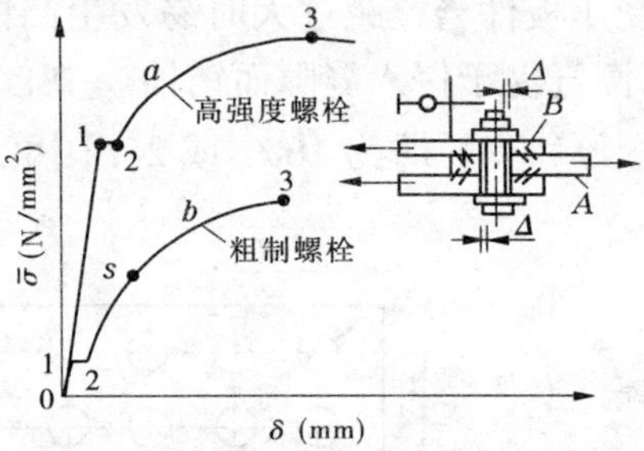

图 3-32　单个螺栓受剪工作

(2)相对滑移阶段，即 1—2 水平段。当外力超过板件间的摩擦力后，板件间将产生相对滑移，螺栓杆与孔壁相接触，滑移量与孔壁和螺栓杆的间隙大小有关。

(3)弹塑性阶段，即 2—3 曲线段。螺栓杆与孔壁接触后，外力通过螺栓杆与孔壁的相互作用传力，螺栓杆在剪切面受剪，在承压面承压，孔壁则受到螺栓杆的挤压。随外力增大，螺栓微弯并伸长，由于受到螺帽的约束，螺栓杆产生拉力，从而增大了板件间压紧力，摩擦力随之加大，从工作曲线上看又出现上升段，抗剪承载力有所提高，直到 3 点。随着外力的继续增大，剪切变位迅速增大，曲线渐趋平缓，直到最终破坏。

普通螺栓和承压型高强度螺栓的抗剪连接，当达到承载力极限时，可能有 5 种破坏形式：栓杆被剪断；连接板件被挤压破坏；构件被拉(或压)破坏；板端被冲剪破坏；栓杆受弯破坏(如图 3-33 所示)。

2. 单个抗剪螺栓的承载力

螺栓进入弹塑性工作阶段以后，沿剪切面上的剪应力分布不均匀，在实用计算中假定剪应力为均匀分布。这时，每个螺栓的抗剪承载力 N_v^b 为：

$$N_v^b = n_v \pi d^2 f_v^b /4 \tag{3-19a}$$

式中　n_v——单个螺栓的受剪面数目，单剪 $n_v = 1$，双剪(见图 3-34) $n_v = 2$；

d——螺栓直径；

f_v^b——普通螺栓的抗剪强度设计值，按附表 1-4 取用。

按容许应力法计算时，每个螺栓的抗剪承载力容许值$[N_v^b]$为：

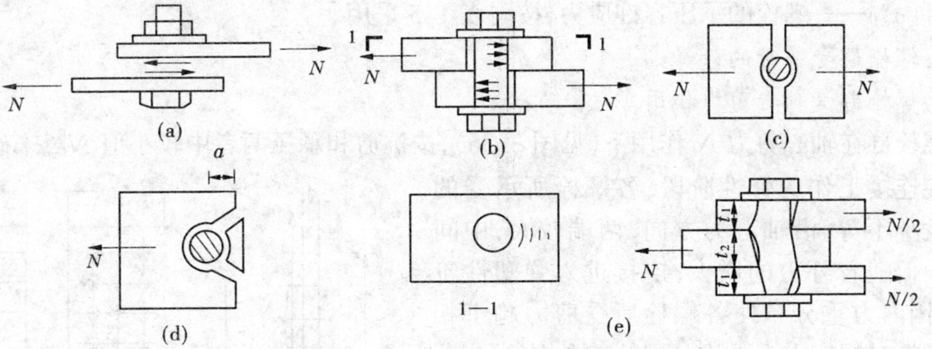

图 3-33　抗剪螺栓连接的破坏情况

$$[N_{\mathrm{v}}^{\mathrm{b}}] = n_{\mathrm{v}}\pi d^2[\tau^{\mathrm{b}}]/4 \tag{3-19b}$$

式中　$[\tau^{\mathrm{b}}]$——普通螺栓的抗剪容许应力，按附表 1-5 采用。

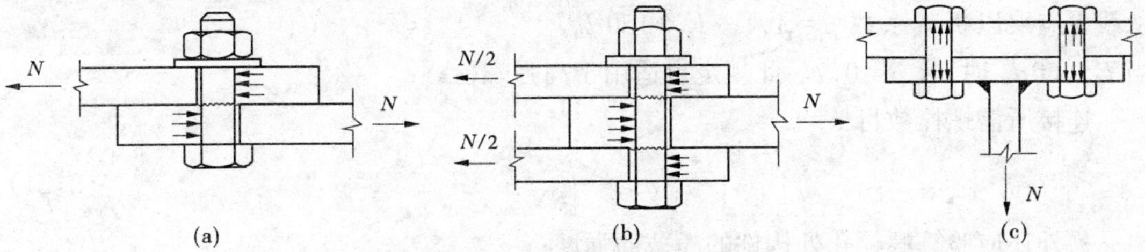

图 3-34　普通螺栓的受力

计算螺栓的承压承载力时，沿螺杆侧面的承压力实际分布是不均匀的，在实际计算中通常假定承压力沿螺杆直径宽度上均匀分布，如图 3-35(a)所示。这时，单个螺栓的承压

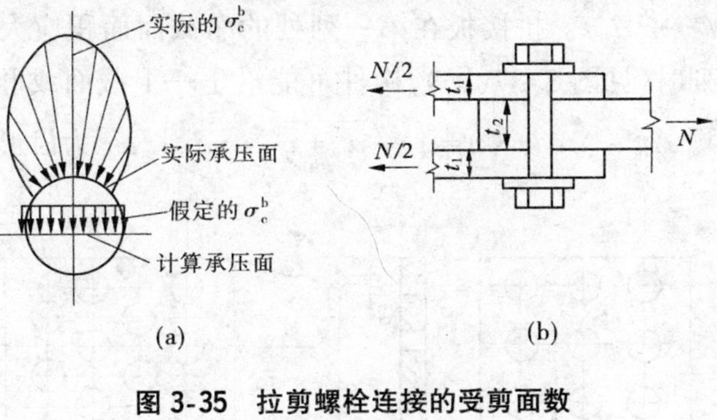

图 3-35　拉剪螺栓连接的受剪面数

承载力 $N_{\mathrm{c}}^{\mathrm{b}}$ 为：

$$N_{\mathrm{c}}^{\mathrm{b}} = d\sum t f_{\mathrm{c}}^{\mathrm{b}} \tag{3-20a}$$

式中　$\sum t$——连接件中同一受力方向承压钢板总厚度的较小值，如图 3-35 中 $\sum t$ 取 $2t_1$ 和 t_2 中的较小值；

$f_{\mathrm{c}}^{\mathrm{b}}$——螺栓的承压强度设计值，按附表 1-4 采用。

按容许应力法计算时，单个螺栓的承压承载力容许值 $[N_{\mathrm{c}}^{\mathrm{b}}]$ 为：

$$[N_{\mathrm{c}}^{\mathrm{b}}] = d\sum t[\sigma_{\mathrm{c}}^{\mathrm{b}}] \tag{3-20b}$$

式中　$[\sigma_c^b]$——螺栓的承压容许应力，按附表1-5采用。

3. 螺栓群受剪时的计算

1)螺栓群受轴心剪力作用

螺栓群在轴心剪力 N 作用下(见图3-36)，按抗剪和承压两者中较小值 N_{min}^b 来确定。

在连接工作的弹性阶段，各螺栓所承受的剪力大小不等，沿轴心力方向，两端较大，中间较小。但随着外力的增大，连接进入弹塑性阶段后，因内力重分布使各螺栓所受剪力趋于相等。计算时假定内力平均分配给每个螺栓。

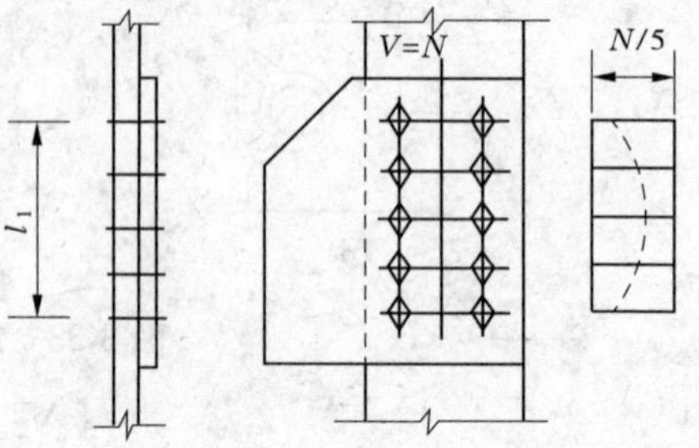

图3-36　螺栓群受轴心剪力时的剪力分布

在构件的节点处或拼接接头的一侧，由于螺栓群在弹性阶段各螺栓受力不相等，两端大中间小。当接头长度 $l_1>15d_0$ 时，单个螺栓的承载力应乘以折减系数 $\beta=1.1-l_1/(150d_0)$。当 $l_1\geqslant 60d_0$ 时，取 $\beta=0.7$。此规定也适用于高强螺栓。

连接所需螺栓数目：

$$n\geqslant\frac{N}{\beta N_{min}^b} \tag{3-21}$$

另外还应验算螺栓孔处构件的净截面强度：

$$N/A_n\leqslant f \tag{3-22}$$

式中　A_n——构件的净截面面积。

当螺栓并列排列时(见图3-37(a))，构件在第一列螺栓处的截面Ⅰ—Ⅰ受力最大，其净截面面积 $A_n=bt-n_1d_0t$。拼接板在第一列处的净截面面积应大于构件的净截面面积。当螺栓交错排列时(见图3-37(b))，构件可能沿Ⅰ—Ⅰ截面或Ⅱ—Ⅱ截面破坏。齿形破坏的净截面面积 $A_n=[2e_1+(n-1)\sqrt{a^2+e^2}-nd_0]t$，$n$ 为齿形截面上的螺栓数。

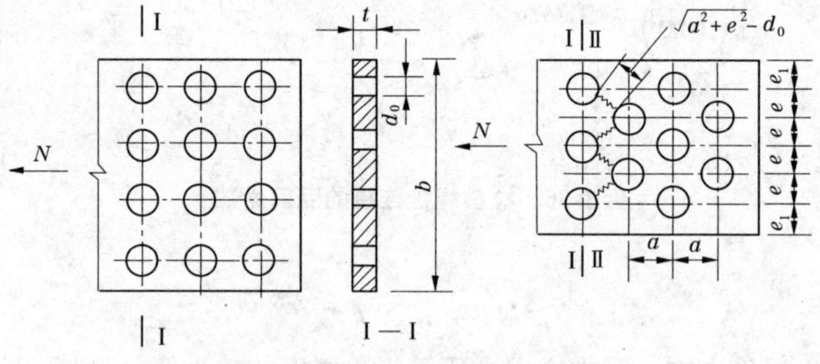

图3-37　构件净截面面积计算

【例题3-5】　设计某截面为16mm×340mm的钢板拼接连接，采用两块拼接板 $t=9$mm和C级螺栓连接。钢板和螺栓均为Q235钢，孔壁按Ⅱ类孔制作。钢板承受轴心拉力 $N=600$kN(见图3-38)

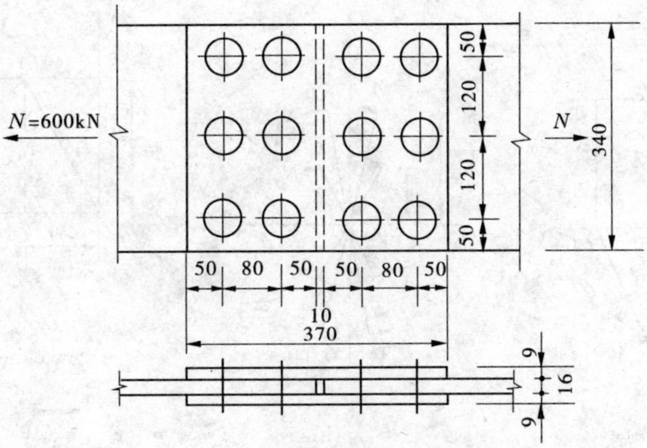

图 3-38　钢板拼接计算图

解：

选用 M22 的 C 级螺栓，查附表 1-4 得螺栓抗剪强度设计值 $f_v^b = 140\text{N/mm}^2$；承压强度设计值 $f_c^b = 305\text{N/mm}^2$。单个螺栓的抗剪和承压承载力为：

$$N_v^b = n_v \pi d^2 f_v^b / 4 = 2 \times \pi \times 22^2 \times 140/4 = 106\ 383.2(\text{N}) = 106.4\text{kN}$$

$$N_c^b = d \sum t f_c^b = 22 \times 16 \times 305 = 107\ 360(\text{N}) = 107.4\text{kN}$$

连接一侧所需的螺栓数：

$$n = \frac{N}{[N^b]_{\min}} = \frac{600}{106.4} = 5.64$$

拼接板每侧采用 6 个螺栓，并列排列。螺栓的间距和边、端距根据构造规定，排列如图 3-38 所示。

钢板净截面强度验算：

$$\frac{N}{A_n} = \frac{600 \times 1\ 000}{340 \times 16 - 3 \times 24 \times 16} = 139.9(\text{N/mm}^2) < f = 215\text{N/mm}^2$$

2）螺栓群受扭矩作用

螺栓群受扭矩作用时属于抗剪连接（见图 3-39）。其计算一般先布置好螺栓，再计算受力最大的螺栓所承受的剪力和与一个螺栓的承载力设计值进行比较。

最远端螺栓所受的最大剪力 N_1^T 为：

$$N_1^T = \frac{Tr_1}{\sum r_i^2} = \frac{Tr_1}{\sum x_i^2 + \sum y_i^2} \tag{3-23}$$

式中　$\sum x_i^2$——各螺栓旋转半径在 x 轴上投影的平方和；

　　　$\sum y_i^2$——各螺栓旋转半径在 y 轴上投影的平方和。

也可将 N_1^T 分解为水平和竖直分力，如图 3-39(c)所示。

$$N_{1x}^T = \frac{Ty_1}{\sum x_i^2 + \sum y_i^2} \tag{3-24a}$$

$$N_{1y}^T = \frac{Tx_1}{\sum x_i^2 + \sum y_i^2} \tag{3-24b}$$

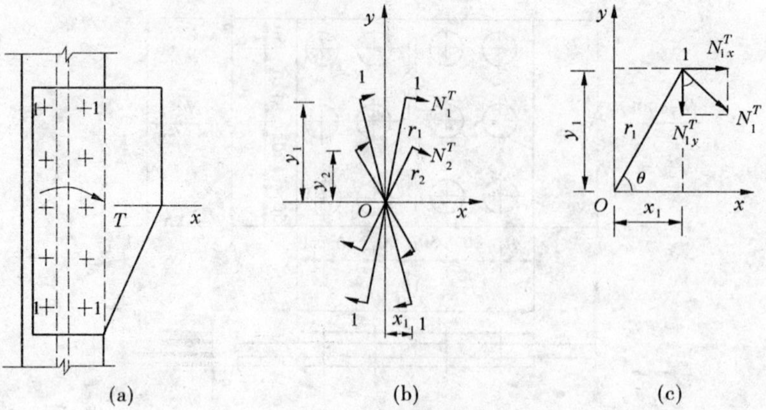

图 3-39　螺栓群受扭矩作用

在比较狭长的连接中，当 $y_1 > 3x_1$ 时，由于 $\sum x_i^2 \ll \sum y_i^2$，式中 $\sum x_i^2$ 和 N_{1y}^T 可忽略不计，N_1^T 近似用 N_{1x}^T 代替得：

$$N_1^T = N_{1x}^T = \frac{Ty_1}{\sum y_i^2} \tag{3-25a}$$

当 $x_1 > 3y_1$ 时，N_1^T 近似用 N_{1y}^T 代替得：

$$N_1^T = N_{1y}^T = \frac{Tx_1}{\sum x_i^2} \tag{3-25b}$$

螺栓群受扭矩作用时不发生破坏的条件为：

$$N_1^T \leqslant N_{\min}^{b} \tag{3-26}$$

3）螺栓群受偏心剪力作用

在螺栓连接中常遇到受偏心外力 N 作用的抗剪螺栓连接。如柱上牛腿受到偏心外力 N 作用，如图 3-40 所示。

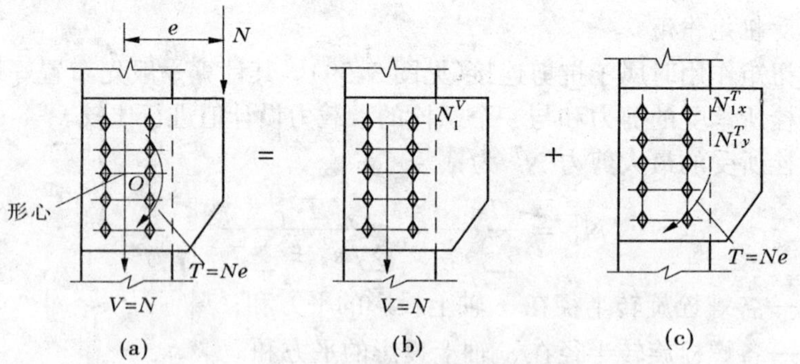

图 3-40　螺栓群偏心受剪

把偏心力 N 移到螺栓群中心 O，得到剪力 $V=N$ 及扭矩 $T=Ne$，在剪力 V 作用下，每个螺栓平均分担剪力为 $N_1^V = N/n$；在扭矩作用下，受力最大的螺栓所受的剪力 N_{1x}^T、N_{1y}^T 按式(3-25)计算。其中最危险螺栓受到两个方向的矢量和应满足以下条件：

$$N_{1max} = \sqrt{(N_1^V + N_{1y}^T)^2 + (N_{1x}^T)^2} \leqslant N_{min}^b \tag{3-27}$$

(二)抗拉螺栓

1.抗拉螺栓的工作特点

在抗拉螺栓连接中,外力将使被连接构件拉开而使螺栓受拉,最后螺栓杆会被拉断。

普通螺栓抗拉强度设计值取相同钢材抗拉强度设计值的0.8倍(即 $f_t^b = 0.8f$)。当普通螺栓或锚栓的螺杆受拉时,每个螺栓或锚栓的承载力即螺杆螺纹根部的有效截面的(螺纹内径 d_e,其有效截面面积 A_e(见附录七))承载力为:

普通螺栓 $$N_t^b = \pi d_e^2 f_t^b / 4 \tag{3-28a}$$

锚栓 $$N_t^a = \pi d_e^2 f_t^b / 4 \tag{3-29a}$$

按容许应力法计算时,单个螺栓或锚栓的承载力容许值$[N_t^b]$或$[N_t^a]$为:

普通螺栓 $$[N_t^b] = \pi d_e^2 [\sigma_t^b] / 4 \tag{3-28b}$$

锚栓 $$[N_t^a] = \pi d_e^2 [\sigma_t{}^a] / 4 \tag{3-29b}$$

式中 f_t^b、f_t^a——普通螺栓或锚栓的抗拉强度设计值,见附表1-4;

$[\sigma_t^b]$、$[\sigma_t^a]$——普通螺栓或锚栓的抗拉容许应力,见附表1-5。

2.抗拉螺栓群受轴心拉力作用

如图3-31(b)所示,当螺栓群受轴心拉力时,通常采用粗制螺栓,各个螺栓平均分担拉力,即每个螺栓所受的拉力为:

$$N_1^t = N/n \tag{3-30}$$

螺栓不被拉坏的设计承载力条件为:

$$N_1^t \leqslant N_t^b \tag{3-31}$$

设计时,常已知轴心拉力 N,则需要的螺栓数为:

$$n \geqslant N/N_t^b \tag{3-32}$$

求出需要的螺栓数后,再根据构造要求,合理布置螺栓。

3.螺栓群受弯矩作用

如图3-41所示为柱的翼缘与牛腿用普通螺栓连接。螺栓群受弯矩 M 作用,上部螺栓受拉,因而有使连接上部分离的趋势,使螺栓群旋转中心下移。因此,可近似假定螺栓群绕最下边一排螺栓旋转,各排螺栓所受拉力大小与距最下边一排螺栓的距离成正比。

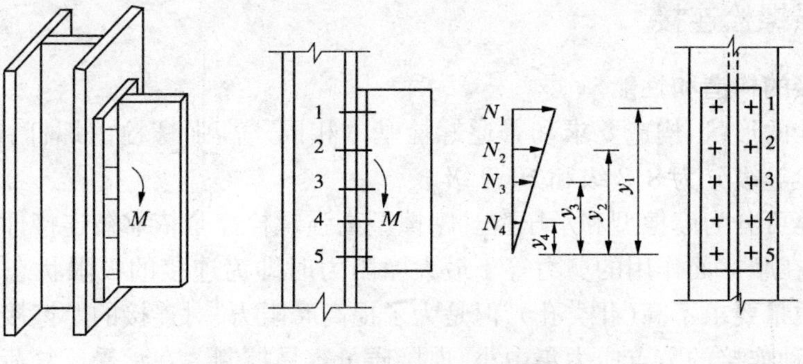

图3-41 弯矩作用下的抗拉螺栓

最上边一排螺栓所受拉力最大值为：

$$N_1^M = \frac{My_1}{m\sum y_i^2} \tag{3-33}$$

式中　m——螺栓列数，在图 3-41 中，$m=2$。

在弯矩作用下，螺栓不被拉断的条件为：

$$N_1^M \leqslant N_t^b \tag{3-34}$$

(三)同时承受拉力和剪力作用

螺栓同时承受剪力和拉力(见图 3-42)或者承受剪力和弯矩(如图 3-43 中当支托只

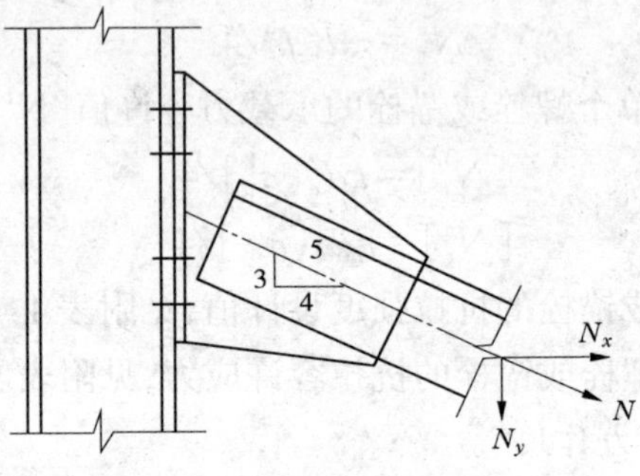

图 3-42　抗拉和抗剪螺栓连接

在安装横梁时使用，而不承受剪力 V)，这种螺栓应满足下式：

$$\sqrt{\left(\frac{N_v}{[N_v^b]}\right)^2 + \left(\frac{N_t}{[N_t^b]}\right)^2} \leqslant 1 \tag{3-35}$$

式中　N_v——单个螺栓所承受的剪力，图 3-42 中，$N_v = N_y/n$，图 3-43 中，$N_v = V/n$；

N_t——单个螺栓所承受的拉力，图 3-42 中 $N_t = N_x/n$，图 3-43 中，$N_t = My_1/(2\sum {y_i}^2)$。

当剪力很大时，通常设置支托承受剪力，而螺栓只承受拉力。如图 3-43 所示的梁与柱的安装连接，通常采用粗制螺栓承受弯矩所引起的拉力，而剪力由焊在柱翼缘上的支托承担。计算这种抗拉螺栓时，可限定转动中心在最下面的螺栓处，各螺栓所受的拉力与该螺栓至转动中心的距离 y 成正比。

三、高强螺栓连接

(一)连接的构造和性能

高强螺栓的形状、构造要求和普通螺栓基本相同。高强螺栓由螺杆、螺帽和垫圈组成。高强螺栓等级分为 8.8 级和 10.9 级。

高强螺栓可分为摩擦型和承压型。摩擦型高强螺栓完全依靠被连接件之间的摩阻力传力，当荷载在摩擦面作用的剪力等于最大摩阻力时即为连接的极限状态。摩擦型高强螺栓对孔壁质量要求不高(Ⅱ类孔)，但是为了提高摩阻力，对连接的摩擦接触面应进行处理。另外，这种连接的节点应力集中小，连接质量容易控制。在承受反复荷载作用下高强螺栓的预拉力不会松弛。因此，螺杆本身不会因疲劳而折断。摩擦型高强螺栓连接的优

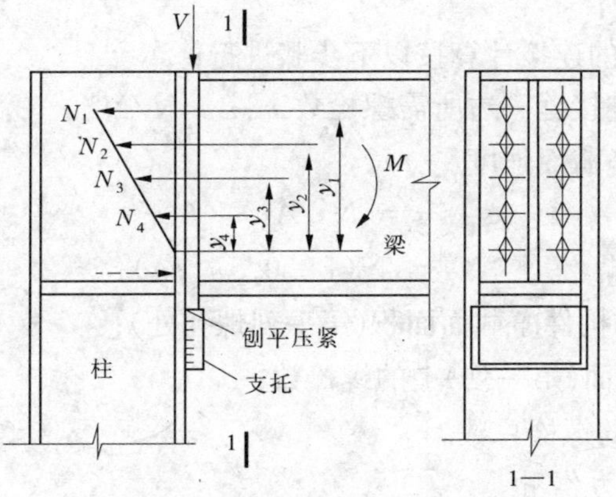

图 3-43　抗拉螺栓连接

点是施工简便,受力好,耐疲劳,易拆换,工作安全可靠,计算简单,因而广泛用于钢结构构件中,尤其适用于承受动载的结构。

(二)预拉力和抗滑移系数

高强螺栓连接的主要技术要求是钢材、螺栓预拉力和构件接触面处理及其相应的抗滑移系数。高强螺栓的预拉力 P 是在安装螺栓时通过拧紧螺母实现的,施工中一般采用扭矩法、转角法或扭剪法来控制预拉力。为充分发挥材料强度,高强螺栓的预拉力值应尽量接近所用钢材屈服强度,但需保证螺栓不会在拧紧过程中屈服甚至断裂。预拉力设计值按式(3-36)计算:

$$P = \frac{0.9 \times 0.9 \times 0.9}{1.2} f_u A_e \tag{3-36}$$

计算时取 5kN 的整倍,即可得到规范规定的预拉力 P 值,见附表 1-10。

摩擦型高强螺栓连接完全依靠被连接构件间的摩擦传力,而摩阻力的大小除了与螺栓预拉力有关外,还与被连接构件材料及其接触面的表面处理方法即高强螺栓连接的摩擦面抗滑移系数 μ 值有关。

(三)连接的强度计算

高强螺栓连接也分为抗剪连接、抗拉连接以及同时承受拉力和剪力的连接。与普通螺栓连接相比,螺栓受力分析基本相同,由于传力机理不同,单个螺栓承载力的计算方法也不同。

1.抗剪螺栓

1)单个螺栓的抗剪承载力

摩擦型高强螺栓承受剪力时的设计准则是外力不得超过摩阻力。每个螺栓的摩阻力为 $n_f \mu P$,除以螺栓的材料分项系数 1.111 后,近似取其抗剪承载力 N_v^b 为:

$$N_v^b = 0.9 n_f \mu P \tag{3-37}$$

式中　P——高强螺栓的预拉力设计值,见附表 1-10;

n_f——摩擦面数,单剪时 $n_f = 1$,双剪时 $n_f = 2$;

μ——摩擦面的抗滑移系数,见附表 1-11。

2)受轴心剪力作用

受轴心剪力作用时的连接计算按以下步骤进行：

第一步，被连接构件接缝一边所需螺栓数 n：$n \geqslant N/N_v^b$。

第二步，验算构件净截面强度：

$$\sigma = N'/A_n \leqslant f \tag{3-38}$$

$$N' = N(1 - 0.5n_1/n) \tag{3-39}$$

式中 A_n——所验算的构件净截面面积(第一列螺孔处)；

n_1——所验算截面(第一列)上的螺栓数；

n——连接一边的螺栓总数。

3)受扭矩或偏心剪力作用

计算方法与普通螺栓连接相同，只是在计算时用高强螺栓的抗剪承载力设计值。

2. 抗拉螺栓连接

图 3-44 所示为拉力作用于高强螺栓连接的情况。当无拉力作用时，螺杆预拉力 P 与板件间预压力是大小相等的作用力与反作用力；当作用有拉力后，螺杆伸长，拉力增加，板件相互压紧力减小。最终的结果是螺杆中应力虽有增加，但量值相对较小。例如，当拉力 $N = P$ 时，螺杆中的拉力 $P_f = 1.1P$。

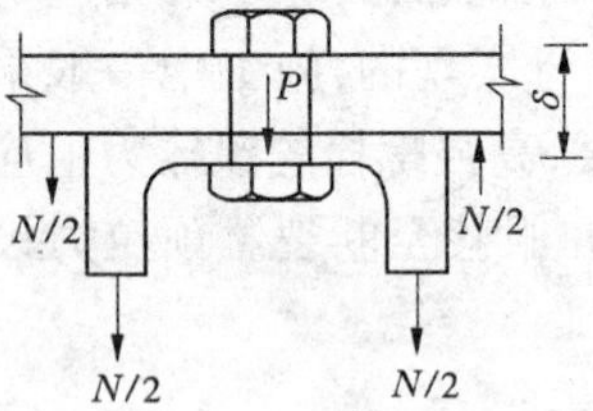

图 3-44 螺栓受拉

高强螺栓拉力试验表明，当外力超过预拉力 P 时，拉力卸除后，螺栓将发生减小预拉力 P 的松弛现象，当拉力小于 $0.9P$ 时，则无松弛现象。为安全起见，一般要求每个螺栓所受外力不超过 $0.8P$，此时，在拉力作用下，螺栓杆中的实际拉力增加较小，基本上不影响螺栓的工作。

高强度螺栓的抗拉承载力按式(3-40)确定：

$$N_t^b = 0.8P \tag{3-40}$$

3. 同时承受拉力和剪力作用

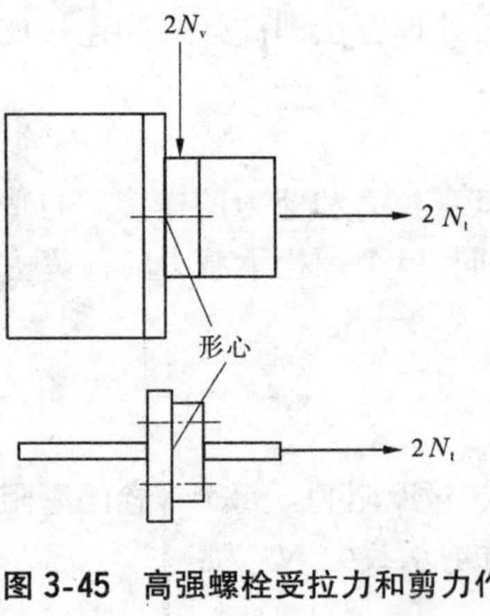

图 3-45 高强螺栓受拉力和剪力作用

如图 3-45 所示的高强螺栓连接中，每个高强螺栓同时受拉力 N_t 和剪力 N_v 作用。螺栓受拉力 N_t 后连接摩擦面上的预压力将减小到 $P - N_t$，这时板件间的抗滑移系数 μ 减小到 μ_1，相应的板件间摩擦阻力降为 $0.9n_f\mu_1(P - N_t)$。由于 μ_1 不容易给出，为便于设计仍采用原来的抗滑移系数 μ，而用适当增大 N_t 来弥补。因此，同时承受拉力和剪力的摩擦型高强螺栓的抗剪承载力为：

$$N_v^b = 0.9n_f\mu(P - 1.25N_t) \tag{3-41}$$

式中 N_t——一个螺栓所受的最大拉力，其值不应大于 $0.8P$。

则连接不破坏的条件是：

$$N_v \leqslant N_v^b \tag{3-42}$$

$$N_t \leqslant 0.8P \tag{3-43}$$

思考题

3-1 常用的连接有哪几类？各类的特点是什么？

3-2 角焊缝的尺寸在结构上有哪些要求？为什么？

3-3 扭矩作用下焊缝强度计算的基本假定是什么？如何求得焊缝最大应力？

3-4 焊缝残余应力与残余变形的成因是什么？焊缝残余应力对构件的影响是什么？如何减小焊缝残余应力和焊缝残余变形？

3-5 普通螺栓与高强螺栓在受力特性方面有什么区别？单个螺栓的抗剪承载力设计值是如何确定的？

3-6 螺栓群在扭矩作用下，在弹性受力阶段受力最大的螺栓其内力值是在什么假定下求得的？

3-7 为什么要控制高强螺栓的预拉力？

计算题

3-1 验算图 3-46 所示牛腿与柱连接的对接焊缝的强度。已知外力 $F=180\text{kN}$，钢材为 Q235AF，焊缝尺寸如图 3-46(b)所示，手工焊，焊条为 E43 型，无引弧板，采用三级质量检验(假定剪力仅有腹板上的焊缝平均承受)。

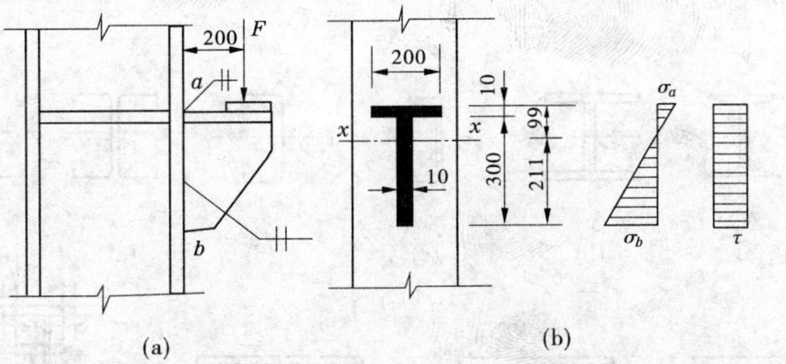

图 3-46　计算题 3-1 附图

3-2 现将图 3-38 所示的钢板拼接，改用 Q345 钢 M22 摩擦型高强螺栓(孔径 24mm)，拼接板与主钢板接触面喷砂处理，试设计此连接。

3-3 如图 3-42 所示，当角钢轴心拉力为 $N=380\text{kN}$ 时，设计端板与柱的普通螺栓连接。钢材均为 Q235，设螺栓总数为 10，间距为 100mm，$t=12\text{mm}$，N 通过螺栓群中心。

第四章　钢　梁

第一节　钢梁的种类和截面形式

钢梁是承受横向荷载的受弯构件,在建筑结构中应用广泛,主要作为主梁、次梁或吊车梁使用,工程施工现场常采用型钢梁作为临时支撑构件。

钢梁按制作方法的不同分为型钢梁和组合梁。型钢梁构造简单、价格低廉、制造省工,应优先采用。但在荷载和跨度较大时,由于轧制条件的限制,型钢的尺寸、规格不能满足承载力和刚度要求时,应采用组合梁。

型钢梁常采用热轧工字钢、H 型钢和槽钢(见图 4-1(a)、(b)、(c)),其中以 H 型钢的截面分布最合理,翼缘内外边缘平行,与其他构件连接方便,应优先采用。工字钢截面翼缘相对较窄,适合于在腹板平面内受弯的梁,但由于工字钢侧向刚度较小,计算时往往由侧向整体稳定起控制作用。槽钢截面因弯曲中心在腹板外侧,当荷载作用在翼缘上时,梁在弯曲的同时还受扭,故只在荷载作用线接近弯曲中心或能保证截面不产生扭转时才被采用。由于轧制条件的限制,热轧型钢腹板的厚度较大,用钢量较多,因而对荷载和跨度较小的梁,可采用冷弯薄壁型钢(见图 4-1(d)、(e)、(f)),可节约钢材,但这种钢因厚度较小,对防腐要求较高。

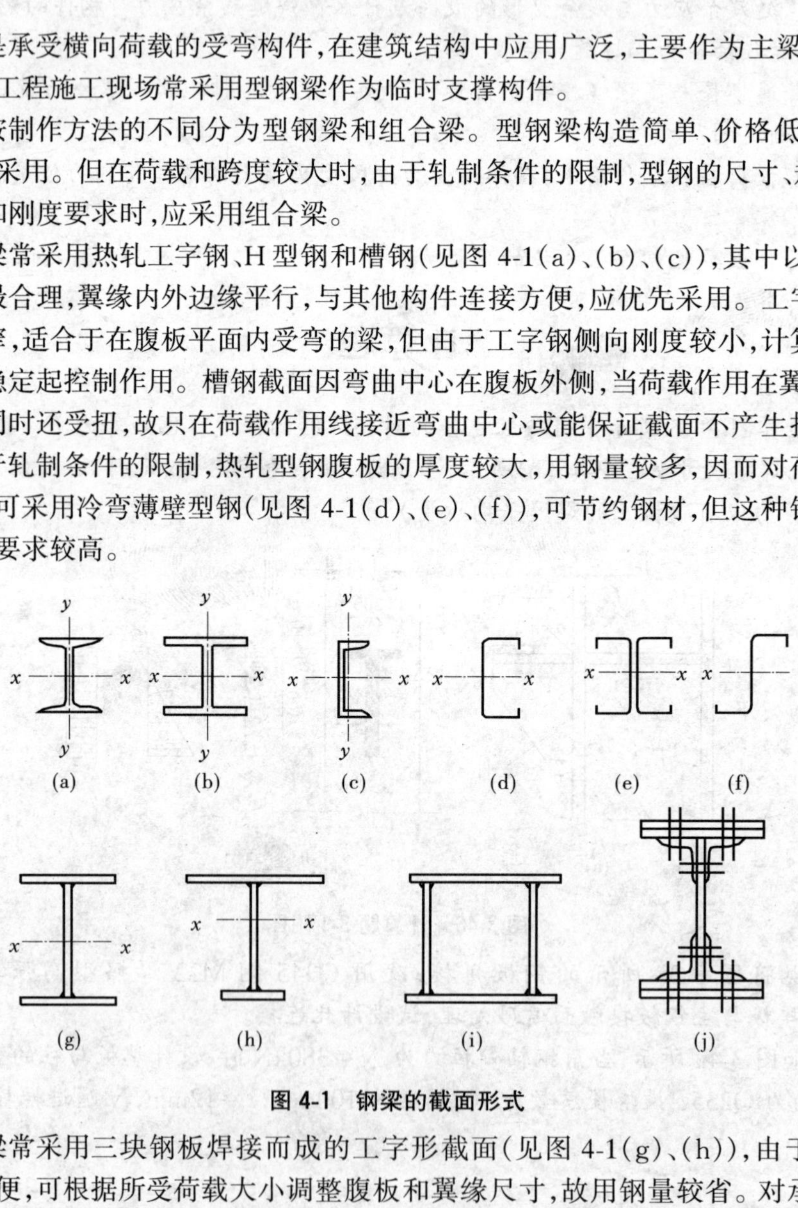

图 4-1　钢梁的截面形式

组合梁常采用三块钢板焊接而成的工字形截面(见图 4-1(g)、(h)),由于其构造简单,加工方便,可根据所受荷载大小调整腹板和翼缘尺寸,故用钢量较省。对承受动力荷载的梁,当焊接连接不能满足要求时,可采用高强螺栓或铆钉连接而成的工字形截面(见

图 4-1(j));当荷载很大而高度受到限制或梁的抗扭刚度要求较高或承受双向较大弯矩作用时,可采用箱形截面(见图 4-1(i)),但制造费工,腹板内侧不易施焊,用钢量大。

将工字钢或 H 型钢的腹板沿折线切割成两部分,然后错开,齿尖对齿尖焊接起来,就形成一个腹板有孔洞的工字形梁(见图 4-2(a)),这种梁称为蜂窝梁。与原工字钢或 H 型钢相比,蜂窝梁的承载力和刚度显著增大,自重减轻,便于布设管线。

钢与混凝土组合梁(见图 4-2(b))是在梁的受压区采用混凝土而其余部分采用钢材,充分发挥钢材的抗拉性能和混凝土的抗压性能。为保证两种材料共同受力,在钢梁顶面隔一定距离应焊接抗剪连接件。钢与混凝土组合梁与钢梁相比,可节约钢材 20%~40%;与钢筋混凝土梁相比,节省混凝土和模板,减轻自重,便于施工,缩短工期,利于铺设管线。

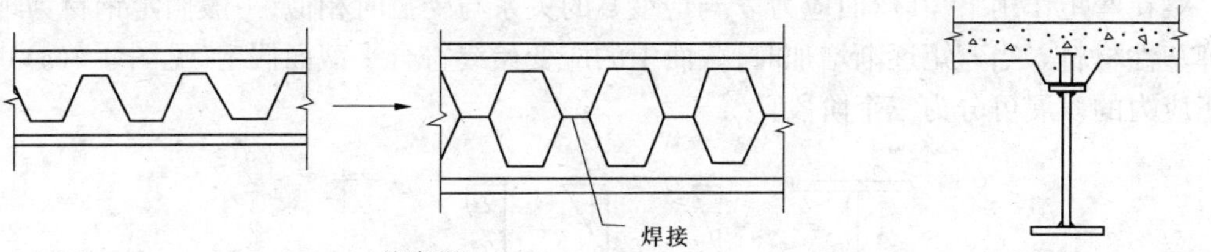

(a)蜂窝梁　　(b)钢与混凝土组合梁

图 4-2　蜂窝梁和组合梁

钢梁可做成简支梁、连续梁、悬臂梁等。简支梁的用钢量较多,但由于制造、安装、修理、拆换方便,因而使用最广泛。

根据主梁与次梁的排列情况,梁格分为下列三种形式:

(1)单向梁格(见图 4-3(a)):只有主梁,适用于主梁跨度较小或面板长度较大的情况。

(2)双向梁格(见图 4-3(b)):在主梁间再设次梁,次梁由主梁支承,次梁上再支承面板,是最为广泛应用的梁格类型。

(3)复式梁格(见图 4-3(c)):在主梁间设纵向次梁,纵向次梁间再设横向次梁。荷载传递层次多,梁格构造复杂,只适用于主梁跨度和荷载均较大的情况。

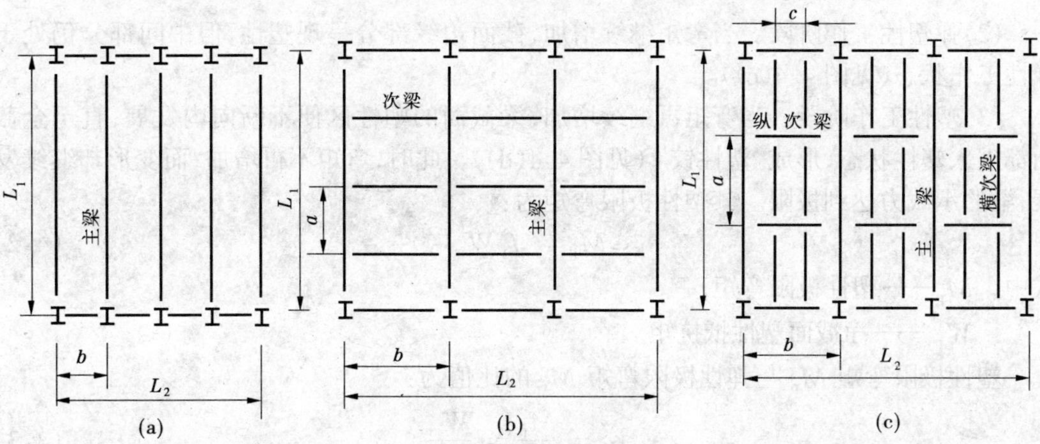

(a)　(b)　(c)

图 4-3　梁格形式

第二节 钢梁的强度和刚度

梁的设计应首先满足强度和刚度的要求。

一、钢梁的强度

梁的强度计算要求钢梁在荷载作用下，其正应力、剪应力、局部承压应力以及折算应力等均不超过规定的强度设计值。

（一）梁的正应力

梁在弯矩作用下，其弯曲应力 σ 与应变 ε 的关系与受拉时相似，一般假定钢材为理想的弹塑性材料。当弯矩逐渐增加时，截面中的应变始终符合平截面假定（见图 4-4(a)），弯曲正应力的发展可分为三个阶段：

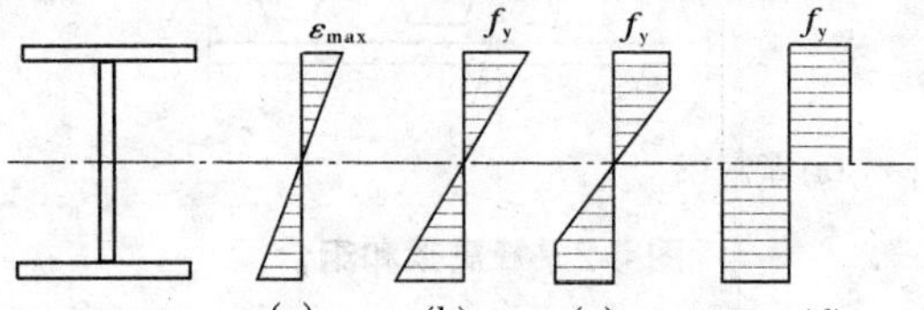

图 4-4 梁受弯时各阶段的弯曲应力

(1)弹性工作阶段。当弯矩较小时，边缘纤维的最大应变 $\varepsilon_{max} \leqslant f_y/E$，梁的全截面处于弹性工作阶段，截面上的正应力为三角形直线分布。当边缘纤维的最大应力达到钢材的屈服强度 f_y 时，是梁弹性工作阶段的极限状态（见图 4-4(b)），其弹性极限弯矩为：

$$M_e = f_y W_n \tag{4-1}$$

式中 M_e——弹性极限弯矩；

W_n——净截面(弹性)抵抗矩。

(2)弹塑性工作阶段。当弯矩继续增加，截面边缘部分呈现塑性，但中间部分仍处于弹性工作状态（见图 4-4(c)）。

(3)塑性工作阶段。当弯矩再继续增加，梁截面的塑性区便不断向内发展，直至全截面都进入塑性状态，形成"塑性铰"（见图 4-4(d)）。此时，弯矩不再增加，而变形却继续发展，梁的承载力达到极限。其塑性极限弯矩为：

$$M_p = f_y W_{pn} \tag{4-2}$$

式中 M_p——塑性极限弯矩；

W_{pn}——净截面塑性抵抗矩。

塑性极限弯矩 M_p 与弹性极限弯矩 M_e 的比值为：

$$\gamma_F = \frac{M_p}{M_e} = \frac{W_{pn}}{W_n} \tag{4-3}$$

式中，γ_F 为截面形状系数，它与截面的几何形状有关，与材料性质无关。矩形截面 $\gamma_F = 1.5$；圆形截面 $\gamma_F = 1.7$；圆管截面 $\gamma_F = 1.27$；工字形截面：对 x 轴 $\gamma_F = 1.10 \sim 1.17$，对 y

轴 $\gamma_F = 1.5$。

计算梁的抗弯强度时，考虑截面的塑性可节省钢材。但截面上塑性过分发展会导致梁的挠度过大，受压翼缘过早失去局部稳定，若再考虑一些不利因素，梁会提前丧失承载能力。因此，在计算抗弯强度时，对承受静力荷载或间接承受动力荷载的钢梁，考虑有限制地利用其塑性；对直接承受动力荷载的钢梁，不考虑其塑性发展，按弹性设计。

《规范》规定钢梁的抗弯强度计算公式如下：

单向弯曲时

$$\sigma = \frac{M_x}{\gamma_x W_{nx}} \leqslant f \tag{4-4}$$

双向弯曲时

$$\sigma = \frac{M_x}{\gamma_x W_{nx}} + \frac{M_y}{\gamma_y W_{ny}} \leqslant f \tag{4-5}$$

式中 M_x、M_y——绕 x 轴和 y 轴的弯矩(对工字形截面，x 轴为强轴，y 轴为弱轴)；

W_{nx}、W_{ny}——对 x 轴和 y 轴的净截面抵抗矩；

γ_x、γ_y——截面塑性发展系数，对工字形截面，$\gamma_x = 1.05$，$\gamma_y = 1.20$，对其他截面按表 4-1 采用；

f——钢材的抗弯强度设计值。

表 4-1 截面塑性发展系数 γ_x、γ_y 值

截面形式	γ_x	γ_y	截面形式	γ_x	γ_y
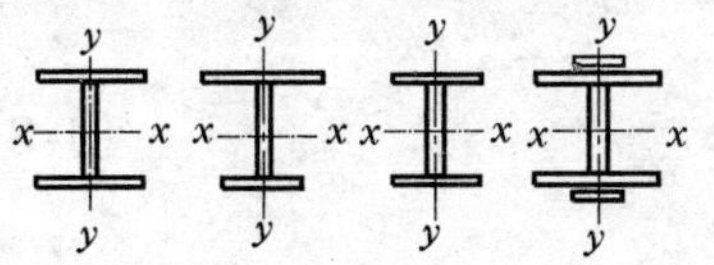	1.05	1.2	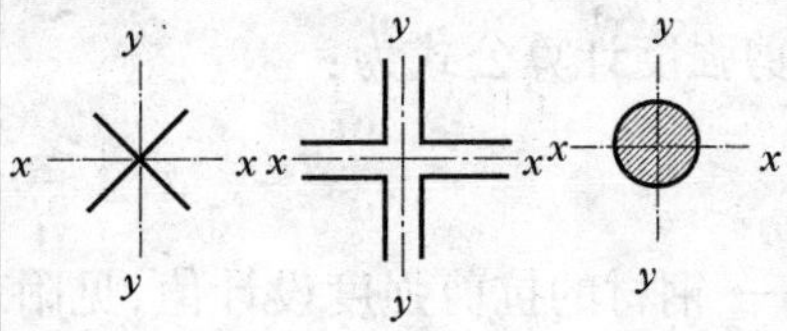	1.2	1.2
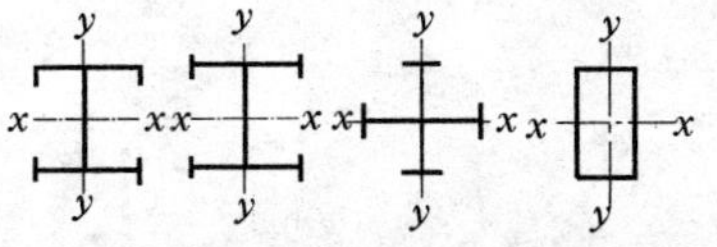		1.05	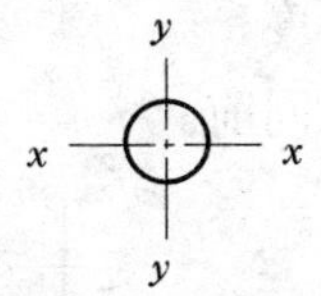	1.15	1.15
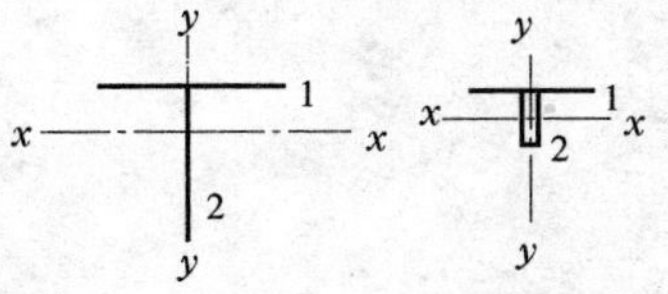	$\gamma_{x1} = 1.05$	1.2	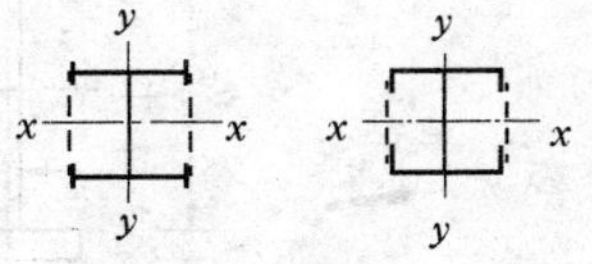	1.0	1.05
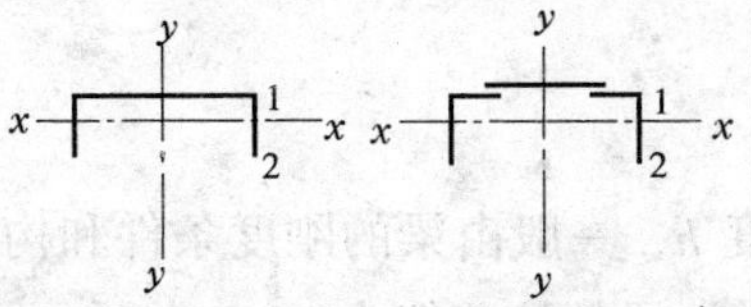	$\gamma_{x2} = 1.2$	1.05	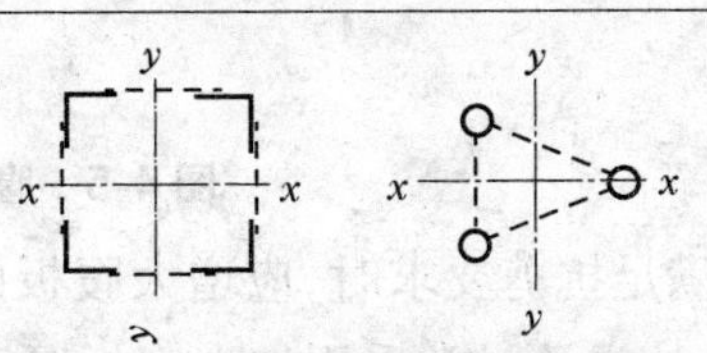		1.0

为避免在梁失去强度之前受压翼缘局部失去稳定，《规范》规定：当梁受压翼缘的自由外伸宽度 b 与其厚度 t 之比大于 $13\sqrt{235/f_y}$，但不超过 $15\sqrt{235/f_y}$ 时，取 $\gamma_x = 1.0$。钢材的屈服强度 f_y 不分钢材厚度一律取：Q235 钢，235N/mm^2；Q345 钢，345N/mm^2；Q390

钢,390N/mm²;Q420 钢,420N/mm²。

对水工钢闸门和拦污栅中的各种梁,按现行水工有关规范,仍采用容许应力法进行设计,对应于式(4-4)的验算公式为:

$$\sigma = \frac{M_x}{W_{nx}} \leqslant [\sigma] \tag{4-6}$$

式(4-6)与式(4-4)的差别:除没有考虑 γ_x 以外,在计算弯矩时,不考虑荷载分项系数;同时以钢材的容许应力来取代强度设计值。以下只列出一种计算方法的公式,以后凡遇到两种计算方法互换时,可参考式(4-6)和式(4-4)的差别进行变换。

当梁的抗弯强度不满足要求时,以增大梁高最为有效。

(二)剪应力

一般情况下,钢梁既承受弯矩 M,同时又承受剪力 V。剪应力的计算公式为:

$$\tau = \frac{VS}{Ib} \tag{4-7}$$

式中 V——梁的剪力设计值;

S——计算剪应力处以上(或以下)毛截面对中和轴的面积矩;

I——梁的毛截面惯性矩;

b——截面宽度。

工字形梁腹板上剪应力分布如图 4-5 所示。截面上的最大剪应力发生在腹板中和轴处,因此抗剪强度计算公式为:

$$\tau_{max} = \frac{VS}{It_w} \leqslant f_v \tag{4-8}$$

式中 f_v——钢材的抗剪强度设计值,见附表 1-1;

t_w——腹板厚度;

其他符号含义同前。

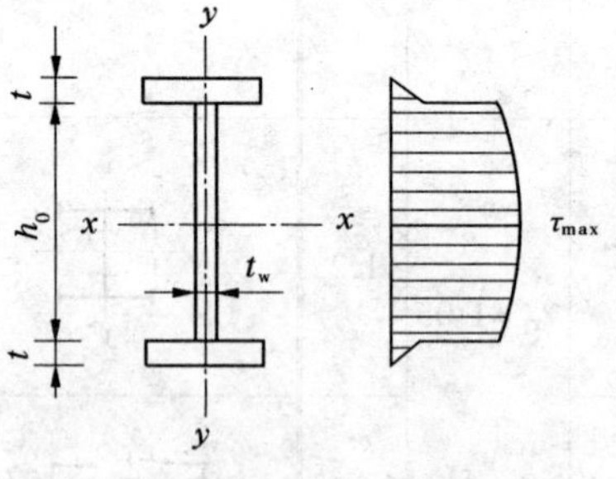

图 4-5 腹板的剪应力分布

当梁不满足抗剪要求时,应增大腹板面积,而腹板高度 h_w 一般由梁的刚度条件和构造要求确定,故设计时常采用加大腹板厚度 t_w 的方法来增大梁的抗剪能力。

(三)局部压应力

当梁上翼缘承受沿腹板平面作用的固定集中荷载(包括支座反力),且荷载处未设置支承加劲肋时(见图 4-6(a)),或受有移动的集中荷载时(见图 4-6(b)),应验算腹板计算高度上边缘的局部承压应力。

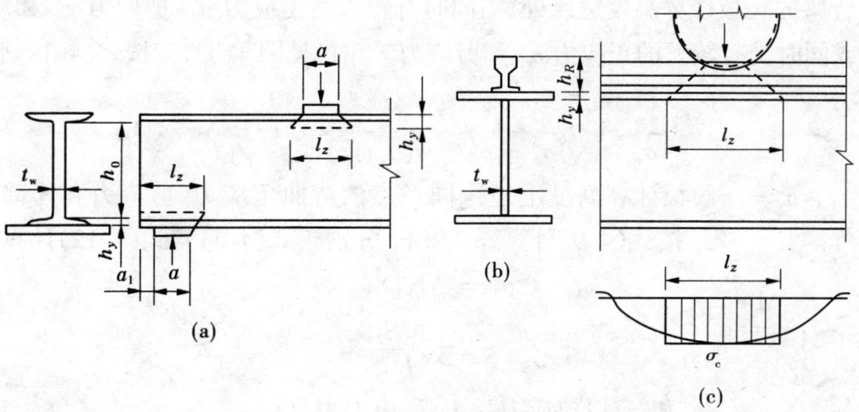

图 4-6 局部压应力

在集中荷载作用下，腹板计算高度边缘的压应力分布如图 4-6(c)所示。假定集中荷载从作用处以 1∶2.5(在 h_y 范围内)和 1∶1(在 h_R 范围内)扩散，均匀分布于腹板计算高度边缘。梁的局部承压应力可按下式计算：

$$\sigma_c = \frac{\Psi F}{t_w l_z} \leqslant f \tag{4-9}$$

式中 F——集中荷载，对动力荷载应考虑动力系数；

Ψ——集中荷载增大系数，对重级工作制吊车轮压，$\Psi=1.35$，对其他荷载，$\Psi=1.0$；

l_z——集中荷载在腹板计算高度边缘的假定分布长度，其计算方法为：跨中集中荷载，$l_z=a+5h_y+2h_R$，梁端支反力，$l_z=a+2.5h_y+a_1$；

a——集中荷载沿梁跨度方向的支承长度，对吊车轮压，取 $a=50$mm；

h_y——自梁承载的边缘到腹板计算高度边缘的距离；

h_R——轨道的高度，无轨道时 $h_R=0$；

a_1——梁端到支座板外边缘的距离，$a_1 \leqslant 2.5h_y$。

当计算结果不满足要求时，在固定集中荷载处(包括支座处)，应用支承加劲肋对腹板加强(见图 4-7)，并对支承加劲肋进行计算；对移动集中荷载应加大腹板厚度。

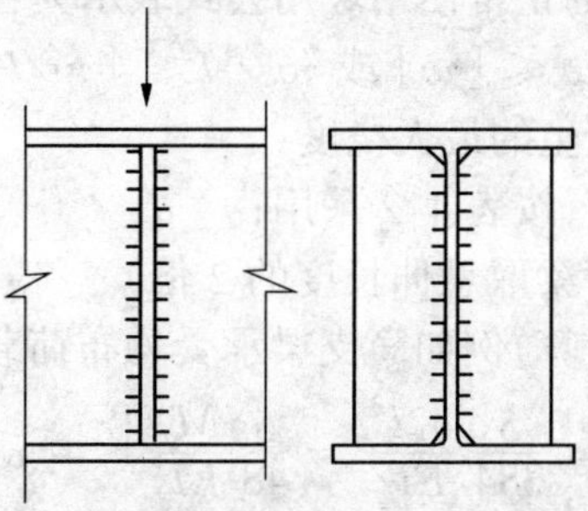

图 4-7 腹板的加强

(四)折算应力

在组合梁的腹板计算高度边缘处,当同时有较大的正应力 σ_1、剪应力 τ_1 和局部压应力 σ_c 时,或同时受有较大的正应力 σ_1 和剪应力 τ_1 时(见图 4-8),应按式(4-10)验算该处的折算应力。

$$\sigma_{eq} = \sqrt{\sigma_1^2 + \sigma_c^2 - \sigma_1\sigma_c + 3\tau_1^2} \leqslant \beta_1 f \tag{4-10}$$

式中 σ_1、τ_1、σ_c——腹板计算高度上边缘同一点的弯曲正应力、剪应力和局部压应力。

σ_c 按式(4-9)计算,σ_1 和 τ_1 分别按式(4-11)、式(4-12)计算:

$$\sigma_1 = My_1/I_n \tag{4-11}$$

$$\tau_1 = \frac{VS_1}{It_w} \tag{4-12}$$

σ_1 和 σ_c 以拉应力为正、压应力为负;

I_n——梁的净截面惯性矩;

y_1——计算点到梁中和轴的距离;

S_1——受压翼缘毛截面对中和轴的面积矩;

β_1——验算折算应力的强度设计值增大系数,当 σ_1 与 σ_c 异号时,取 $\beta_1=1.2$,当 σ_1 与 σ_c 同号或 $\sigma_c=0$ 时,取 $\beta_1=1.1$;

其他符号含义同前。

β_1 大于 1 是考虑 σ_{eq} 的最大值仅发生在范围很小的局部。

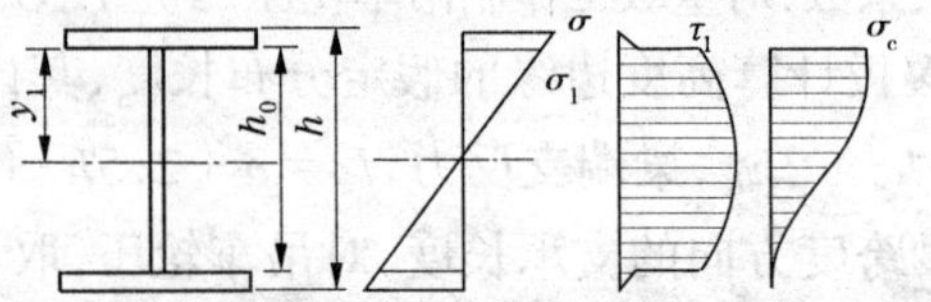

图 4-8 梁截面的应力分布

二、钢梁的刚度

梁的刚度用正常使用荷载(荷载标准值)下的最大挠度 w 来衡量,要求不超过规范规定的容许挠度[w],以保证梁的正常使用。用公式表示为:

$$w \leqslant [w] \text{ 或 } w/l \leqslant [w/l] \tag{4-13}$$

式中 w——由荷载标准值产生的最大挠度;

[w]——梁的容许挠度,按表 4-2 采用;

l——梁的跨度(对悬臂梁取悬伸长度的 2 倍)。

梁的挠度可按弹性公式计算,例如简支梁承受均布荷载 q_k 时为:

$$\frac{w}{l} = \frac{5}{384}\frac{q_k l^3}{EI_x} = \frac{5}{48}\frac{M_x l}{EI_x} \leqslant [w/l] \tag{4-14a}$$

简支梁承受集中荷载 F_k 时为:

$$\frac{w}{l} = \frac{1}{48}\frac{F_k l^2}{EI_x} = \frac{1}{12}\frac{M_x l}{EI_x} \tag{4-14b}$$

表 4-2　钢梁的容许挠度 $[w/l]$

水工钢结构	$[w/l]$	建筑钢结构		$[w/l]$
潜孔式工作闸门和事故闸门的主梁	1/750	吊车梁	手动吊车和单梁吊车	1/500
			轻级工作制桥式吊车	1/800
露顶式工作闸门和事故闸门的主梁	1/600		中级工作制桥式吊车	1/1 000
			重级工作制桥式吊车	1/1 200
检修闸门和拦污栅的主梁	1/500	无重轨的工作平台和楼盖梁	主 梁	1/400
次梁	1/250		其他梁	1/250
船闸工作闸门和输水阀门的主梁	1/750	屋盖檩条	支撑无集灰的瓦楞铁和石棉瓦者	1/150
浮码头钢引桥的主梁	1/400		支撑其他屋面材料者	1/200

【例题 4-1】　某钢梁跨度为 6m 的简支梁（如图 4-9 所示），跨中受集中荷载 F，此静力荷载标准值为：永久荷载 12kN，可变荷载 50kN，容许挠度 $[w]=l/250$，采用工字梁 I32a，钢材为 Q235。验算梁的强度和刚度。

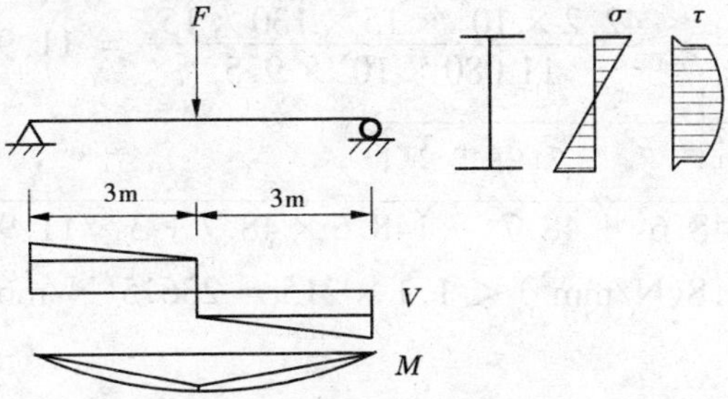

图 4-9　例题 4-1 附图

解：

查表得：$f=215\text{N/mm}^2$，$f_v=125\text{N/mm}^2$；工字钢 I32a：$W_x=692\text{cm}^3$，$I_x=11\ 080\text{cm}^4$，$I_x/S_x=27.7\text{cm}$，$t_w=9.5\text{mm}$，$t=15\text{mm}$，$R=11.5\text{mm}$，自重 $g_b=516\text{N/m}=0.516\text{kN/m}$。

集中荷载标准值：

$$F=12+50=62(\text{kN})$$

集中荷载设计值：

$$F=1.2\times12+1.4\times50=84.4(\text{kN})$$

1. 内力计算

跨中最大弯矩：

$$M_x=\frac{1}{4}Fl+\frac{1}{8}gl^2=\frac{1}{4}\times84.4\times6+\frac{1}{8}\times1.2\times0.516\times6^2=129.4(\text{kN}\cdot\text{m})$$

支座处剪力：

$$V = \frac{F}{2} + \frac{gl}{2} = \frac{84.4}{2} + \frac{1.2 \times 0.516 \times 6}{2} = 44.1(\text{kN})$$

跨中截面剪力：

$$V_1 = F/2 = 84.4/2 = 42.2(\text{kN})$$

2.强度计算

跨中截面正应力：

$$\sigma = \frac{M_x}{\gamma_x W_x} = \frac{129.4 \times 10^6}{1.05 \times 692 \times 10^3} = 178.1(\text{N/mm}^2) < f = 215\text{N/mm}^2$$

支座截面剪应力：

$$\tau = \frac{VS_x}{I_x t_w} = \frac{44.1 \times 10^3}{277 \times 9.5} = 16.8(\text{N/mm}^2) < f_v = 125\text{N/mm}^2$$

折算应力：

$$h_0 = h - 2(t + R) = 320 - 2 \times (15 + 11.5) = 267(\text{mm})$$

$$\sigma_1 = \frac{h_0}{h}\sigma = \frac{267}{320} \times 178.1 = 148.6(\text{N/mm}^2)$$

$$\sigma_c = \frac{\Psi F}{l_z t_w} = \frac{1.0 \times 84.4 \times 10^3}{[50 + 5 \times (15 + 11.5)] \times 9.5} = 48.7(\text{N/mm}^2)$$

$$\tau_1 = \frac{V_1 S_1}{I_x t_w} = \frac{42.2 \times 10^3 \times 15 \times 130 \times 152}{11\,080 \times 10^4 \times 9.5} = 11.9(\text{N/mm}^2)$$

$$\begin{aligned}\sigma_{eq} &= \sqrt{\sigma_1^2 + \sigma_c^2 - \sigma_1\sigma_c + 3\tau_1^2} \\ &= \sqrt{148.6^2 + 48.7^2 - 148.6 \times 48.7 + 3 \times 11.9^2} \\ &= 132.8(\text{N/mm}^2) < 1.1 \times 215 = 236.5(\text{N/mm}^2)\end{aligned}$$

3.刚度验算

$$\begin{aligned}\frac{w}{l} &= \frac{Fl^2}{48EI_x} + \frac{5gl^3}{384EI_x} \\ &= \frac{62 \times 10^3 \times 6\,000^2}{48 \times 206 \times 10^3 \times 11\,080 \times 10^4} + \frac{5 \times 0.516 \times 6\,000^3}{384 \times 206 \times 10^3 \times 11\,080 \times 10^4} \\ &= 1/476 < [w/l] = 1/250\end{aligned}$$

强度和刚度均满足要求。

第三节　钢梁的整体稳定

一、整体稳定的概念

钢梁一般做成高而窄，在最大刚度平面内受弯，在侧向保持平直而无位移；即使受到偶然的侧向力，侧向位移也只是在一定的限度内，并随着干扰力的去除而恢复侧向平直。但当弯矩增加到某一数值后，使梁受压翼缘的最大弯曲应力达到某一数值时，梁在很小侧向干扰力作用下，会突然向刚度较小的侧向发生较大的侧向弯曲和扭转而破坏(如图4-10所示)，这种现象称为钢梁的侧向弯扭屈曲或整体失稳。能保持整体稳定的最大荷载称为临界荷载，最大弯矩称为临界弯矩 M_{cr}，相应截面的最大弯曲压应力称为临界应力 σ_{cr}。

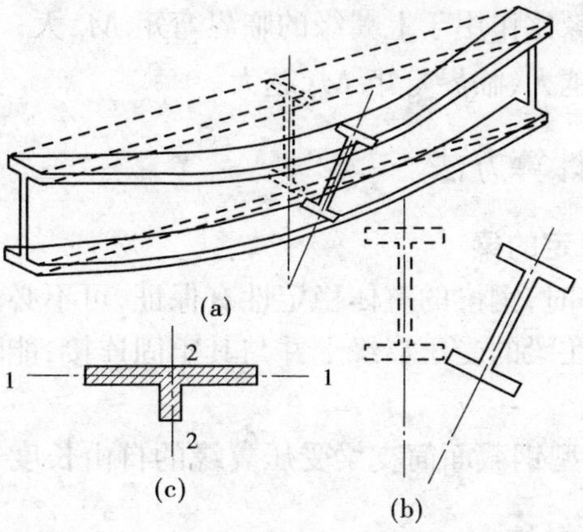

图 4-10 整体失稳

梁的整体失稳是突然发生的，且在强度未充分发挥之前，故必须特别予以注意。

现以双轴对称工字形截面为例，对梁的整体稳定概念进一步加以描述。从受力特性上，可将梁视为以中和轴为界的受压和受拉组合构件，其受压翼缘类似于一轴心压杆(图 4-10 中阴影部分)。当压应力达到某一数值时，按理应在其刚度较小方向(绕图 4-10(c)中 1—1 轴)弯曲屈曲，但由于其和腹板连成一体，腹板起支承作用，这种情况不可能产生，故最终将延至一个更高的压应力，使其沿侧向(绕图 4-10(c)中 2—2 轴)压屈，并带动梁整个截面一起侧向位移，即整体失稳。由于梁的受拉部分受弯曲拉应力的作用是趋向于拉直，从而对受压区的侧向变形加以牵制，故梁失稳时表现为不同程度侧向变形的弯扭屈曲。

二、梁整体稳定的基本理论

图 4-11 所示的两端铰支双轴对称工字形截面梁，在刚度较大的 yz 平面内，梁两端承受相等的弯矩作用。假定梁为无初弯曲的匀质弹性材料，不考虑残余应力的影响，可建立梁的有关方程，从这些方程可总结出以下结论：

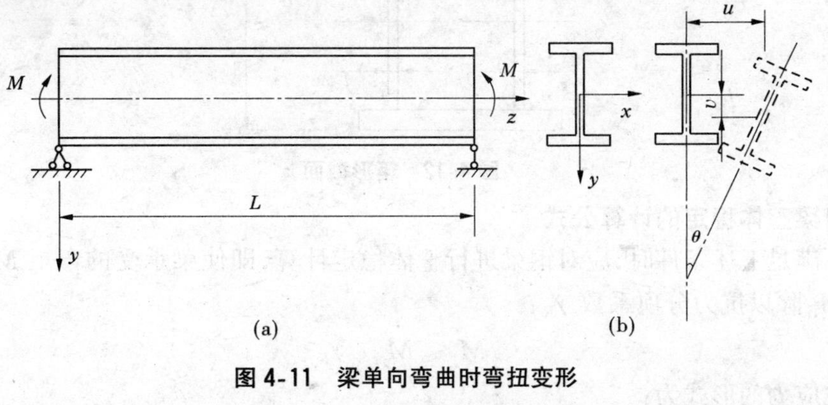

图 4-11 梁单向弯曲时弯扭变形

(1)梁的侧向抗弯刚度 EI_y、抗扭刚度 EI_t 越大，临界弯矩 M_{cr}越大；

(2)受压翼缘的自由长度 l_1 越小，临界弯矩 M_{cr}越大；

(3)各种荷载作用下，以纯弯时的临界弯矩 M_{cr}最小；

(4)荷载作用于下翼缘比作用于上翼缘的临界弯矩 M_{cr}大；

(5)梁支承约束程度越大，临界弯矩 M_{cr}越大。

三、梁整体稳定的计算方法

(一)不需计算整体稳定的梁

当符合下列情况之一时，钢梁的整体稳定性有保证，可不必计算。

(1)有刚性铺板密铺在梁的受压翼缘上并与其牢固连接，能阻止梁受压翼缘的侧向位移时；

(2)工字形截面或 H 型钢截面简支梁受压翼缘的自由长度 l_1 与其宽度 b_1 之比不超过表 4-3 规定的数值时；

(3)箱形截面简支梁，其截面尺寸(见图 4-12)满足 $h/b_0 \leqslant 6$，且 $l_1/b_0 \leqslant 95(235/f_y)$ 时，不必计算梁的整体稳定性。

表 4-3 H 型钢或等截面工字形简支梁不需计算整体稳定的最大 l_1/b_1 值

钢 号	跨中无侧向支承点的梁		跨中受压翼缘有侧向支承点的梁，无论荷载作用在何处
	荷载作用在上翼缘	荷载作用在下翼缘	
Q235	13.0	20.0	16.0
Q345	10.5	16.5	13.0
Q390	10.0	15.5	12.5
Q420	9.5	15.0	13.0

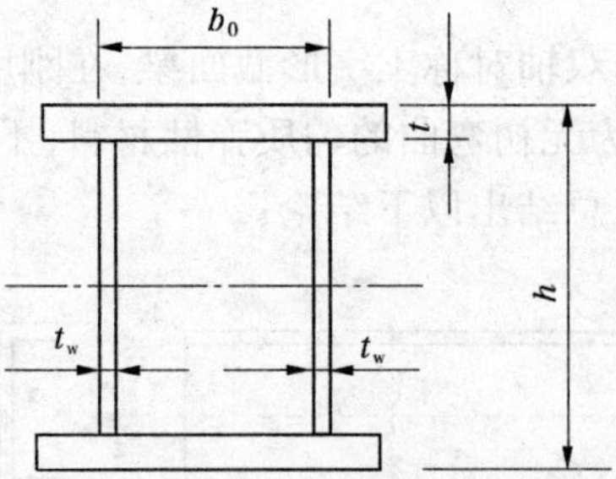

图 4-12 箱形截面

(二)梁整体稳定的计算公式

当不满足上述条件时，应对钢梁进行整体稳定计算，即使梁承受的弯矩 M 不超过临界弯矩 M_{cr}除以抗力分项系数 γ_R：

$$M \leqslant M_{cr}/\gamma_R \tag{4-15}$$

写成应力的形式为：

$$\sigma=\frac{M}{W}\leqslant\frac{M_{cr}}{W}\frac{1}{\gamma_R}=\frac{\sigma_{cr}}{\gamma_R}=\frac{\sigma_{cr}}{f_y}\times\frac{f_y}{\gamma_R}=\varphi_b f \tag{4-16}$$

式中　φ_b——梁的整体稳定系数。

《规范》采用形式为：

单向受弯的梁

$$\frac{M_x}{\varphi_b W_x}\leqslant f \tag{4-17}$$

双向受弯的工字形截面梁

$$\frac{M_x}{\varphi_b W_x}+\frac{M_y}{\gamma_y W_y}\leqslant f \tag{4-18}$$

式中　M_x——绕强轴（x 轴）作用的最大弯矩；

M_y——绕弱轴（y 轴）作用的最大弯矩；

W_x——按受压纤维确定的对 x 轴毛截面抵抗矩；

W_y——按受压纤维确定的对 y 轴毛截面抵抗矩。

四、梁的整体稳定系数 φ_b

受纯弯的双轴工字形截面简支梁整体稳定系数 φ_b 的计算公式如下：

$$\varphi_b=\frac{\sigma_{cr}}{f_y}=\frac{\pi^2 EI_y h}{2l_1^2 W_x f_y}\sqrt{1+\left(\frac{2l_1}{\pi h}\right)^2\frac{GI_t}{EI_y}} \tag{4-19}$$

将 $E=2.06\times10^5\text{N/mm}^2$、$f_y=235\text{N/mm}^2$、$E/G=2.6$ 代入式(4-19)，近似取扭转惯性矩 $I_t=At^2/3$，得：

$$\varphi_b=\frac{4\ 320Ah}{\lambda_y^2 W_x}\sqrt{1+\left(\frac{\lambda_y t_1}{4.4h}\right)^2} \tag{4-20}$$

式(4-20)用于非纯弯曲的其他荷载梁以及单轴对称工字形截面和Q235以外的钢材时要进行修正，焊接工字形截面简支梁整体稳定系数 φ_b 的计算式为：

$$\varphi_b=\beta_b\frac{4\ 320Ah}{\lambda_y^2 W_x}\left[\sqrt{1+\left(\frac{\lambda_y t_1}{4.4h}\right)^2}+\eta_b\right]\frac{235}{f_y} \tag{4-21}$$

式中　W_x——按受压纤维确定的梁毛截面抵抗矩；

λ_y——梁在侧向支承点间对截面弱轴（y 轴）的长细比，$\lambda_y=l_1/i_y$；

i_y——梁毛截面对 y 轴的截面回转半径，$i_y=\sqrt{I_y/A}$；

β_b——等效弯矩系数，按参数 $\xi=l_1t_1/(b_1h)$ 由附表3-1查用，纯弯时 $\beta_b=1.0$；

A——梁的毛截面积；

h、t_1——梁截面的全高和受压翼缘的厚度；

η_b——截面不对称影响系数，详见附录三。

上述整体稳定系数 φ_b 是按弹性稳定理论推导的，只适用于弹性阶段。研究表明，大量中等跨度的梁失稳时处于弹塑性阶段，而且在残余应力等因素影响下，梁进入弹塑性阶段明显提前，约相当于 $\varphi_b = 0.6$，此后，梁的整体稳定临界应力显著降低。因此，必须对 φ_b 进行修正。当 $\varphi_b > 0.6$ 时，用式(4-22)计算的 φ'_b($\varphi'_b \leqslant 1.0$)代替 φ_b 进行梁的整体稳定计算。

$$\varphi'_b = 1.07 - 0.282/\varphi_b \tag{4-22}$$

轧制 H 钢、普通工字钢和槽钢简支梁以及双轴对称工字形截面(含 H 型钢)悬臂梁的整体稳定系数，详见附录三。

当梁的整体稳定不满足要求时，可采取加大梁的截面尺寸或增加侧向支承等措施来解决。

无论是否需要计算梁的整体稳定性，梁的支座处均应采取构造措施，以阻止其截面发生扭转。

第四节　型钢梁设计

型钢梁的设计包括截面选择和截面验算，型钢梁的设计一般应满足强度、刚度和整体稳定的要求。型钢梁腹板和翼缘的宽厚比较小，局部稳定常可得到保证，不需要验算。型钢梁的设计一般按下列步骤进行。

一、计算内力

根据梁的跨度、荷载和支承情况，计算最大弯矩 M_{max} 和最大剪力 V_{max}。

二、初选截面

按抗弯强度或整体稳定计算所需的型钢净截面抵抗矩。

$$W_x = \frac{M_{max}}{\gamma_x f} \text{ 或 } W_x = \frac{M_{max}}{\varphi_b f}$$

式中整体稳定系数 φ_b 需预先假定。当弯矩最大截面有孔洞(如螺栓孔)时，应将计算的截面抵抗矩增大 10%～15%，然后查表选择型钢。

三、截面验算

按所选择的型钢，考虑其自重影响后，验算钢梁的强度、刚度及整体稳定性。

(一)强度验算

抗弯强度、抗剪强度、局部承压强度可分别按式(4-4)、式(4-8)和式(4-9)验算。在剪力最大处的截面，若无太大的孔洞削弱，抗剪强度可不验算；而局部压应力也只在有较大集中荷载或支座反力处才验算；折算应力也可不验算。

(二)整体稳定性验算

当不能满足不必计算梁整体稳定的条件时，应按式(4-17)验算梁的整体稳定性。

(三)挠度验算

按荷载标准值计算梁的挠度，并应满足式(4-13)的要求。

当钢梁双向弯曲时，可仿照以上步骤写出梁的截面选择和截面验算的有关公式。

【**例题 4-2**】 某工作台的梁格布置如图 4-13 所示。平台上作用有静荷载，永久荷载标准值 3.5kN/m^2，活荷载标准值 5.0kN/m^2，采用 Q235 钢。假定平台为刚性铺板并与次梁焊接，试选择中间次梁的截面。

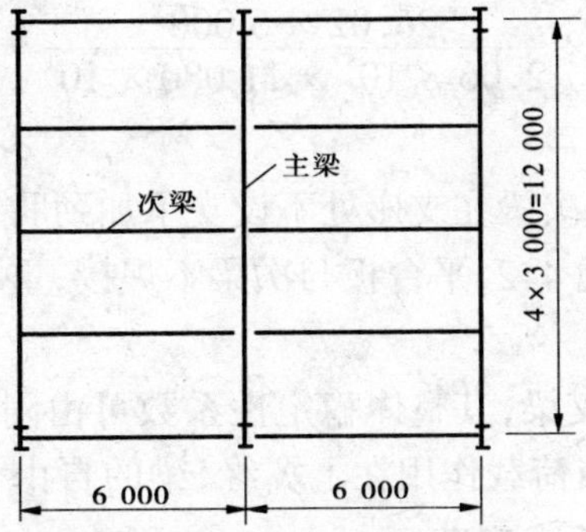

图 4-13 例题 4-2 附图 （单位：mm）

解：

1. 内力计算

作用在中间次梁上的荷载设计值：

$$q = (1.2 \times 3.5 + 1.4 \times 5.0) \times 3 = 33.6(\text{kN/m})$$

跨中截面最大弯矩设计值：

$$M_x = ql^2/8 = 33.6 \times 6^2/8 = 151.2(\text{kN} \cdot \text{m})$$

支座截面最大剪力：

$$V = ql/2 = 33.6 \times 6/2 = 100.8(\text{kN})$$

2. 初选截面

需要的净截面抵抗矩：

$$W_{nx} = \frac{M_x}{\gamma_x f} = \frac{151.2 \times 10^6}{1.05 \times 215} = 669\ 767.4(\text{mm}^3)$$

采用工字钢，查附表 5-1，选 I32a，$W_x = 6.92 \times 10^5\text{mm}^3$，$I_x = 11\ 080 \times 10^4\text{mm}^4$，自重标准值 $g_k = 52.7 \times 9.8 = 516.5(\text{N/m}) \approx 0.52\text{kN/m}$，$I_x/S_x = 277\text{mm}$，$t_w = 9.5\text{mm}$。

3. 截面验算

考虑梁自重后的最大弯矩设计值：

$$M_{max} = 151.2 + \frac{1}{8} \times 1.2 \times 0.52 \times 6^2 = 154.0(\text{kN} \cdot \text{m})$$

弯曲正应力：

$$\sigma = \frac{M_{max}}{\gamma_x W_x} = \frac{154.0 \times 10^6}{1.05 \times 6.92 \times 10^5} = 211.9(\text{N/mm}^2) < f = 215\text{N/mm}^2$$

剪应力：

$$\tau = \frac{VS}{I_x t_w} = \frac{\left(100.8 + \frac{1}{2} \times 0.52 \times 6\right) \times 10^3}{277 \times 9.5} = 38.9(\text{N/mm}^2) < f_v = 125\text{N/mm}^2$$

可见型钢梁的腹板较厚，剪应力一般不起控制作用。

4.挠度验算

考虑梁自重后的线荷载标准值为：

$$q_k = (3.5 + 5.0) \times 3 + 0.52 = 26.02(\text{kN/m})$$

$$\frac{w}{l} = \frac{5}{384}\frac{q_k l^3}{EI_x} = \frac{5}{384} \times \frac{26.02 \times 6\,000^3}{2.06 \times 10^5 \times 11\,080 \times 10^4} = \frac{1}{312} < [w/l] = \frac{1}{250}$$

满足要求。

若次梁放在主梁顶面，且次梁在支座处不设支承加劲肋，则局部承压应力可不验算。

【例题 4-3】 条件同例题 4-2，平台板与次梁不焊接，重新选择次梁截面。

解：

对于轧制普通工字钢简支梁，其整体稳定性系数可由附表 3-2 直接查出。假定工字钢型号在 I45～I63 之间，均布荷载作用在上翼缘，梁的自由长度 $l_1 = l = 6\text{m}$，查附表 3-2 得 $\varphi_b = 0.59$，则所需毛截面抵抗矩为：

$$W_x = \frac{M_x}{\varphi_b f} = \frac{151.2 \times 10^6}{0.59 \times 215} = 1\,191\,959(\text{mm}^3)$$

查附表 5-1 选用 I45a，$W_x = 1\,433\text{cm}^3$，自重标准值为 788N/m，考虑自重后跨中截面的最大弯矩为：

$$M_{max} = 151.2 + \frac{1}{8} \times 1.2 \times 0.788 \times 6^2 = 155.5(\text{kN}\cdot\text{m})$$

$$\frac{M_{max}}{\varphi_b W_x} = \frac{155.5 \times 10^6}{0.59 \times 1\,433 \times 10^3} = 183.9(\text{N/mm}^2) < f = 215\text{N/mm}^2$$

满足要求。

第五节　焊接组合梁

一、截面选择

焊接组合梁的截面选择首先要估算梁的截面高度、腹板的厚度和翼缘尺寸，然后进行验算。

(一)截面高度 h 和腹板高度 h_0

梁的截面高度 h 应考虑最大梁高、最小梁高和经济梁高三方面的要求。

1.最大梁高 h_{max}

最大梁高是指按建筑物净空要求所容许采用的梁截面高度的最大尺寸。房屋结构中的建筑高度决定了梁的最大高度 h_{max}；对水工钢闸门来说，一般不受净空限制，可不予考虑。

2.最小梁高 h_{min}

最小梁高是指在正常使用时，梁的挠度不超过容许挠度的最小梁高 h_{min}，即组合梁在充分利用钢材强度的条件下，又刚好满足其刚度要求。

现以承受均布荷载双轴对称截面的单向受弯简支梁为例，说明 h_{min} 的计算方法。梁的相对挠度应满足：

$$\frac{w}{l}=\frac{5}{384}\frac{q_{k}l^{3}}{EI_{x}}=\frac{5}{48}\frac{M_{k}l}{EI_{x}} \tag{4-23}$$

式中，q_k 为均布荷载标准值，M_k 为最大弯矩标准值。若取荷载分项系数平均值为 1.3，以 $M=1.3M_k$ 和 $\sigma=Mh/(2I_x)$ 代入式(4-23)得：

$$\frac{w}{l}=\frac{5}{1.3\times 24}\times\frac{\sigma l}{Eh}$$

上式中令 $\sigma=f, w/l=[w/l]$，即可求得最小梁高为：

$$h_{\min}\geqslant\frac{5}{1.3\times 24E}\frac{fl}{[w/l]} \tag{4-24}$$

对采用容许应力法设计的水工钢结构，因计算 σ 和 w 的荷载同为 q，因而在式(4-24)中不再除以 1.3，并取$[\sigma]=f$，则得到相应的最小梁高计算式为：

$$h_{\min}\geqslant\frac{5[\sigma]l}{24E[w/l]} \tag{4-25}$$

根据式(4-24)和式(4-25)可求得对应于不同钢材时的最小梁高（取 $E=2.06\times 10^5\mathrm{N/mm^2}$），列于表 4-4 供设计参考。

表 4-4　均布荷载作用下简支梁的最小梁高

$[w/l]$		1/750	1/600	1/500	1/400	1/250
Q235 钢	$f=215\mathrm{N/mm^2}$	$l/8.0$	$l/10.0$	$l/12.0$	$l/15.0$	$l/24.0$
	$[\sigma]=160\mathrm{N/mm^2}$	$l/8.2$	$l/10.3$	$l/12.4$	$l/15.5$	$l/24.7$
Q345 钢	$f=310\mathrm{N/mm^2}$	$l/5.5$	$l/6.9$	$l/8.3$	$l/10.4$	$l/16.6$
	$[\sigma]=230\mathrm{N/mm^2}$	$l/5.7$	$l/7.2$	$l/8.6$	$l/10.7$	$l/17.2$
Q390 钢	$f=350\mathrm{N/mm^2}$	$l/4.9$	$l/6.1$	$l/7.3$	$l/9.2$	$l/14.7$
Q420 钢	$f=380\mathrm{N/mm^2}$	$l/4.5$	$l/5.6$	$l/6.8$	$l/8.5$	$l/13.5$

当梁的上下翼缘不对称时，其截面惯性矩 $I=W_{\min}y_2$（y_2 为下翼缘距中和轴的距离），因此在推导最小梁高时应用 y_2 代表 $h/2$。根据截面不对称程度，一般 $y_2=(0.52\sim0.6)h$；将 y_2 代入式(4-24)或式(4-25)，可得到不对称截面梁的最小梁高，其值为对称截面时最小梁高的 0.83～0.96 倍。

对于承受其他荷载和非简支的梁，也可按上述类似方法求得最小梁高。

3. 经济梁高 h_e

满足设计要求时用钢量最少的梁高，称为经济梁高，用 h_e 表示。

下面以双轴对称工字形截面为例，计算在满足抗弯强度时梁的用钢量最少的经济梁高。对图 4-14 的截面：

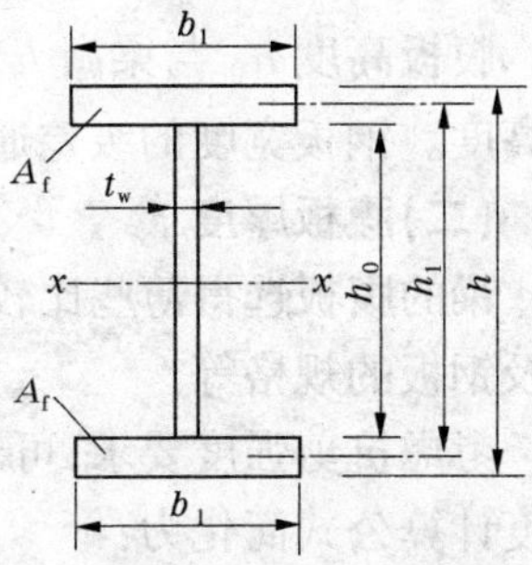

图 4-14　组合梁截面

$$I_{x}=\frac{1}{12}t_{w}h_{0}^{3}+2A_{f}\left(\frac{h_{1}}{2}\right)^{2}=W_{x}\frac{h}{2}$$

$$W_x = \frac{2I_x}{h} = \frac{t_w h_0^3}{6h} + A_f \frac{h_1^2}{h}$$

式中，h_1 为翼缘中心之间的距离，近似取 $h \approx h_1 \approx h_0$，则翼缘面积为：

$$A_f = \frac{W_x}{h_0} - \frac{1}{6} t_w h_0 \tag{4-26}$$

梁截面的总面积 A 为两个翼缘面积（$2A_f$）与腹板面积（$t_w h_0$）之和。考虑到腹板因局部稳定要求而设置加劲肋使腹板用钢量增加，将腹板面积增加 20%，即腹板面积乘以 1.2 的系数，因此有：

$$A = 2A_f + 1.2t_w h_0 = \frac{2W_x}{h_0} + 0.87t_w h_0$$

腹板厚度与其高度有关，将经验公式(4-31)代入上式得：

$$A = \frac{2W_x}{h_0} + 0.079h_0^{3/2}$$

总截面面积最小的条件为：

$$\frac{dA}{dh_0} = -\frac{2W_x}{h_0^2} + 0.119\sqrt{h_0} = 0$$

由此得用钢量最小的经济梁高为：

$$h_e \approx h_0 = (16.8W_x)^{0.4} = 3.1W_x^{0.4} \tag{4-27}$$

对于变翼缘梁，考虑到翼缘宽度减小使用钢量减少，将翼缘面积乘以 0.8 的构造系数，同理得经济梁高为：

$$h_e = 2.8W_x^{0.4} \tag{4-28}$$

式中，W_x 的单位为 cm^3，$h_e(h_0)$ 的单位为 cm。W_x 可按抗弯强度条件求得：

$$W_x = \frac{M_x}{\alpha f} \tag{4-29}$$

式中　α——系数，对一般单向弯曲梁，当最大弯矩处无孔洞削弱时，$\alpha = \gamma_x = 1.05$，有孔洞削弱时，$\alpha = 0.8 \sim 0.9$。

实际采用的梁高应大于由刚度条件确定的最小梁高 h_{min}，略小于经济梁高 h_e。此外，梁的高度不能大于最大梁高 h_{max}。

4. 腹板高度 h_0 的确定

腹板高度 h_0 与梁高 h 相差不大，按上述要求，选用符合钢板宽度规格的整数作为腹板高度。钢板宽度的级差通常为 50mm。

(二)腹板厚度 t_w

梁的腹板选得薄些比较经济，但应满足抗剪强度要求，同时还应考虑局部稳定、防锈以及钢板的规格等。

考虑抗剪强度要求，可近似假定最大剪应力为腹板平均剪应力的 1.2 倍，则腹板抗剪强度计算公式简化为：

$$\tau_{max} = 1.2\frac{V_{max}}{h_0 t_w} \leqslant f_v$$

于是

$$t_w \geqslant 1.2\frac{V_{max}}{h_0 f_v} \tag{4-30}$$

考虑局部稳定和构造等因素，腹板厚度可按式(4-31)经验公式估计。

$$t_w = \frac{\sqrt{h_0}}{11} \tag{4-31}$$

式中，t_w、h_0 的单位均以 cm 计。实际采用的腹板厚度还应考虑钢板规格，一般为 2mm 的倍数。腹板厚度一般取 8～22mm。

(三)翼缘尺寸 b_1 和 t_1

组合梁的翼缘尺寸主要决定于弯曲应力条件，同时还应考虑整体稳定、局部稳定和有关的构造要求。

根据所需截面抵抗矩和腹板尺寸，由式(4-26)求出需要的单个翼缘的截面面积 A_f。

翼缘板的宽度通常为 $b_1 = (1/5 \sim 1/3)h$，且不超过 $h/2.5$，厚度 $t_1 = A_f/b_1$。考虑到翼缘板局部稳定的要求，使受压翼缘的外伸宽度 b 与其厚度 t_1 之比 $b/t_1 \leqslant 15\sqrt{235/f_y}$ (弹性设计，取 $\gamma_x = 1.0$)。同时考虑制造和构造要求，翼缘板最小宽度：一般梁 $b_1 \geqslant 180$mm；吊车梁 $b_1 \geqslant 300$mm。

选择翼缘尺寸，同样应符合钢板规格，宽度取 10mm 的倍数，厚度取 2mm 的倍数。翼缘板厚度也不宜太厚，对 Q235 钢不宜大于 40mm，对 Q345 钢不宜大于 25mm，以免翼缘焊缝产生过大的焊接应力，同时厚板的轧制质量较差。

二、截面验算

根据初选的截面尺寸，计算截面的几何特性，然后进行强度、刚度和整体稳定验算。其方法步骤与型钢梁类似，可按有关公式计算。腹板的局部稳定通常采用配置加劲肋来保证。

三、组合梁截面沿跨度的改变

梁所受弯矩通常沿跨度是变化的，可考虑在弯矩较小处减小梁的截面，以节约钢材和减轻结构自重。当跨度较小时，截面改变的经济效果不大，反而增加了制造的工作量，因此一般不必改变截面。当跨度较大时，可根据具体情况，沿跨度改变梁的翼缘尺寸或梁高。

(一)翼缘的改变

单层翼缘板的焊接组合梁，宜改变翼缘板的宽度，而不改变翼缘板的厚度，以免在改变处造成较大的应力集中。翼缘板宽度改变可采用分段改变(见图 4-15(a))和连续改变(见图 4-15(b))；为减小拼接处的应力集中，应将较宽的翼缘板从改变点起以小于 1:4 的坡度逐渐与较小的翼缘板相连，对焊接缝一般采用直焊缝(见图 4-15(a))，当对焊接缝的设计强度比钢材的设计强度小时可采用斜焊缝(见图 4-15(b))。

对于承受均布荷载或多个集中荷载作用的简支梁，截面改变位置一般在距支座 $l/6$

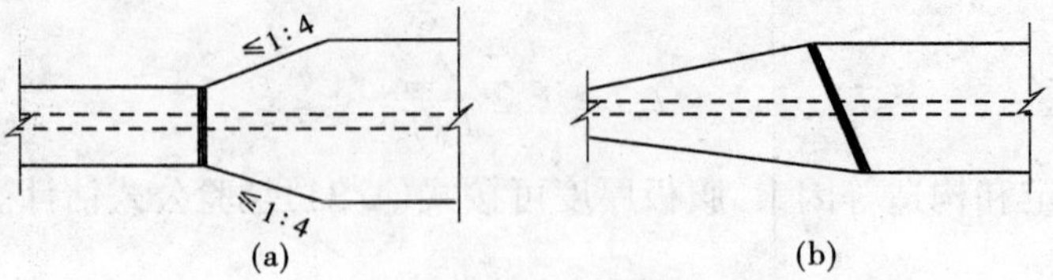

图 4-15 焊接梁的翼缘改变

处(见图 4-16)比较经济。改变后的翼缘宽度应由截面改变处的弯矩确定,同时应对该截面腹板与翼缘连接处的折算应力进行验算。

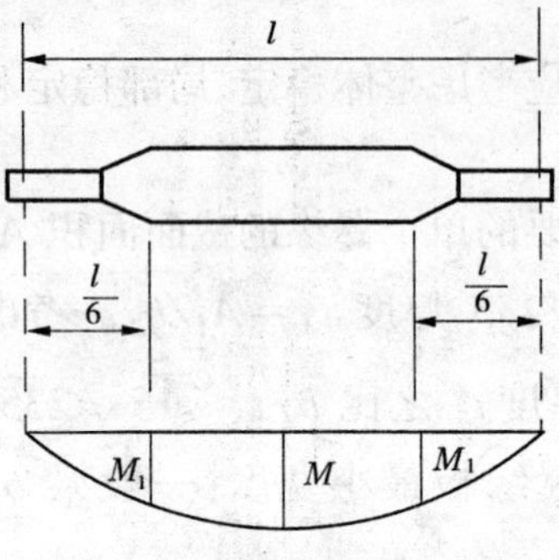

图 4-16 焊接组合梁的截面改变位置

对多层翼缘板的梁,可用切断外层翼缘板的办法来改变梁的截面,理论切断点的位置可由计算确定,而实际切断点的位置应向弯矩较小侧延伸一定距离。

(二)梁高的改变

有时为了降低梁的建筑高度,将简支梁在靠近支座处的高度减小,而使翼缘截面保持不变(见图 4-17)。特别对水工钢闸门的主梁采用变高度的截面可减小支承处的门槽宽度,梁高改变位置一般取在离支座 $l/6 \sim l/5$ 处,改变后的梁高应根据抗剪强度要求确定,但不宜小于跨中截面高度的一半。

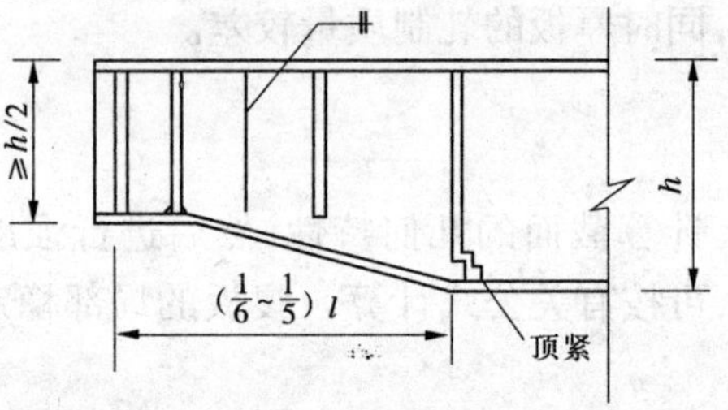

图 4-17 变高度梁

四、焊接组合梁翼缘焊缝的计算

在焊接组合梁中,翼缘与腹板的连接采用连续的角焊缝或 K 形焊缝(见图 4-18)。

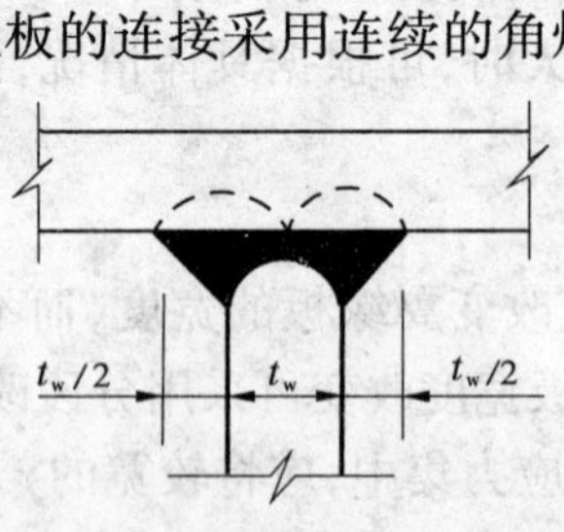

图 4-18 K 形焊缝

当梁弯曲时,由于相邻截面中作用在翼缘上的弯曲应力有差值,在翼缘与腹板之间将产生水平剪应力(见图 4-19)。作用在梁单位长度上的水平剪力为：

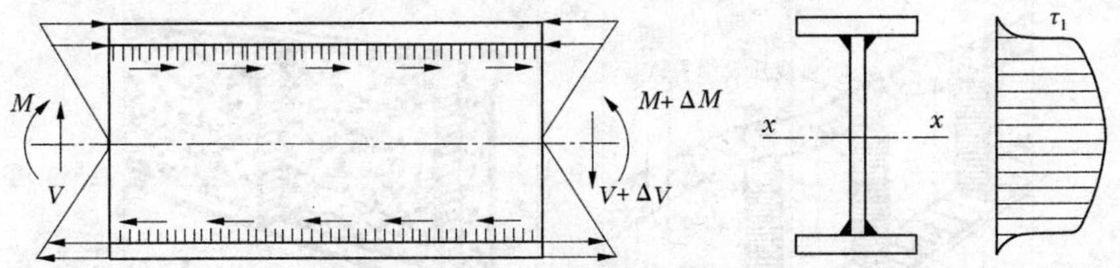

图 4-19 翼缘焊缝的水平剪力

$$\nu_h = \tau_1 t_w = \frac{VS_1}{I_x t_w} t_w = \frac{VS_1}{I_x} \tag{4-32}$$

式中 S_1——翼缘对梁中和轴的面积矩。

当腹板与翼缘之间用角焊缝连接时,则两条角焊缝的焊脚尺寸 h_f 应满足：

$$h_f \geqslant \frac{VS_1}{1.4 I_x f_f^w} \tag{4-33}$$

当梁的上翼缘承受移动集中荷载(如吊车轮压),或作用有固定集中荷载而未设置支承加劲肋时,翼缘与腹板之间的连接角焊缝不仅承受沿焊缝长度方向的水平剪力 ν_h,还承受由竖向局部压应力引起的竖向剪应力 τ_v。沿梁单位长度的竖向剪应力为：

$$\tau_v = \sigma_c t_w = \Psi F / l_z \tag{4-34}$$

式中符号含义同前。

因此,受有局部压应力的上翼缘与腹板之间的角焊缝连接应满足：

$$\sqrt{\left(\frac{\tau_v}{\beta_f}\right)^2 + \nu_h^2} \leqslant 2 h_e f_f^w$$

从而

$$h_f \geqslant \frac{1}{1.4 f_f^w}\sqrt{\left(\frac{\Psi F}{\beta_f l_z}\right)^2 + \left(\frac{VS_1}{I_x}\right)^2} \tag{4-35}$$

若翼缘与腹板采用 K 形焊缝连接(见图 4-18),可认为焊缝与主体金属等强而不必进行计算。

第六节 梁的局部稳定和加劲肋的设置

在进行梁的截面设计时,为提高梁的抗弯强度和刚度,组合梁的腹板宜选用高而薄的钢板;为提高梁的整体稳定性,翼缘应宽薄一些。但是,当钢梁翼缘的宽厚比或腹板的高厚比过大时,可能在弯曲压应力、剪应力和局部压应力作用下,出现偏离其正常位置而在侧向形成波状屈曲(见图 4-20),称为梁的局部失稳。

热轧型钢板件的宽厚比较小,均能满足局部稳定要求,不需验算其局部稳定性。

腹板或翼缘局部失稳后,截面中的内力可能进行重新分配,使梁不会立即失去承载能力。当板的局部屈曲部位退出工作后,将使梁的刚度减小,强度和整体稳定性降低。

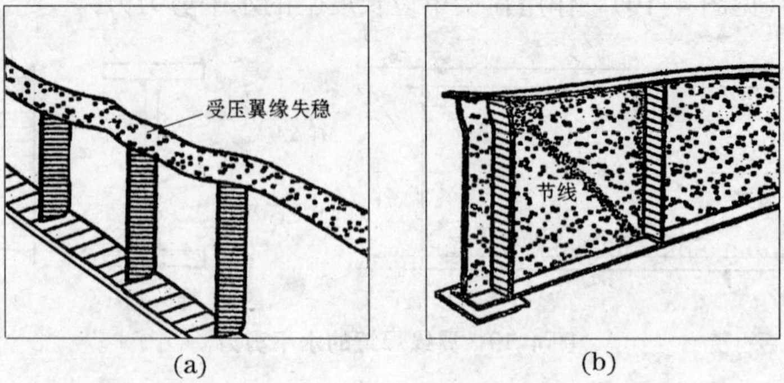

图 4-20　组合梁局部失稳

一、梁受压翼缘的局部稳定和宽厚比限值

工字形截面梁的受压翼缘板可看做支承在腹板上的双悬臂板，翼缘的外伸部分可近似按三边简支、一边自由并在两相对简支边均匀受压计算。为使翼缘在强度破坏之前不发生局部失稳，取临界应力略低于钢材的屈服强度，以此来确定翼缘板的宽厚比限值。

$$b/t \leqslant 15\sqrt{235/f_y} \tag{4-36}$$

式中翼缘自由外伸宽度 b：对焊接梁，取腹板边至翼缘边缘的距离；对型钢梁，取内圆弧起点至翼缘边缘的距离。

当梁的截面允许出现部分塑性时，为保证局部稳定，翼缘宽厚比限值取为：

$$b/t \leqslant 13\sqrt{235/f_y} \tag{4-37}$$

二、梁腹板的局部稳定

梁腹板的受力状况比较复杂，腹板除承受弯曲正应力外，还有剪应力和局部压应力。当不满足局部稳定要求时，对承受静力荷载和间接承受动力荷载的组合梁应考虑腹板屈曲后的强度，或采用增加腹板厚度或设置加劲肋的方法来提高其稳定性。加劲肋分横向加劲肋、纵向加劲肋和短加劲肋（见图 4-21），加劲肋作为腹板的支承，将腹板分成若干较小的区格，以提高其临界应力。

（一）腹板加劲肋的设置

根据工程经验，《规范》对组合梁腹板加劲肋的设置规定如下：

（1）当 $h_0/t_w \leqslant 80\sqrt{235/f_y}$ 时，对有局部压应力的梁，应按构造设置横向加劲肋，对无局部压应力的梁可不设置加劲肋。

（2）当 $80\sqrt{235/f_y} < h_0/t_w \leqslant 170\sqrt{235/f_y}$ 时，应设置横向加劲肋。

（3）当 $h_0/t_w > 170\sqrt{235/f_y}$（受压翼缘扭转受到约束）或 $h_0/t_w > 150\sqrt{235/f_y}$（受压翼缘未受到约束），或在计算需要时，应在弯曲应力较大区格的受压区增加设置纵向加劲肋。局部压应力很大的梁，必要时在受压区设置短加劲肋。

任何情况下，h_0/t_w 均不应超过 $250\sqrt{235/f_y}$。

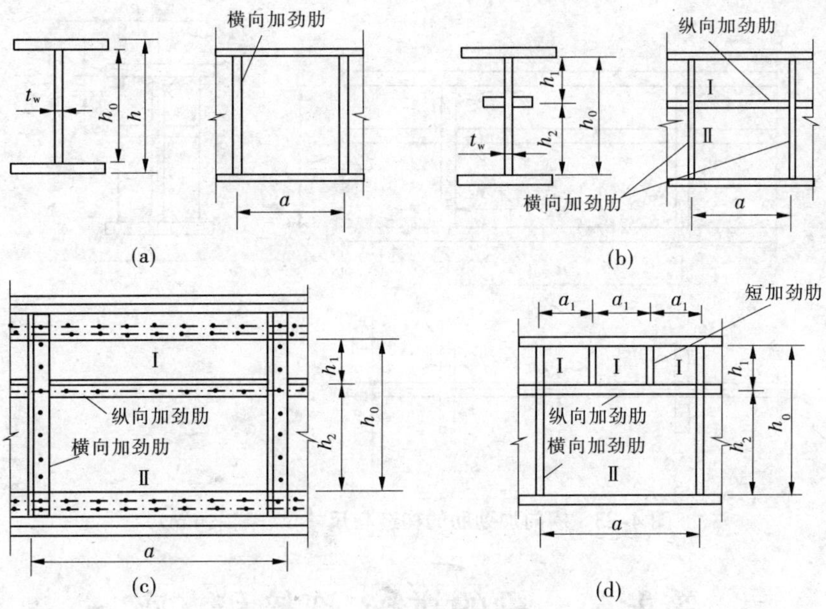

图 4-21　腹板加劲肋的布置

(4)在梁的支座处和上翼缘承受较大固定集中荷载处,应设置支承加劲肋。

横向加劲肋的间距应满足如下构造要求:$a \geqslant 0.5h_0$,且一般情况下,$a \leqslant 2h_0$;无局部压应力的梁,当 $h_0/t_w \leqslant 100\sqrt{235/f_y}$ 时,$a \leqslant 2.5h_0$;同时设有纵向加劲肋时,$a \leqslant 2h_2$(见图 4-21)。纵向加劲肋应布置在距腹板计算高度受压翼缘 $h_1 = h_c/(2.5 \sim 2)$ 范围内(h_c 为腹板受压区的高度),短加劲肋的间距 $a \geqslant 0.75h_1$。

(二)加劲肋的截面尺寸和构造要求

加劲肋宜在腹板两侧成对配置(见图 4-22(a)),对非吊车梁的中间加劲肋,为节约钢材也可单侧布置(见图 4-22(b)),对支承加劲肋和重级工作制吊车梁的加劲肋不应单侧布置。对于大型梁,也可采用角钢做加劲肋(见图 4-22(c)、(d))。

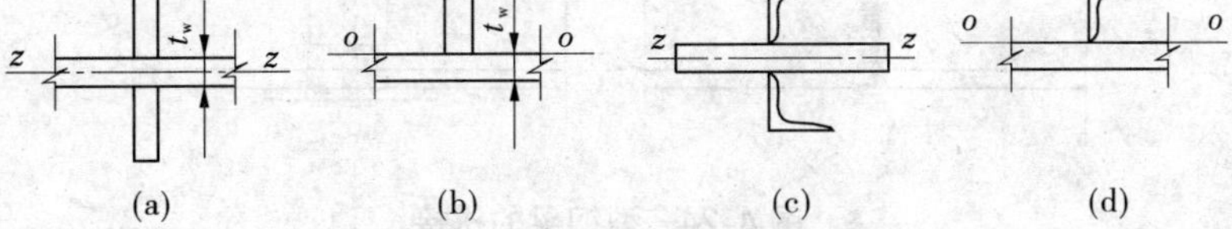

图 4-22　加劲肋的截面

在腹板两侧成对布置的加劲肋的截面尺寸(见图 4-23)应符合下列要求:

外伸宽度　　　　$b_s \geqslant h_0/30 + 40\text{mm}$

厚度　　　　　　$t_s \geqslant b_s/15$

单侧布置的钢板加劲肋,外伸宽度应比以上增大 20%。

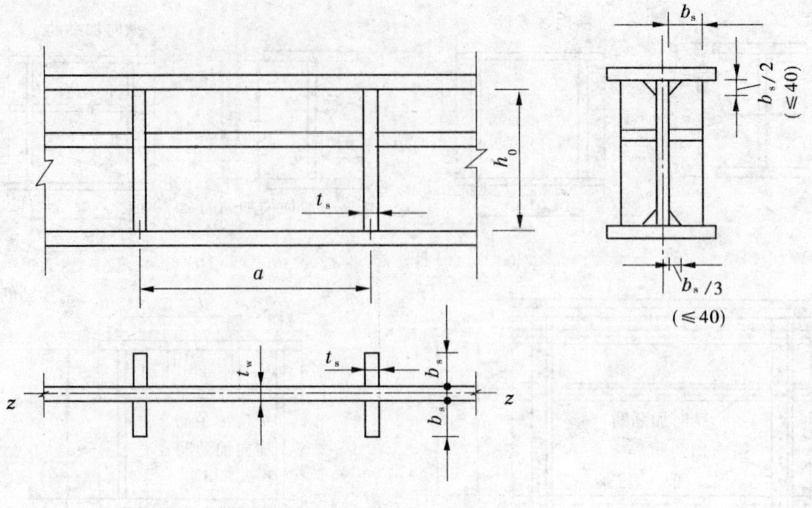

图 4-23　横向加劲肋的构造与尺寸　（单位：mm）

第七节　梁的拼接、连接和支座

一、梁的拼接

梁的拼接有工厂拼接和工地拼接两种。由于钢材尺寸限制，梁的翼缘或腹板常需接长或加宽，这种拼接在工厂进行的称为工厂拼接。由于运输或安装条件的限制，梁有时需分段制作和运输，然后在工地拼接，称为工地拼接。

型钢梁的拼接常采用在同一截面的对接焊缝连接，但由于翼缘与腹板连接处不易焊透，故有时采用拼接板拼接，其拼接位置宜放在弯矩较小处，如图 4-24 所示。

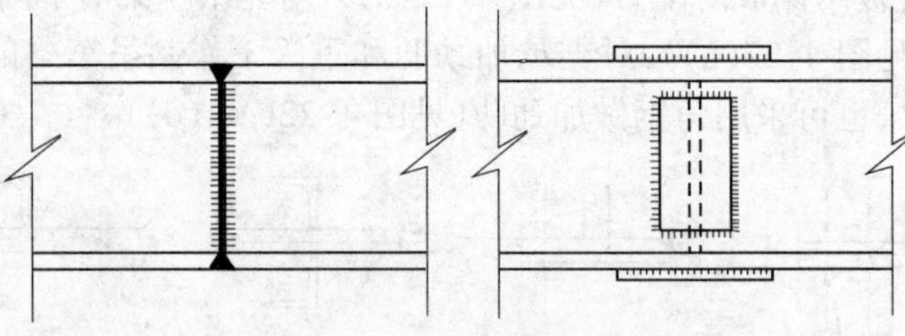

图 4-24　型钢梁的拼接

焊接组合梁的工厂拼接常采用焊接。施工时，先将翼缘和腹板分别接长，然后再拼装成整体。拼接位置一般由材料尺寸确定，但应注意梁的翼缘板和腹板的拼接位置宜错开，并避免与加劲肋及次梁的连接处重合，以防止焊缝密集或交叉。腹板的拼接焊缝与横向加劲肋之间至少应相距 $10t_w$（见图 4-25）。

腹板和翼缘宜采用对接焊缝拼接，施焊时宜用引弧板。采用一、二级焊缝质量检验时，可认为焊缝与母材等强。对三级焊缝，由于焊缝抗拉强度低于母材强度，可采用斜焊缝或将拼接位置布置在弯矩较小的区域。

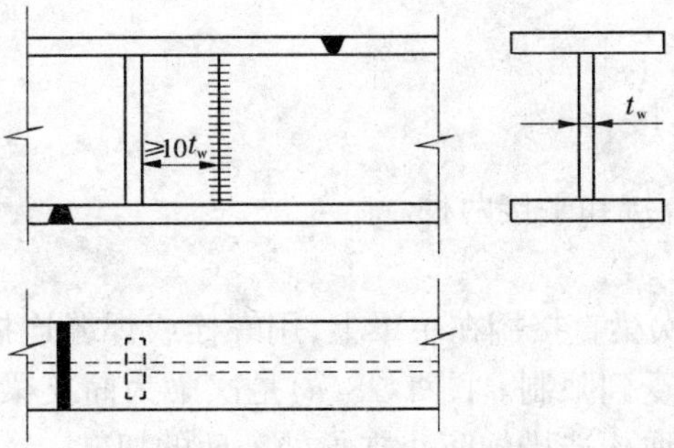

图 4-25　组合梁的工厂拼接

梁的工地拼接位置由运输及安装条件决定，但宜设在弯矩较小处。梁的翼缘和腹板一般宜在同一截面处断开（见图 4-26），以便分段运输。当在同一截面断开时，端部平齐，运输时不宜碰损，但同一截面拼接会导致薄弱部位集中，为保证焊缝质量，上、下翼缘的拼接边缘均做成向上的 V 形坡口，以便于工地平焊。有时将翼缘和腹板的接头略微错开一些（见图 4-26(b)），受力较好，但运输时端部凸出部分应加以保护。

为了减小焊接应力，应将翼缘和腹板的工厂焊缝在端部留约 500mm 长的焊缝，以使工地焊接时有较多的收缩余地。另外还宜按图 4-26 所示的施焊顺序焊接，以减小焊接应力。即对拼接处的对接焊缝，要先焊腹板，再焊受拉翼缘，然后焊受压翼缘，预留的角焊缝最后补焊。

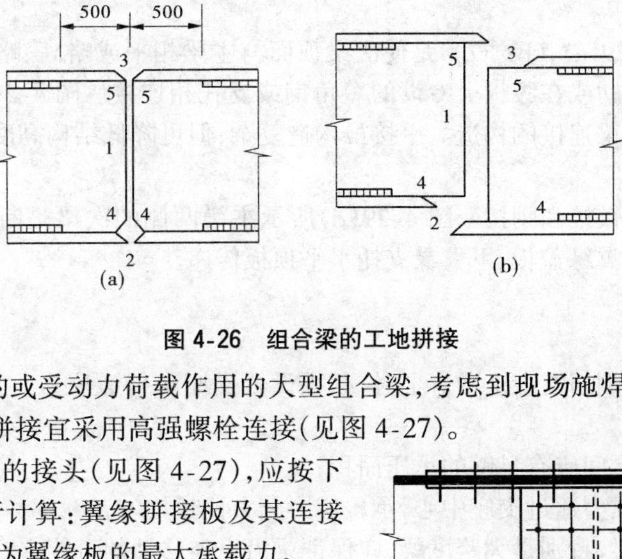

图 4-26　组合梁的工地拼接

对于较重要的或受动力荷载作用的大型组合梁，考虑到现场施焊条件较差，焊缝质量难以保证，工地拼接宜采用高强螺栓连接（见图 4-27）。

对采用拼接板的接头（见图 4-27），应按下列规定的内力进行计算：翼缘拼接板及其连接所承受的内力 N_1 为翼缘板的最大承载力。

$$N_1 = A_{fn} f \tag{4-38}$$

式中　A_{fn}——被连接的翼缘板净截面面积。

腹板拼接及其连接，主要承受梁截面上的全部剪力 V，以及按刚度分配到腹板上的弯矩 $M_w = MI_w/I$。I_w 为腹板截面惯性矩；I 为整

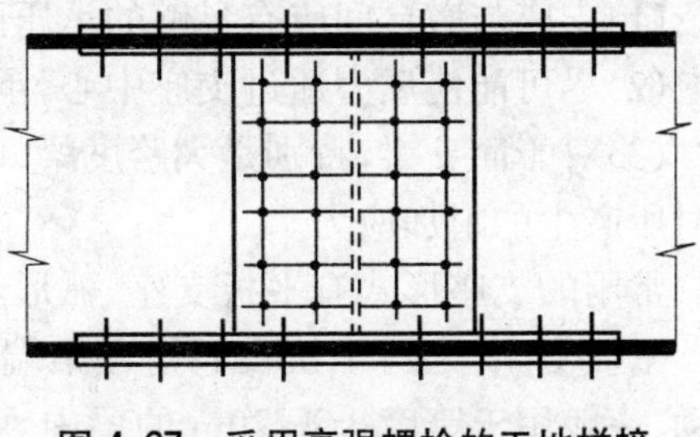

图 4-27　采用高强螺栓的工地拼接

个梁截面的惯性矩。

二、次梁与主梁的连接

次梁与主梁的连接有叠接和平接两种。

(一)叠接连接

叠接(见图 4-28)是将次梁直接搁在主梁上,用螺栓或焊缝连接,这种连接构造简单,但需要的结构高大,应用常受到限制。图 4-28(a)是次梁为简支梁时与主梁的连接构造。当次梁截面较大时,应另采取构造措施防止支承处截面的扭转。

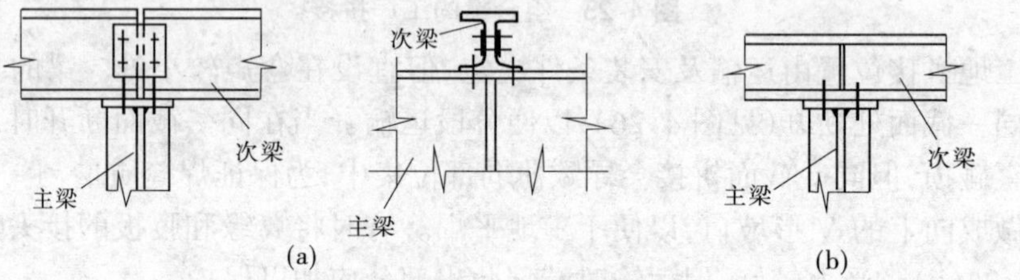

图 4-28 次梁与主梁的叠接

叠接可做成铰接和刚接。铰接连接需要的焊缝或螺栓数量应按次梁的反力计算,考虑到连接并非是理想的铰接,会有一定的弯矩作用,故计算时宜将次梁反力增加 20%~30%。

(二)平接连接

平接(见图 4-29(a)、(b)、(c))是使次梁顶面与主梁相平或略高、略低于主梁顶面,从侧面与主梁的加劲肋或在腹板上专设的短角钢或支托相连接。图 4-29(a)、(b)、(c)是次梁为简支梁时与主梁连接的构造。平接虽构造复杂,但可降低结构高度,故在实际工程中应用较为广泛。

平接也可做成铰接和刚接。图 4-29(d)所示主梁两侧的次梁是断开的,支座弯矩靠焊缝连接的次梁上翼缘盖板、下翼缘支托水平顶板传递。

三、梁的支座

当钢梁放置在钢筋混凝土墩台上时,必须设置支座来传递反力。支座的构造应满足下述原则:

(1)支座与墩台间应有足够的承压面积;

(2)尽可能使反力通过支座中心,承压应力分布比较均匀;

(3)对于简支梁,特别是大跨度梁,应保证梁沿纵向移动的可能,减小因温度变化梁膨缩时所产生的附加应力。

常用的支座形式有平板支座、弧形支座、铰轴支座、滚轴支座(见图 4-30)。

平板支座(见图 4-30(a))是在梁端下面垫上钢板做成,使梁的端部不能自由移动和转动,一般用于跨度小于 20m 的梁中。弧形支座(见图 4-30(b)),由厚 40~50mm、顶面切削成圆弧形的钢垫板制成,使梁能自由转动并可产生适量的移动,并使下部结构在支承面上受力较均匀,常用于跨度为 20~40m、支反力不超过 750kN 的梁中。铰轴支座(见图

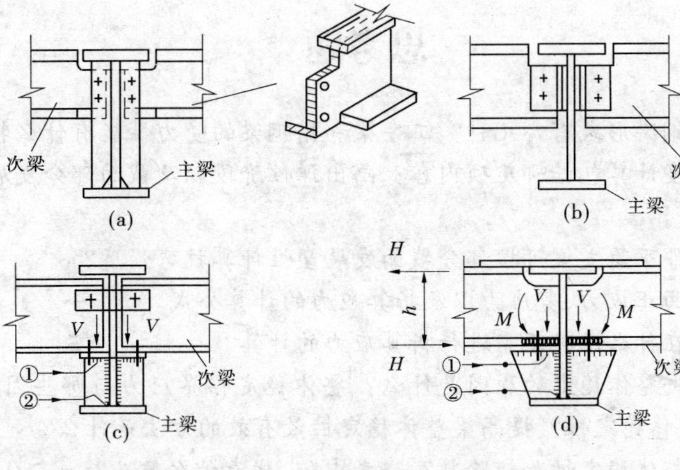

①、②—焊缝

图 4-29 次梁与主梁的平接

4-30(c))完全符合梁简支的力学模型,可以自由转动,下面设置滚轴时称为滚轴支座(见图 4-30(d))。滚轴支座能自由转动和移动,只能安装在简支梁的一端。铰轴支座用于跨度大于 40m 的梁中。

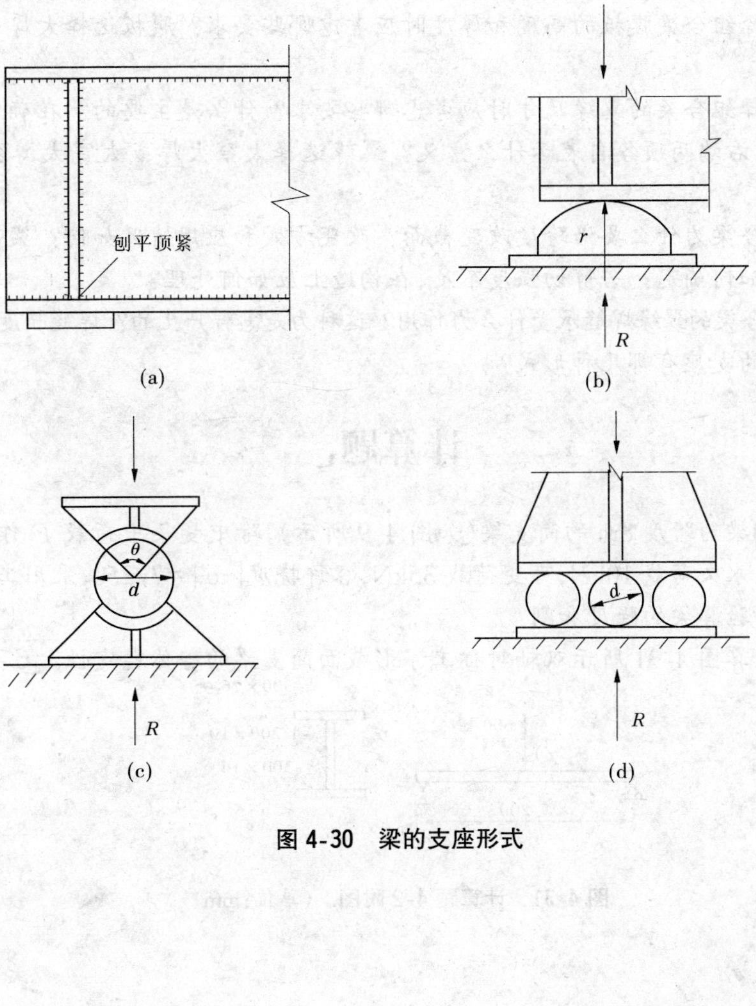

图 4-30 梁的支座形式

思考题

4-1 常用的钢梁形式有哪几种？工字梁和槽钢梁的受力性能有什么特点？

4-2 梁的强度计算包括哪几项内容？画出弹性阶段以及截面部分发展塑性时，截面弯矩正应力的分布。

4-3 什么条件下简支梁可按部分截面发展塑性计算抗弯强度？

4-4 写出弯曲正应力、剪应力以及折算应力的计算公式。

4-5 组合梁在什么情况下需进行折算应力的计算？

4-6 钢梁丧失整体稳定的原因是什么？整体稳定临界应力与哪些因素有关？如何提高和保证梁的整体稳定性？提高梁整体稳定性最有效的方法是什么？

4-7 钢梁的整体稳定性如何验算？公式中 φ_b 代表什么意义？$\varphi_b>0.6$ 时为什么要用 φ_b'代替？

4-8 什么是梁的局部失稳？梁的整体失稳和局部失稳在概念上有何不同？

4-9 组合梁的截面高度由哪些条件确定？是否都必须满足？当 $h_e \leqslant h_{min}$ 时，梁高如何确定？

4-10 选择组合梁腹板的高度和厚度时应考虑哪些要求？腹板选择太厚或太薄会发生什么问题？

4-11 选择组合梁的翼缘尺寸时应考虑哪些要求？什么是主要的？在确定翼缘截面面积的公式中，右端两项各自表示什么意义？翼缘选择太窄太厚或太宽太薄会发生什么问题？

4-12 组合梁为什么要沿跨度改变截面？改变方式和应用情况如何？梁高改变的位置和端部梁高如何确定？若剪切强度不足，在构造上应如何处理？

4-13 组合梁的翼缘焊缝承受什么力作用？这种力是怎样产生的？焊缝长度有无限制？

4-14 梁的支座有哪几种形式？

计算题

4-1 某钢梁为跨度 8m 的简支梁（如图 4-9 所示），跨中受集中荷载 F 作用，此静力荷载标准值为：永久荷载 10kN，可变荷载 35kN，容许挠度 $[w]=l/250$，采用工字梁 I32a，钢材为 Q235。验算梁的强度和刚度。

4-2 试验算图 4-31 所示双轴对称工字形截面简支梁的整体稳定性。已知梁跨度为

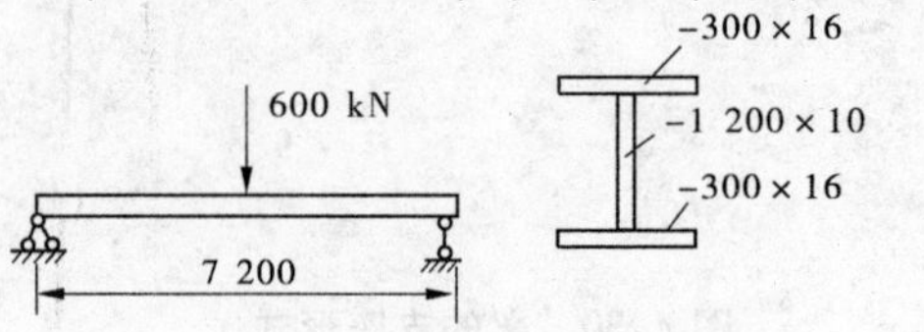

图 4-31 计算题 4-2 附图 （单位：mm）

7.2m，在梁跨中作用一集中荷载，设计值为600kN，跨中无侧向支承，钢材为Q235。

4-3 计算焊接工字形等截面简支梁的整体稳定系数 φ_b。已知：双轴对称，跨中无侧向支承，集中荷载作用在上翼缘，腹板选用 -800×12，翼缘选用 -280×12，$I_x=144\ 900cm^4$，$I_y=4\ 390cm^4$。

4-4 某平台梁格布置如图4-32所示，铺板为预制钢筋混凝土板。设平台永久荷载标准值（包括铺板自重）为 $6kN/m^2$，活荷载标准为 $18kN/m^2$，钢材为Q235钢，用E43型焊条。试计算：

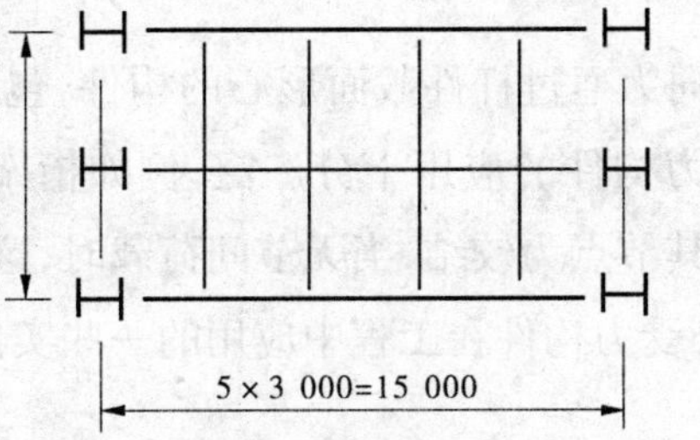

图4-32 计算题4-4附图 （单位：mm）

若铺板与次梁焊接，次梁的整体稳定性有保证时，选择次梁的截面（采用轧制工字形钢）；若次梁的整体稳定不能保证时，重新选择其截面，并比较之。

4-5 图4-33所示为承受均布荷载的简支梁。梁截面几何尺寸及荷载大小如图所示，钢材为Q235钢，若梁支承加劲肋端面承压强度满足要求，试验算其稳定性是否满足要求。

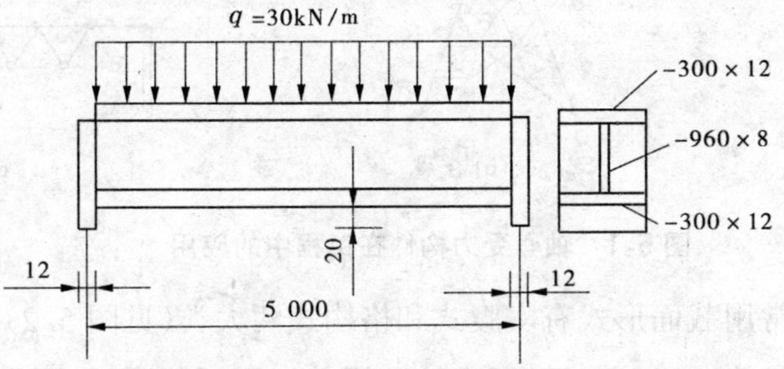

图4-33 计算题4-5附图 （单位：mm）

4-6 图4-34所示为加强受压翼缘的梁截面，跨度为6m，跨中无侧向支承，试计算梁的整体稳定系数。

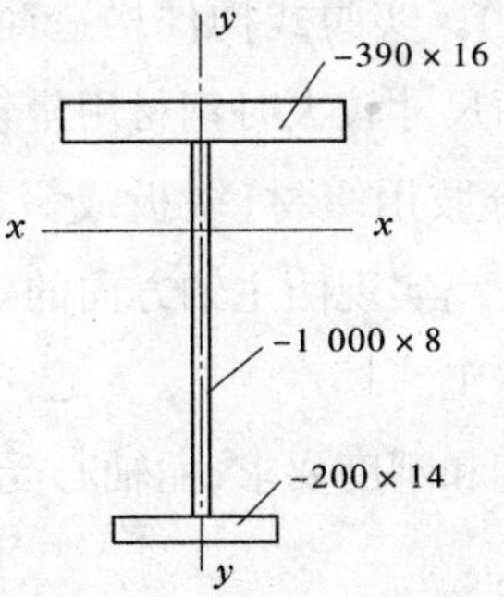

图4-34 计算题4-6附图 （单位：mm）

第五章 轴心受力构件

第一节 概 论

轴心受力构件是指轴向力通过杆件截面形心的构件,包括轴心受拉构件和轴心受压构件。在钢结构中轴心受力构件的应用十分广泛,例如桁架、塔架、网架等的杆件体系。由于内力计算时通常假设其节点为铰结,当无节间荷载时,这些杆件均为轴心受拉或轴心受压构件,如图 5-1 为轴心受力构件在工程中应用的一些实例。

(a)桁架　(b)塔架　(c)网架

图 5-1　轴心受力构件在工程中的应用

轴心受力构件的常用截面形式有实腹式和格构式两大类(见图 5-2)。

实腹式构件具有整体连通的截面,可直接采用单个型钢截面,也可采用由型钢或钢板组成的组合截面,如图 5-3(a)所示,其中最常用的是工字形和箱形截面。对热轧角钢经常两两配合使用,组成双角钢 T 形或十字形组合截面(见图 5-3(b));在轻型结构中则可使用冷弯薄壁型钢截面(见图 5-3(c))。实腹式构件构造简单,制作方便,整体受力性能好,与其他构件连接也较方便,但截面尺寸较大时钢材用量较多。

格构式构件一般由两个或多个分肢用缀材(缀板或缀条)连接组成(见图 5-3(d))。格构式构件可通过调整两单肢间的距离实现两主轴方向的等稳,达到节约钢材的目的,同时其刚度大,抗扭性能较好,但制造费工。

轴心受拉构件的设计应满足强度和刚度要求,而轴心受压构件应满足强度、刚度和稳定的要求。

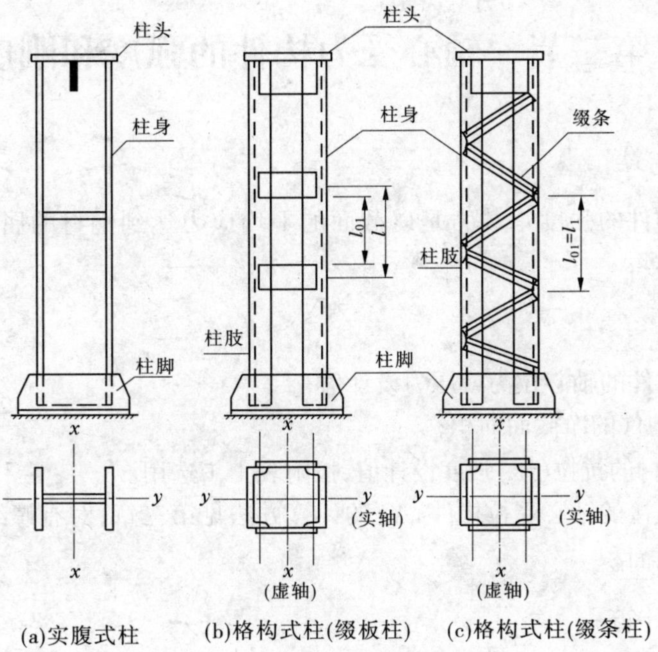

图 5-2　柱的形式和组成部分

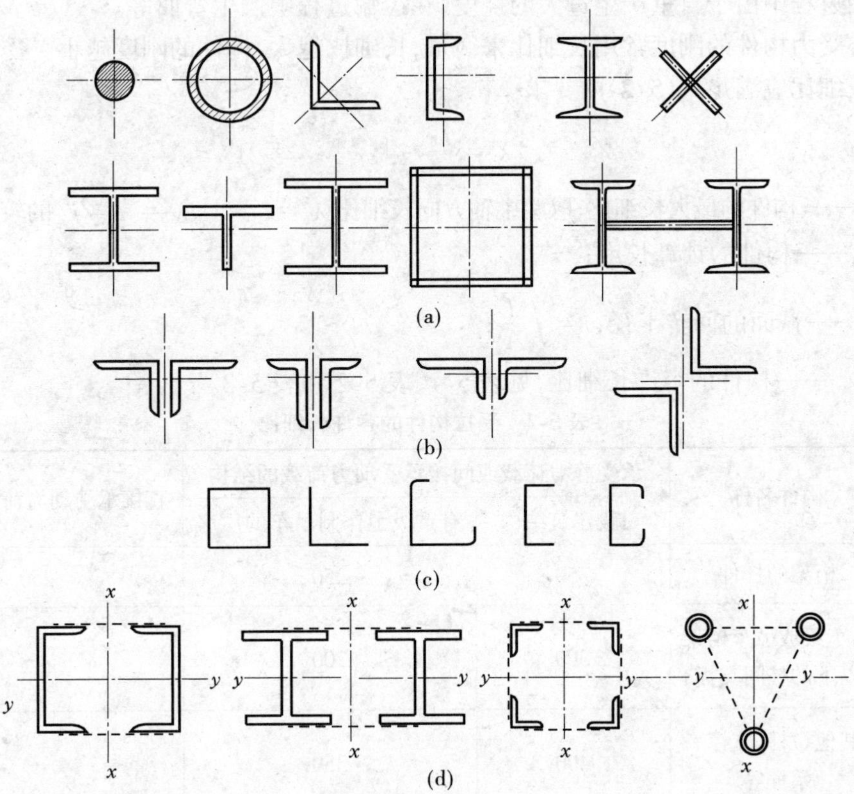

图 5-3　轴心受力构件的截面形式

第二节　轴心受力构件的强度和刚度

一、强度计算

轴心受力构件的强度承载力是以截面的平均应力达到钢材的屈服强度为极限，按式(5-1)进行计算：

$$\sigma = \frac{N}{A_n} \leqslant f \tag{5-1}$$

式中　N——构件的轴心拉力或压力设计值；

A_n——构件的净截面面积；

f——钢材的抗拉(压)强度设计值，按附表1-1选用。

对于螺栓连接的轴心受拉构件，A_n 的计算方法见第三章；对有螺纹的拉杆，A_n 取螺纹处的有效截面面积。

二、刚度计算

为满足正常使用要求，轴心受力构件不应做得过于细长，应有一定的刚度，以防止构件在使用过程中由于自重产生过大的挠度，在运输过程中产生弯曲等。

轴心受力构件的刚度常用长细比来衡量，长细比越大，构件的刚度越小。受拉或受压构件的长细比应满足式(5-2)的要求。

$$\lambda = \frac{l_0}{i} \leqslant [\lambda] \tag{5-2}$$

式中　λ——构件的最大长细比，取两主轴方向长细比 $\lambda_x = l_{0x}/i_x$、$\lambda_y = l_{0y}/i_y$ 的较大值；

l_0——构件的计算长度；

i——截面的回转半径，$i=\sqrt{\frac{I}{A}}$；

$[\lambda]$——构件的容许长细比，见表5-1、表5-2和表5-3。

表5-1　受拉构件的容许长细比

项次	构件名称	承受静力荷载或间接承受动力荷载的结构		直接承受动力荷载的结构
		一般建筑结构	有重级工作制吊车的厂房	
1	桁架的杆件	350	250	250
2	吊车梁或吊车桁架以下的柱间支撑	300	200	—
3	其他拉杆、支撑、系杆等	400	350	—

表 5-2　受压构件的容许长细比

项次	构件名称	容许长细比
1	柱、桁架和天窗架中的杆件 柱的缀条、吊车梁或吊车梁以下的柱间支撑	150
2	支撑(吊车梁或吊车梁以下的柱间支撑除外) 用以减小受压构件长细比的构件	200

表 5-3　闸门构件的容许长细比

构件种类	主要构件	次要构件	联系构件
受压构件	120	150	200
受拉构件	200	250	350

第三节　轴心受压构件的整体稳定计算

轴心受压构件除了短粗杆或截面有较大削弱的杆可能因截面平均应力达到设计强度而丧失承载力外,在一般情况下,轴心受压构件的承载力由稳定条件确定。

一、整体稳定的临界应力

轴心受压构件的整体稳定临界应力和许多因素有关,而这些因素的影响又是错综复杂的,给临界力的计算带来了困难。目前,确定轴心压杆整体稳定临界力的方法有下列四种:

(1)屈曲准则。屈曲准则是建立在理想轴心压杆假定的基础上,弹性阶段以欧拉临界力为基础,弹塑性阶段以切线模量临界力为基础,通过提高安全系数来考虑初弯曲、初偏心等不利影响。

(2)边缘屈服准则。实际的轴心压杆与理想柱的受力性能之间有很大差别,这是因为实际轴心压杆带有初始缺陷。边缘屈服准则以一定初弯曲和初偏心的压杆为计算模型,截面边缘应力达到屈服强度即视为承载能力的极限。

(3)最大强度准则。以有初始缺陷的压杆为依据,按构件最后破坏时所能达到的最大压力值作为压杆的极限承载能力值。

(4)经验公式。主要由试验资料确定压杆的弹塑性临界力。

二、轴心受压构件的柱子曲线

压杆失稳时临界应力 σ_{cr} 与长细比 λ 之间的关系曲线为柱子曲线。我国现行《规范》采用有缺陷的实际轴心受压构件作为计算模型,以初弯曲 $\nu_0 = l/1\,000$ 作为初弯曲和初偏心的代表值,考虑不同截面形式和尺寸、不同加工条件和残余应力分布以及大小、不同的屈曲方式,采用数值分析方法共计算了 200 多条柱子曲线,它们呈相当宽的带状分布。因此,《规范》在计算资料的基础上,按照经济、合理和便于设计应用的原则,将这些柱子曲线合并归纳为 4 组,取每组中柱子曲线的平均值作为代表曲线,如图 5-4 所示的 a、b、c、d 四条曲线。一般的截面情况属于 b 类。在 $\lambda = 40 \sim 120$ 的常用范围内,柱子曲线 a 约比曲线b高出4%～15%；而曲线c比曲线b低7%～13%。曲线d主要用于厚板截面。

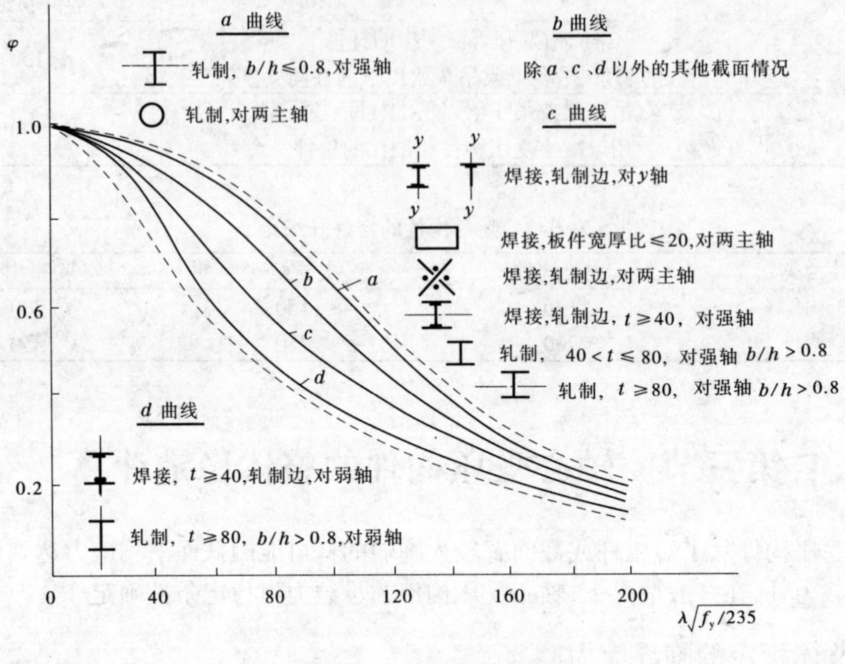

图 5-4 我国的柱子曲线

组成板件厚度$t \geqslant 40mm$的轴心受压构件的截面分类见表5-4，而$t < 40mm$的截面分类见表5-5。

为了便于应用，分别制定出a、b、c、d四类截面轴心受压构件稳定系数表，根据表5-4、表5-5的截面分类和构件的长细比，按附表4-1～附表4-4查稳定系数φ。

表 5-4 轴心受压构件的截面分类(板厚$t \geqslant 40mm$)

截面情况				对x轴	对y轴
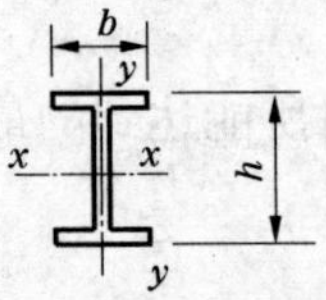	轧制工字形或H形截面	$b/h \leqslant 0.8$		b类	b类
		$b/h > 0.8$	$t < 80mm$	b类	c类
			$t \geqslant 80mm$	c类	d类
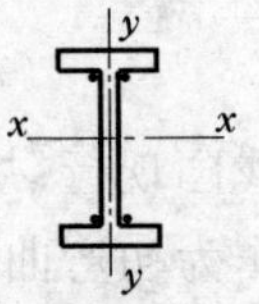	焊接工字形截面	翼缘为焰切边		b类	b类
		翼缘为轧制或剪切边		c类	d类
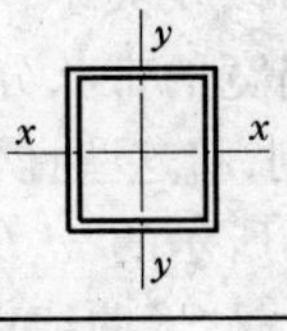	焊接箱形截面	板件宽厚比>20		b类	b类
		板件宽厚比≤20		c类	c类

表 5-5　轴心受压构件的截面分类(板厚 $t<40$mm)

类别	截面形式和对应轴					
a类	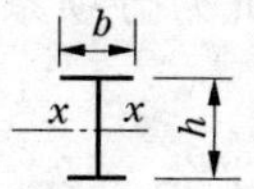	轧制，$b/h\leqslant0.8$，对x轴		轧制，对任意轴		
b类	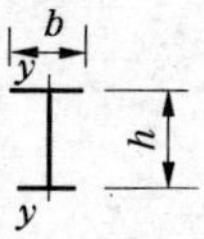	轧制，$b/h\leqslant0.8$，对y轴	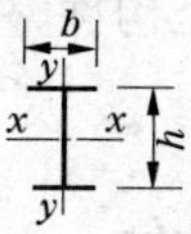	轧制，$b/h>0.8$ 对 x、y 轴		
	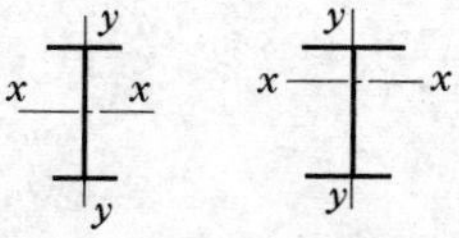	焊接，翼缘为焰切边，对x、y 轴	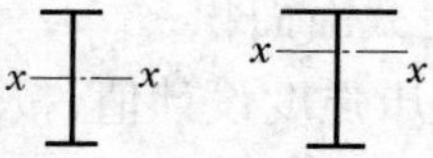	焊接，翼缘为轧制或焰切边，对x轴		
	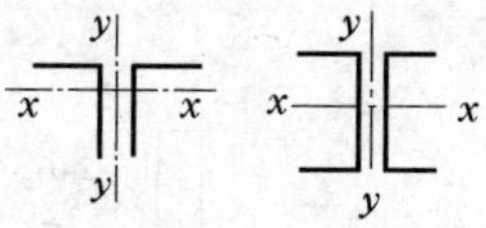	轧制，对x、y 轴	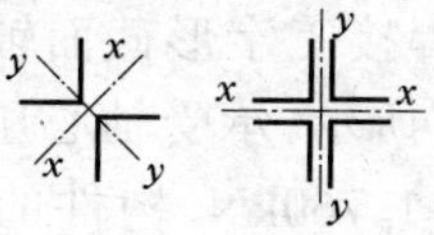	轧制，对x、y 轴		
	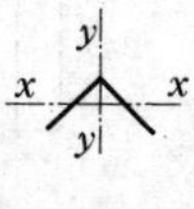	轧制（等边角钢），对x、y 轴	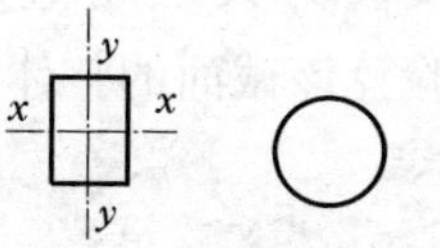	轧制矩形和焊接圆管对任意轴；焊接矩形，板件宽厚比 >20，对x、y轴		
	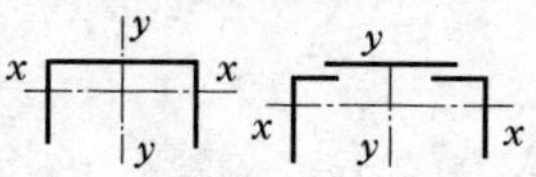	轧制或焊接，对x、y 轴	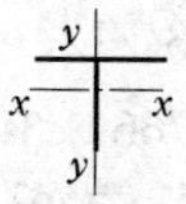	轧制截面和翼缘为焰切边的焊接截面，对x、y 轴	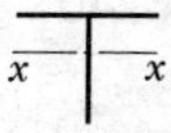	焊接，翼缘为轧制或剪切边，对x轴
	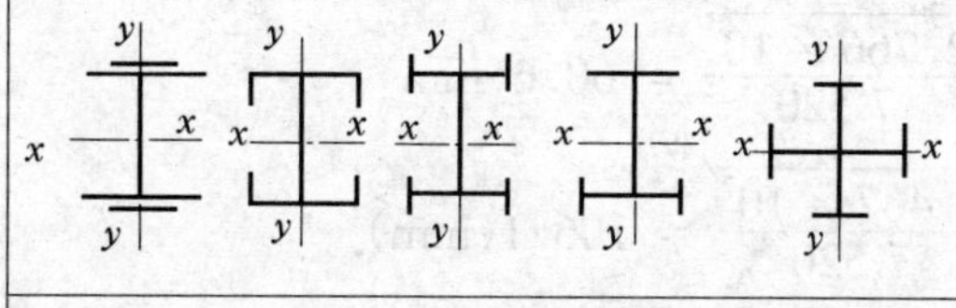	焊接，对 x、y 轴	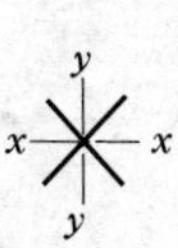	焊接，板件边缘焰割，对 x、y 轴		
	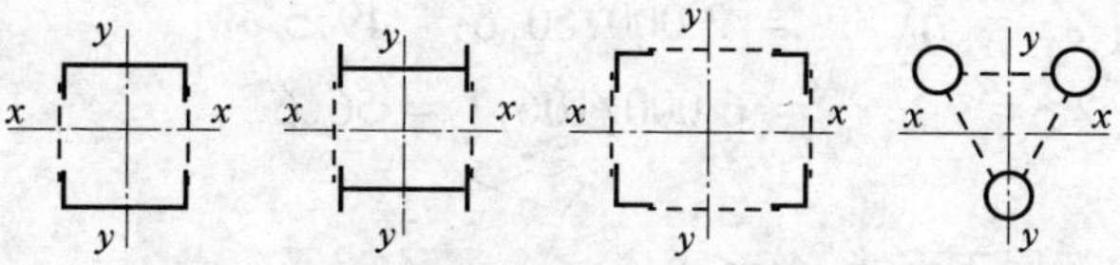	格构式，对x、y 轴				
c类	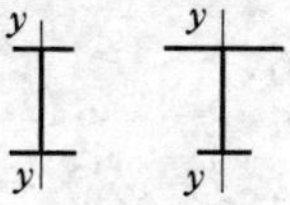	焊接，翼缘为轧制或剪切边，对y 轴		焊接，翼缘为轧制或剪切边，对 y 轴		
		焊接，板件边缘为轧制或剪切边，对x、y 轴	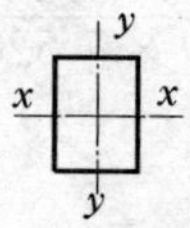	焊接，板件宽厚比 $\leqslant20$，对x、y轴		

三、轴心受压构件整体稳定性的计算公式

轴心受压构件所受应力应不大于整体稳定的临界应力,考虑抗力分项系数 γ_R 后为:

$$\sigma = \frac{N}{A} \leqslant \frac{\sigma_{cr}}{\gamma_R} = \frac{\sigma_{cr} f_y}{f_y \gamma_R} = \varphi f \tag{5-3}$$

《规范》规定的轴心受压构件整体稳定计算公式如下:

$$\frac{N}{\varphi A} \leqslant f \tag{5-4}$$

式中 N——轴心压力设计值;

A——构件的毛截面面积;

f——钢材的抗压强度设计值,按附表 1-1 选用;

φ——轴心受压构件的整体稳定系数,$\varphi = \sigma_{cr}/f_y$。

【例题 5-1】 某焊接工字形截面轴心受压构件,截面尺寸如图 5-5 所示,承受轴心压力设计值(包括构件自重)$N = 1\ 760\text{kN}$,构件的计算长度 $l_{0x} = 3\text{m}$,$l_{0y} = 6\text{m}$,翼缘板为火焰切边,钢材为 Q345 钢,截面无削弱。验算该截面的整体稳定性。

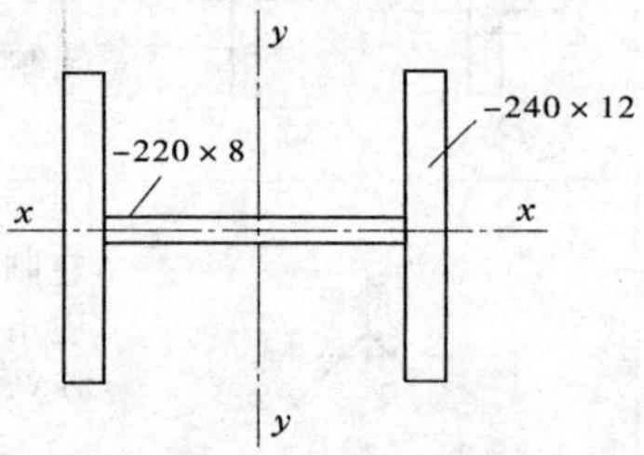

图 5-5 例题 5-1 附图

解:

1. 截面几何特征

$$A = 240 \times 12 \times 2 + 220 \times 8 = 7\ 520(\text{mm}^2)$$

$$I_x = 12 \times 240^3 \times 2/12 + 220 \times 8^3/12 = 2.766 \times 10^7(\text{mm}^4)$$

$$I_y = (240 \times 244^3 - 232 \times 220^3)/12 = 8.467 \times 10^7(\text{mm}^4)$$

$$i_x = \sqrt{\frac{I_x}{A}} = \sqrt{\frac{2.766 \times 10^7}{7\ 520}} = 60.6(\text{mm})$$

$$i_y = \sqrt{\frac{I_y}{A}} = \sqrt{\frac{8.467 \times 10^7}{7\ 520}} = 106.1(\text{mm})$$

$$\lambda_x = l_{0x}/i_x = 3\ 000/60.6 = 49.5$$

$$\lambda_y = l_{0y}/i_y = 6\ 000/106.1 = 56.6$$

2. 整体稳定性验算

截面关于 x 轴和 y 轴都属于 b 类,$\lambda_x < \lambda_y$:

$$\lambda_y \sqrt{f_y/235} = 56.6 \times \sqrt{345/235} = 68.6$$

查附表 4-2 得 $\varphi = 0.759$,则:

$$\frac{N}{\varphi A} = \frac{1\ 760 \times 10^3}{0.759 \times 7\ 520} = 308.4(\text{N/mm}^2) < f = 315\text{N/mm}^2$$

整体稳定满足要求。

第四节　实腹式轴心受压构件的局部稳定

当轴心受压构件尚未达到临界应力时，不会发生整体失稳破坏，但可能发生板件局部屈曲，即受压的板件因平面尺寸较大而厚度相对过薄所发生的偏离其原来的平面位置的波形凸曲，这种板件局部屈曲并退出工作的现象称为构件局部丧失稳定性，如图 5-6 所示。构件丧失局部稳定后还可能继续维持着整体的平衡状态，但由于部分板材屈曲后退出工作，构件的有效截面减小，会加速构件整体失稳而丧失承载能力。

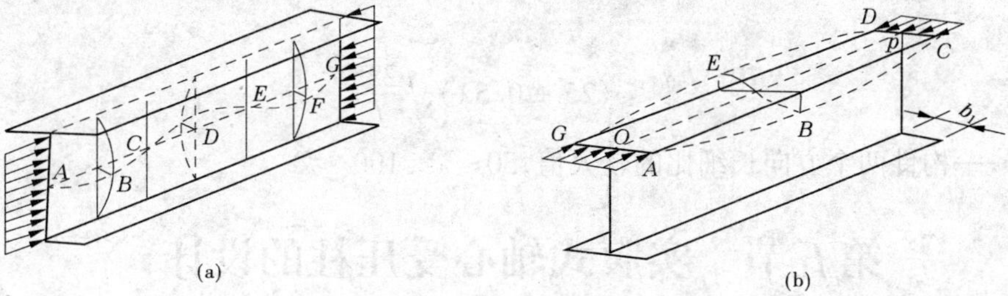

图 5-6　轴心受压构件局部丧失稳定

实腹式轴心受压构件主要承受轴心压力，应按均匀受压板计算其板件的局部稳定。

一、临界应力的计算

在单向压应力作用下，板件的临界应力为：

$$\sigma_{cr} = \frac{\sqrt{\eta}\chi k\pi^2 E}{12(1-\nu^2)}\left(\frac{t}{b}\right)^2 \tag{5-5}$$

$$\eta = 0.101\,3\lambda^2(1-0.024\,8\lambda^2 f_y/E)f_y/E \tag{5-6}$$

式中　χ——弹性嵌固系数；

k——屈曲系数；

ν——泊松比，对于钢材 $\nu=0.3$；

t——板的厚度；

b——板的的短边长度；

η——弹塑性折减系数。

按板件局部失稳不先于构件整体失稳的原则确定板件的宽度比限值，即

$$\frac{\sqrt{\eta}\chi k\pi^2 E}{12(1-\nu^2)}\frac{t}{b} \geqslant \varphi f_y \tag{5-7}$$

二、翼缘外伸宽厚比限值

图 5-7 中工字形截面翼缘可视为一边自由三边简支的均匀受压板，取屈曲系数 $k=0.425$，弹性嵌固系数 $\chi=1.0$，由式(5-7)可得到翼缘外伸部分的宽厚比 b/t 与长细比 λ 的关系曲线。为便于设计，《规范》采用简化的直线式表达：

$$\frac{b}{t} \leqslant (10 + 0.1\lambda)\sqrt{\frac{235}{f_y}} \tag{5-8}$$

式中　λ——构件两个方向长细比的较大值，当 $\lambda < 30$ 时，取 $\lambda = 30$，当 $\lambda > 100$ 时，取 $\lambda = 100$。

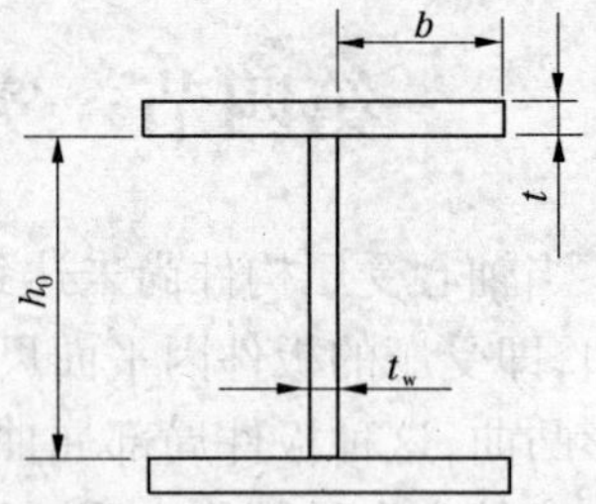

图 5-7　焊接工字形截面

三、腹板高厚比的限值

腹板可视为四边支承板，仿照上面的方法，取 $k = 4$，$\chi = 1.3$，得到腹板高厚比限值 h_0/t_w 与 λ 关系曲线，经简化后得：

$$\frac{h_0}{t_w} \leqslant (25 + 0.5\lambda)\sqrt{\frac{235}{f_y}} \tag{5-9}$$

式中　λ——构件两个方向长细比的较大值，$30 \leqslant \lambda \leqslant 100$。

第五节　实腹式轴心受压柱的设计

一、设计原则

实腹式轴心受压柱的设计应满足强度、刚度、整体稳定和局部稳定要求。设计时考虑以下几个原则：

(1)截面面积的分布应尽量远离主轴线，以增大截面的惯性矩和回转半径，从而提高柱的整体稳定性和刚度；

(2)使两个主轴方向的稳定性相等，即 $\varphi_x = \varphi_y$；

(3)构造简单，便于制作；

(4)便于与其他构件连接；

(5)选用便于供应的钢材规格。

二、截面设计

首先根据截面的设计原则选定合适的截面形式和钢材，再选择截面尺寸，然后进行验算。具体步骤如下：

(1)假定柱的长细比 λ，求出所需要的截面面积 A。根据以往设计经验，一般可假定 $\lambda = 40 \sim 100$。当压力大而计算长度小时取较小值，反之取较大值。根据截面类别、钢材种类和 λ，查整体稳定系数 φ，则需要的截面面积为：

$$A = \frac{N}{\varphi f}$$

(2)求两个主轴所需的回转半径：

$$i_x = \frac{l_{0x}}{\lambda}, i_y = \frac{l_{0y}}{\lambda}$$

(3)根据截面面积 A 和回转半径 i_x、i_y 优先选用型钢，如普通工字钢、H 型钢等。当型钢规格不满足要求时，可采用组合截面，一般根据回转半径初步定出截面的轮廓尺寸 h 和 b。

$$h \approx \frac{i_x}{\alpha_1}, b \approx \frac{i_y}{\alpha_2}$$

式中，α_1、α_2 为系数，表示 h、b 和回转半径 i_x、i_y 之间的近似数值关系，常用截面的 α_1、α_2 值见表 5-6。

表 5-6　各种截面回转半径的近似值

截面	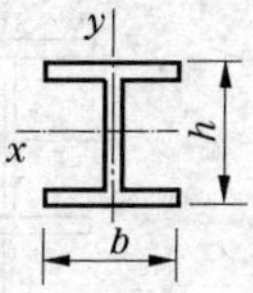	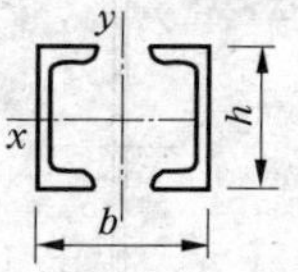	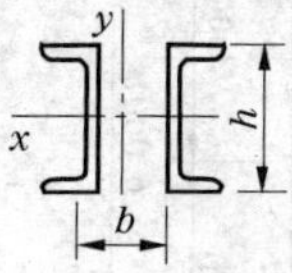	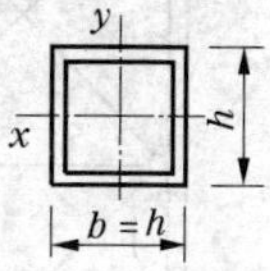
$i_x=\alpha_1 h$	$0.43h$	$0.38h$	$0.38h$	$0.40h$
$i_y=\alpha_2 b$	$0.24b$	$0.44b$	$0.60b$	$0.40b$
截面	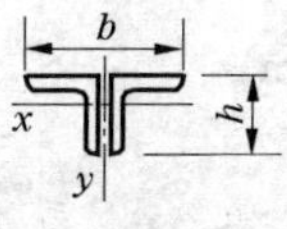 等边	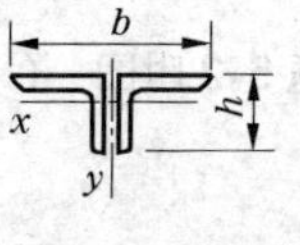 短边相连	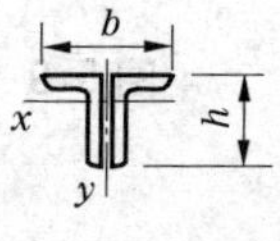 长边相连	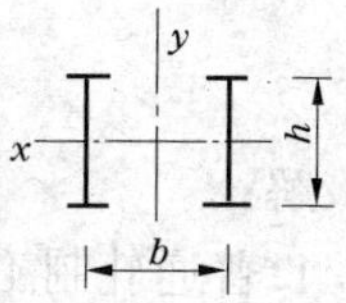
$i_x=\alpha_1 h$	$0.30h$	$0.28h$	$0.32h$	$0.39h$
$i_y=\alpha_2 b$	$0.21b$	$0.24b$	$0.20b$	$0.50b$

(4)根据 A、h、b，并考虑构造要求和局部稳定等，初拟截面尺寸。

(5)计算截面的几何特征并验算柱的强度、整体稳定、局部稳定和刚度。

三、构造要求

当实腹柱的腹板高厚比 $h_0/t_w > 80\sqrt{235/f_y}$ 时，为防止腹板在施工和运输过程中发生变形，提高柱的抗扭刚度，应设置如图 5-8 所示的成对横向加劲肋。其间距不得大于 $3h_0$，截面尺寸满足有关规定要求。

对大型实腹柱，为增加其抗扭刚度，应设置横隔(加宽的横向加劲肋)。横隔的间距不得大于柱截面较大宽度的 9 倍或 8m，且在运输单元的两端均应设置。另外，在受有较大水平力处亦应设置，为防止柱局部弯曲变形。

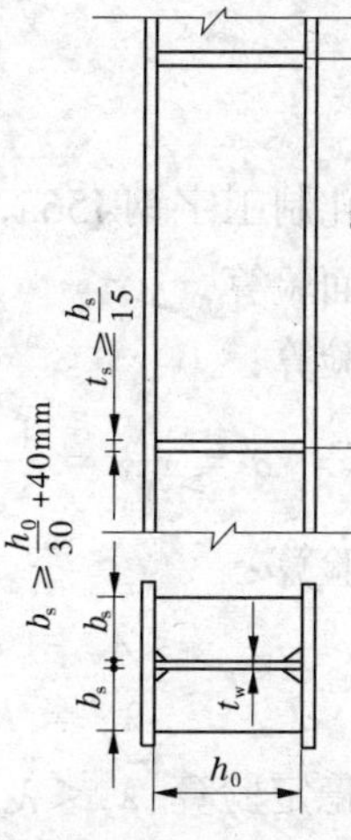

图 5-8　实腹式柱的横向加劲肋

轴心受压实腹柱的纵向焊缝(翼缘与腹板的连接焊

缝)受力很小,其连接焊缝一般按构造取 $h_f = 4 \sim 8mm$。

【例题 5-2】 图 5-9 所示为一管道支架,其支柱的设计压力 $N = 1\,600kN$(设计值),柱两端铰接,$i_{0x} = 6\,000mm$,$i_{0y} = 3\,000mm$,钢材为 Q235 钢,截面无孔眼削弱。设计此支柱的截面:①用普通轧制工字钢截面;②用焊接工字形截面,翼缘板为焰切边。

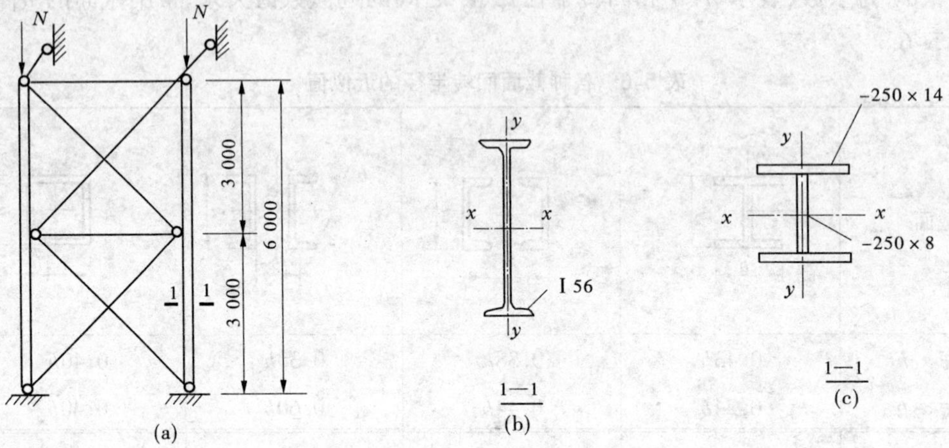

图 5-9 例题 5-2 附图 (单位:mm)

解:

1. 普通轧制工字钢

1)试选截面

假定 $\lambda = 90$,对于轧制工字钢,绕 x 轴属于 a 类截面,由附表 4-1 查得 $\varphi_x = 0.714$;绕 y 轴属于 b 类截面,由附表 4-2 查得 $\varphi_y = 0.621$,所需截面几何量为:

$$A = \frac{N}{\varphi_{\min} f} = \frac{1\,600 \times 10^3}{0.621 \times 215} = 11\,984(mm^2)$$

$$i_x = \frac{l_{0x}}{\lambda} = \frac{6\,000}{90} = 66.7(mm)$$

$$i_y = \frac{l_{0y}}{\lambda} = \frac{3\,000}{90} = 33.3(mm)$$

试选轧制工字钢 I56a,如图 5-9(b)所示,$A = 13\,500mm^2$,$i_x = 220mm$,$i_y = 31.8mm$。

2)截面验算

强度验算:

$$\sigma = \frac{N}{A_n} = \frac{1\,600 \times 10^3}{13\,500} = 118.5(N/mm^2) < f = 205N/mm^2$$

刚度验算:

$$\lambda_x = l_{0x}/i_x = 6\,000/220 = 27.3 < [\lambda] = 150$$

$$\lambda_y = l_{0y}/i_y = 3\,000/31.8 = 94.3 < [\lambda] = 150$$

整体稳定验算:$\lambda_x < \lambda_y$,由附表 4-2 查得 $\varphi_y = 0.591$,则:

$$\frac{N}{\varphi A} = \frac{1\,600 \times 10^3}{0.591 \times 13\,500} = 200.5(N/mm^2) < f = 205N/mm^2$$

从以上计算结果可以看出，若截面无孔眼削弱，轴心受压构件的承载力是由整体稳定决定的，可以不进行强度验算。对于热轧型钢截面，由于其板件的宽厚比较小，一般能满足要求，因此可不进行局部稳定验算。

2. 焊接工字形截面

1）初选截面

由于焊接工字形截面可以选用宽翼缘的形式，截面宽度较大，因此长细比的假设值可适当减小，假定 $\lambda=60$，对于宽翼缘焊接工字形截面，因 $b/h>0.8$，不论对 x、y 轴都属于 b 类截面，由附表 4-2 查得 $\varphi=0.807$，所需截面几何量为：

$$A=\frac{N}{\varphi f}=\frac{1\,600\times10^3}{0.807\times215}=9\,222(\mathrm{mm}^2)$$

$$i_x=\frac{l_{0x}}{\lambda}=\frac{6\,000}{60}=100(\mathrm{mm})$$

$$i_y=\frac{l_{0y}}{\lambda}=\frac{3\,000}{60}=50(\mathrm{mm})$$

选工字钢截面如图 5-9(c)所示，翼缘为 250mm×14mm，腹板为 250mm×8mm，其截面面积：

$$A=2\times250\times14+250\times8=9\,000(\mathrm{mm}^2)$$

$$I_x=\frac{1}{12}\times(250\times278^3-242\times250^3)=1.325\times10^8(\mathrm{mm}^4)$$

$$I_y=2\times\frac{1}{12}\times14\times250^3=3.646\times10^7(\mathrm{mm}^4)$$

$$i_x=\sqrt{\frac{I_x}{A}}=\sqrt{\frac{1.325\times10^8}{9\,000}}=121.3(\mathrm{mm})$$

$$i_y=\sqrt{\frac{I_y}{A}}=\sqrt{\frac{3.646\times10^7}{9\,000}}=63.6(\mathrm{mm})$$

2）截面验算

刚度验算：

$$\lambda_x=l_{0x}/i_x=6\,000/121.3=49.5<[\lambda]=150$$

$$\lambda_y=l_{0y}/i_y=3\,000/63.6=47.2<[\lambda]=150$$

整体稳定：$\lambda_x>\lambda_y$，由附表 4-2 查得 $\varphi_y=0.859$，则：

$$\frac{N}{\varphi A}=\frac{1\,600\times10^3}{0.859\times9\,000}=207(\mathrm{N/mm^2})<f=215\mathrm{N/mm^2}$$

局部稳定验算：

翼缘

$$b/t=125/14=8.9\leqslant(10+0.1\lambda)\sqrt{235/f_y}=(10+0.1\times49.5)\sqrt{235/235}=14.95$$

腹板

$$h_0/t_w=250/8=31.25\leqslant(25+0.5\lambda)\sqrt{235/f_y}=(25+0.5\times49.5)\sqrt{235/235}=49.75$$

截面无孔眼削弱，不必验算强度。

从计算结果可知，普通轧制工字钢截面要比用焊接工字形截面约大 50%，这是由于普通轧制工字钢绕弱轴的回转半径太小,承载能力由弱轴控制,显然是不经济的。但焊接工字形截面的焊接工作量大,设计时应综合考虑。

思考题

5-1 轴心受拉构件和轴心受压构件满足承载能力极限状态的要求有何区别?

5-2 提高轴心压杆的抗压强度能否提高稳定承载能力?为什么?

5-3 轴心受压构件的稳定系数 φ 为什么要按截面形式和对应轴分成4类?同一截面关于两个主轴的截面类别是否一定相同?为什么?

5-4 影响轴心受压构件的稳定验算公式中,长细比 λ 为什么取两方向的较大值?

5-5 型钢制作的轴心受压构件是否要进行局部验算?

5-6 影响轴心受压构件稳定承载力的因素有哪些?提高稳定承载力的措施有哪些?

5-7 轴心受压构件为什么要进行刚度计算?

5-8 轴心受压构件满足整体稳定要求时,是否还要进行强度计算?为什么?

计算题

5-1 某水平放置两端铰接的Q235钢做成的轴心受拉构件,长9m,截面为2∠100×8组成的肢尖向下的T形截面。试计算其所能承受的拉力设计值。

5-2 试验算图5-10所示焊接工字形截面柱(翼缘为焰切边)。轴心压力设计值 $N=4\ 500$kN,柱的计算长度 $l_{0x}=l_{0y}=6$m,钢材为Q235钢,截面无削弱。

5-3 图5-11(a)、(b)所示两种截面(翼缘为焰切边)的截面面积相等,钢材为Q235钢,柱高9m,两端铰接,截面无削弱。试分别计算这两种截面所能承受的最大轴心压力设计值,并加以比较。

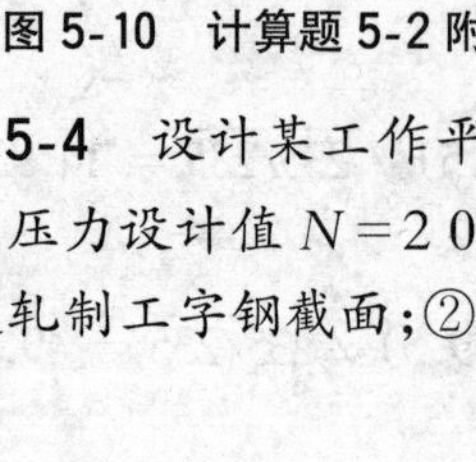

图5-10 计算题5-2附图

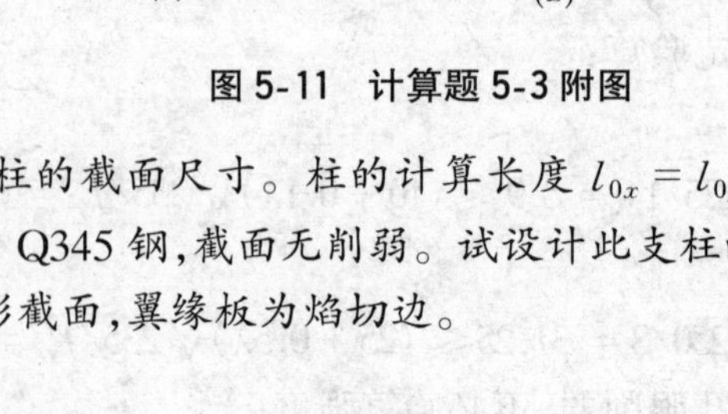

图5-11 计算题5-3附图

5-4 设计某工作平台轴心受压柱的截面尺寸。柱的计算长度 $l_{0x}=l_{0y}=6$m,承受轴心压力设计值 $N=2\ 000$kN,钢材为Q345钢,截面无削弱。试设计此支柱的截面:①用普通轧制工字钢截面;②用焊接工字形截面,翼缘板为焰切边。

第六章　拉弯和压弯构件

第一节　拉弯和压弯构件的类型与应用

拉弯、压弯构件是指同时承受轴心拉力或压力 N 以及弯矩 M 的构件，也常称为偏心受拉构件或偏心受压构件，如图 6-1(a)、(b)所示。弯矩可以由轴向力的偏心作用、端弯矩作用或横向荷载作用三种因素造成。当弯矩作用在截面的一个主轴平面内时，弯曲变形只在一个方向产生，称为单向拉弯或单向压弯构件；当弯矩作用在两个主轴平面时，弯曲变形将同时在两个方向发生，称为双向拉弯或压弯构件。

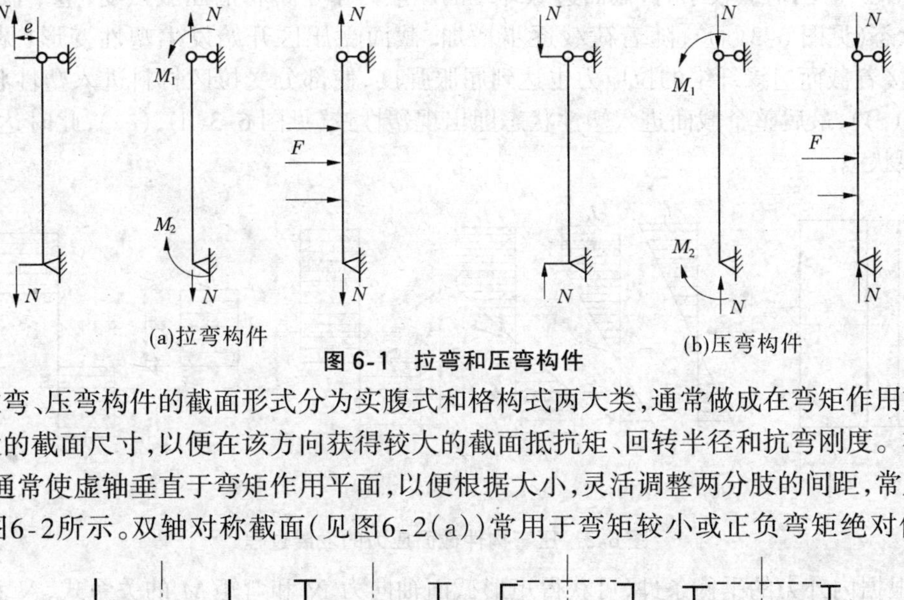

图 6-1　拉弯和压弯构件

拉弯、压弯构件的截面形式分为实腹式和格构式两大类，通常做成在弯矩作用方向具有较大的截面尺寸，以便在该方向获得较大的截面抵抗矩、回转半径和抗弯刚度。在格构式中，通常使虚轴垂直于弯矩作用平面，以便根据大小，灵活调整两分肢的间距，常用的形式 如图6-2所示。双轴对称截面（见图6-2(a)）常用于弯矩较小或正负弯矩绝对值大致

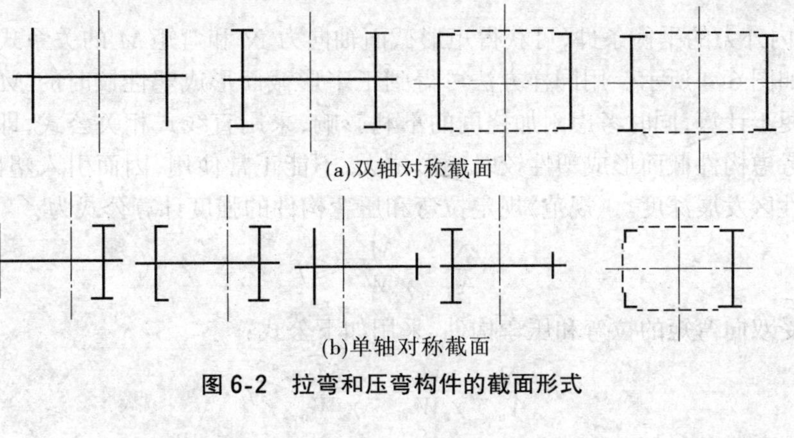

图 6-2　拉弯和压弯构件的截面形式

相等，以及使用上宜采用对称截面的构件；单轴对称截面（见图 6-2(b)）常用于单向弯曲或正负弯矩相差较大的压弯构件。

在钢结构中，拉弯、压弯构件的应用十分广泛，例如有节间荷载作用的桁架上下弦杆、受风荷作用的框架柱，以及单层厂房的边柱等。

与轴心受力构件一样，在进行拉弯和压弯构件设计时，应同时满足承载能力极限状态和正常使用极限状态的要求。拉弯构件应满足强度和刚度的要求；压弯构件应满足强度、刚度、整体稳定和局部稳定的要求。

第二节　拉弯、压弯构件的强度和刚度

一、拉弯、压弯构件的强度

考虑钢材的塑性性能，承受静力荷载的拉弯和压弯构件的强度计算，以截面出现塑性铰为强度极限。在压力 N 和弯矩 M 作用下，以矩形截面压弯构件为例说明其强度计算（见图 6-3）。当荷载较小时，截面边缘纤维的压应力小于钢材的屈服强度，整个截面处于弹性状态（见图 6-3(a)），随着荷载逐步增加，截面受压区开始发生塑性变形（见图 6-3(b)），接着截面边缘纤维的拉应力也达到屈服强度，使部分受拉区材料进入塑性状态（见图 6-3(c)），最后整个截面进入塑性状态即出现塑性铰（见图 6-3(d)、(e)），此时达到承载力极限状态。

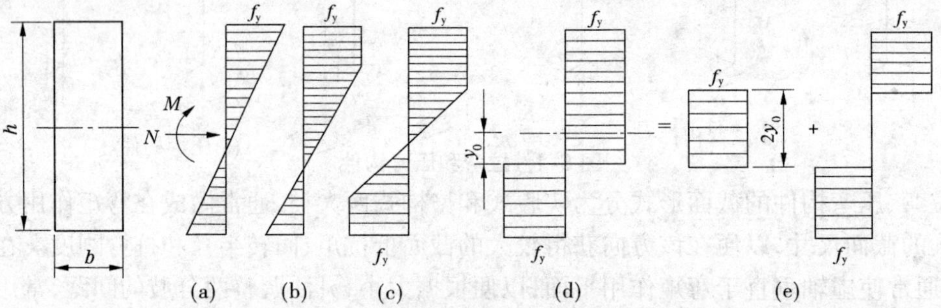

图 6-3　压弯构件截面应力的发展过程

根据内外力的平衡条件，可获得矩形截面轴向力 N 和弯矩 M 的关系式，N 和 M 的相关曲线如图 6-4 所示。用同样方法可得到工字形截面形成塑性铰时的 M—N 相关公式。为了便于计算，同时考虑附加挠度的不利影响，采用直线式相关公式，即用斜直线代替曲线。考虑构件截面形成塑性铰时变形过大，不能正常使用，因而引入塑性发展系数，以控制塑性区发展深度。《规范》规定拉弯和压弯构件的强度计算公式为：

$$\frac{N}{A_{\mathrm{n}}} \pm \frac{M_x}{\gamma_x W_{\mathrm{n}x}} \leqslant f \tag{6-1}$$

对承受双向弯矩的拉弯和压弯构件，采用如下公式：

$$\frac{N}{A_{\mathrm{n}}} \pm \frac{M_x}{\gamma_x W_{\mathrm{n}x}} \pm \frac{M_y}{\gamma_y W_{\mathrm{n}y}} \leqslant f \tag{6-2}$$

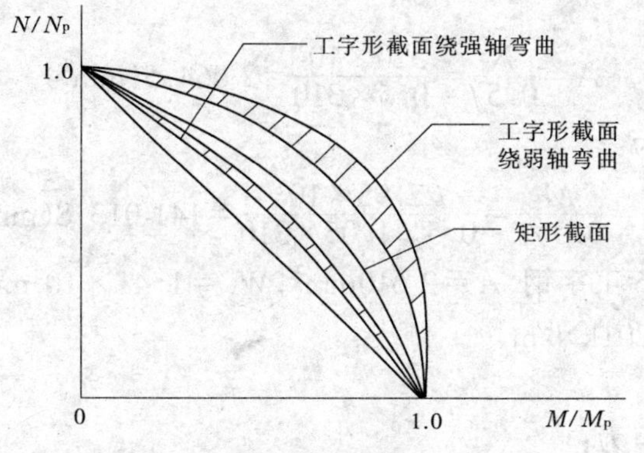

图 6-4 压弯构件强度相关曲线

式中 A_n——净截面面积；

W_{nx}、W_{ny}——对 x 轴和 y 轴的净截面抵抗矩；

γ_x、γ_y——截面塑性发展系数，按表 4-1 采用。

二、拉弯和压弯构件的刚度

拉弯、压弯构件的刚度验算同轴心受力构件，用长细比来控制。对刚度的要求是：

$$\lambda_{max} \leqslant [\lambda] \tag{6-3}$$

式中 λ_{max}——构件最不利方向的长细比最大值；

$[\lambda]$——构件容许长细比，按表 5-1 或表 5-2 选用。

【例题 6-1】 试计算图 6-5 所示拉弯构件的强度和刚度。轴向拉力设计值 $N=320\text{kN}$，杆中点横向集中荷载设计值 $F=18\text{kN}$，静力荷载。钢材为 Q345 钢，截面无削弱。

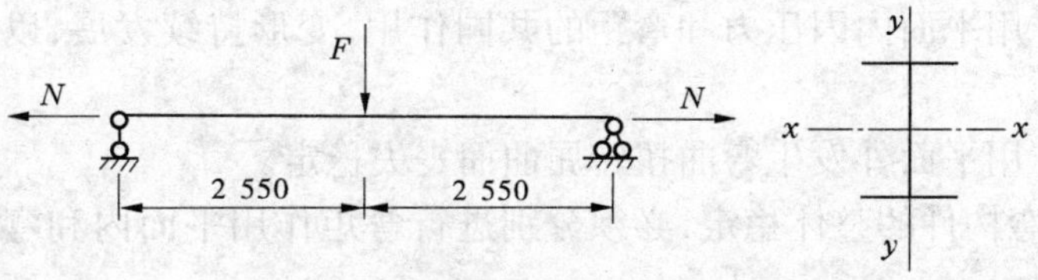

图 6-5 例题 6-1 附图 （单位:mm）

解：

设采用普通工字钢。先按第 1 组考虑，$f=310\text{N/mm}^2$。

1. 内力计算

轴向拉力：

$$N=320\text{kN}$$

弯矩：

$$M=\frac{1}{4}Fl=\frac{1}{4}\times 18\times 5.1=22.95(\text{kN}\cdot\text{m})$$

2. 截面选择

设：

$$A=\frac{N}{0.5f}=\frac{320\times10^3}{0.5\times310}=2\ 064.5(\text{mm}^2)$$

所需截面抵抗矩为：

$$W_{\text{n}}=\frac{M}{0.5\gamma f}=\frac{22.95\times10^6}{0.5\times1.05\times310}=141\ 013.8(\text{mm}^3)$$

查附表 5-1,选 I16 工字钢,$A=2\ 610\text{mm}^2$,$W_x=1.41\times10^5\text{mm}^3$,$i_x=65.7\text{mm}$,$i_y=18.9\text{mm}$,自重 $g_{\text{k}}=0.201\text{kN/m}$。

3.强度验算

考虑自重后的弯矩为：

$$M_x=M+\frac{1}{8}\gamma_G g_{\text{k}}l^2=22.95+\frac{1}{8}\times1.2\times0.201\times5.1^2=23.73(\text{kN·m})$$

$$\frac{N}{A_{\text{n}}}+\frac{M_x}{\gamma W_{\text{n}x}}=\frac{320\times10^3}{2\ 610}+\frac{23.73\times10^6}{1.05\times1.41\times10^5}=122.6+160.3=282.9(\text{N/mm}^2)$$
$$<f=310\text{N/mm}^2$$

4.刚度验算

$$\lambda_x=5\ 100/65.7=77.6<[\lambda]=350$$
$$\lambda_y=5\ 100/18.9=269.8<[\lambda]=350$$

满足要求。

第三节　压弯构件的整体稳定

压弯构件的承载力决定于构件的整体稳定与强度,通常由整体稳定控制,其整体稳定的丧失可能有下面两种情况：

(1)在弯矩作用平面内因压力和弯距的共同作用,变形持续发展,以致构件丧失稳定承载力。

(2)在弯矩作用平面外发生弯曲扭转屈曲而丧失稳定。

为了保证压弯构件的整体稳定,必须分别进行弯矩作用平面内和弯矩作用平面外的稳定计算。

一、弯矩作用平面内的稳定

目前,确定压弯构件弯矩作用平面内极限承载力的方法可分为两大类。一类为边缘纤维屈服准则的计算方法,另一类为精度较高的数值计算方法。

(一)边缘纤维屈服准则

边缘纤维屈服准则是用应力问题代替稳定计算的近似方法,即以构件截面应力最大的边缘纤维开始屈服时的荷载作为压弯构件的稳定承载力。对截面的受压最大纤维达屈服时这一准则的表达式为：

$$\frac{N}{A}+\frac{M_{\max}}{W_{1x}}=f_{\text{y}} \tag{6-4}$$

式中　N——轴心压力；

$M_{\max}$——考虑 N 和初始缺陷影响后的最大弯矩；

A——构件的毛截面面积；

W_{1x}——较大受压边缘的毛截面抵抗矩。

轴心压力 N 对初始挠度起放大作用(见图 6-6)，并导出放大系数为 $1/(1-N/N_{Ex})$，其中 $N_{Ex}=\pi^2 EA/\lambda_x^2$ 为欧拉临界力。N 对其他荷载作用下的压弯构件的挠度放大系数，一般可近似用此式表达。

考虑初始缺陷的影响，通常用一等效初弯曲或等效初偏心来综合考虑各种初始缺陷的影响。将数值代入式(6-4)，经整理得：

$$\frac{N}{\varphi_x A}+\frac{\beta_{mx}M_x}{W_{1x}(1-\varphi_x N/N_{Ex})}=f_y \tag{6-5}$$

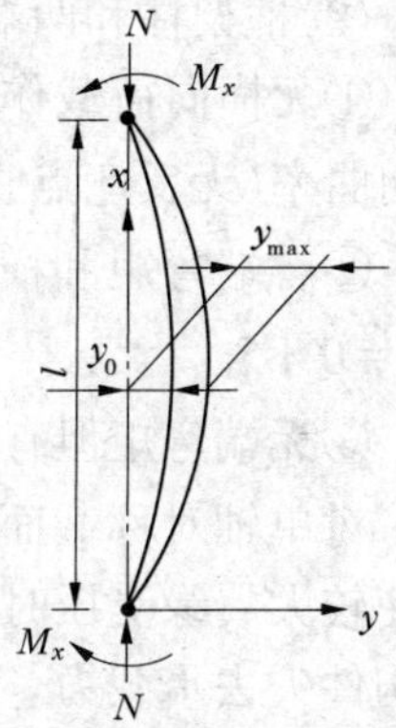

图 6-6　两端铰接压弯构件

式中　M_x——横向荷载在杆中点产生的弯距；

β_{mx}——等效弯矩系数；

φ_x——弯矩作用平面内轴心受压构件整体稳定系数。

(二)最大强度准则

边缘纤维屈服准则是考虑构件截面应力最大纤维屈服时构件即失去承载力而发生破坏，适用于腹部空旷的格构式构件。对实腹式压弯构件，当受压最大边缘纤维屈服之后仍可继续承受较大荷载，即容许截面发展塑性。因此，压弯构件宜采用最大强度准则，采用考虑各种初始缺陷的计算模型，确定弯矩作用平面内的极限承载力。

《规范》借用弹性压弯构件边缘纤维屈服时计算公式的形式，但在计算弯曲应力时考虑了截面塑性发展和二阶弯矩，将轴压杆整体稳定系数 φ_x 取为定值 0.8，对初弯曲和残余应力的影响则用等效偏心距离 e_0 代替，最后提出一近似相关公式：

$$\frac{N}{\varphi_x A}+\frac{M_x}{W_{px}(1-0.8N/N_{Ex})}=f_y \tag{6-6}$$

式中　W_{px}——截面塑性抵抗矩；

其他符号含义同前。

(三)弯矩作用平面内整体稳定的实用计算公式

《规范》用等效弯距 $\beta_{mx}M_x$ 来代替 M_x，考虑截面部分塑性的发展，取 $W_{px}=\gamma_x W_{1x}$，并引入抗力分项系数，得到实腹式压弯构件在弯矩作用平面内的稳定计算式：

$$\frac{N}{\varphi_x A}+\frac{\beta_{mx}M_x}{\gamma_x W_{1x}(1-0.8N/N'_{Ex})}\leqslant f \tag{6-7}$$

式中　N——轴向压力；

M_x——所计算构件段范围内的最大弯矩；

φ_x——弯矩作用平面内轴心受压构件的整体稳定系数；

W_{1x}——弯矩作用平面内最大受压纤维的毛截面抵抗矩；

N'_{Ex}——参数，$N'_{Ex}=\pi^2 EA/(1.1\lambda_x^2)$；

γ_x——截面塑性发展系数，按表 4-1 采用；

β_{mx}——等效弯矩系数，按下列规定取值。

(1)悬臂构件，$\beta_{mx}=1.0$。

(2)框架柱和两端支承的构件：

①无横向荷载作用时，$\beta_{mx}=0.65+0.34M_2/M_1$，$M_1$ 和 M_2 为端弯矩，使构件产生同向曲率(无反弯点)时取同号，产生反向曲率(有反弯点)时取异号，$|M_1|\geqslant|M_2|$。

②有端弯矩和横向荷载同时作用时，产生同向曲率时 $\beta_{mx}=1.0$，产生反向曲率时，$\beta_{mx}=0.85$。

③无端弯矩但有横向荷载作用时，$\beta_{mx}=1.0$。

对单轴对称截面的压弯构件(如 T 形、双角钢 T 形等)，当弯矩作用于对称轴平面内且使较大翼缘受压时，较小翼缘有可能由于拉应力较大而先于受压区进入塑性状态而导致构件失去承载力。因此，除按式(6-7)计算外，还应按式(6-8)计算。

$$\left|\frac{N}{A}-\frac{\beta_{mx}M_x}{\gamma_x W_{2x}(1-1.25N/N'_{Ex})}\right|\leqslant f \tag{6-8}$$

式中 W_{2x}——受拉侧最外纤维的毛截面抵抗矩；

γ_x——与 W_{2x} 相应的截面塑性发展系数；

1.25——经过与理论计算结果比较后引进的修正系数；

其余符号含义同式(6-7)中。

二、弯矩作用平面外的稳定

压弯构件在弯矩作用平面外失稳前，既有轴压变形，又有弯矩作用平面内弯曲变形，屈曲时又产生侧向弯曲和扭转，因而其变形形态为以上四种变形的叠加。若再考虑初始缺陷的影响，则问题更加复杂。《规范》采用的相关公式是在理论分析的基础上结合试验结果建立的。压弯构件在弯矩作用平面外的稳定计算公式为：

$$\frac{N}{\varphi_y A}+\eta\frac{\beta_{tx}M_x}{\varphi_b W_{1x}}\leqslant f \tag{6-9}$$

式中 M_x——所计算构件段范围内的最大弯矩设计值；

φ_y——弯矩作用平面外的轴心受压构件的稳定系数；

φ_b——均匀弯曲的受弯构件整体稳定系数，对工字形截面和 T 形截面可采用其近似公式进行计算，见附录三附式(3-4)和附式(3-5)，对闭口截面，取 φ_b 为 1.0；

β_{tx}——等效弯矩系数，取值方法与弯矩作用平面内的等效弯矩系数 β_{mx} 相同；

η——截面影响系数，对于闭口截面取 0.7，其他截面取 1.0。

【例题 6-2】 某压弯构件受力、侧向支撑、截面尺寸如图 6-7 所示，钢材为 Q345—B 钢，翼缘为火焰切割边；构件承受荷载设计值为 $F=98\text{kN}$(标准值 $F_k=70\text{kN}$)，轴向压力 $N=860\text{kN}$(标准值 $N_k=645\text{kN}$)。试验算所用截面是否满足强度、刚度和整体稳定要求。

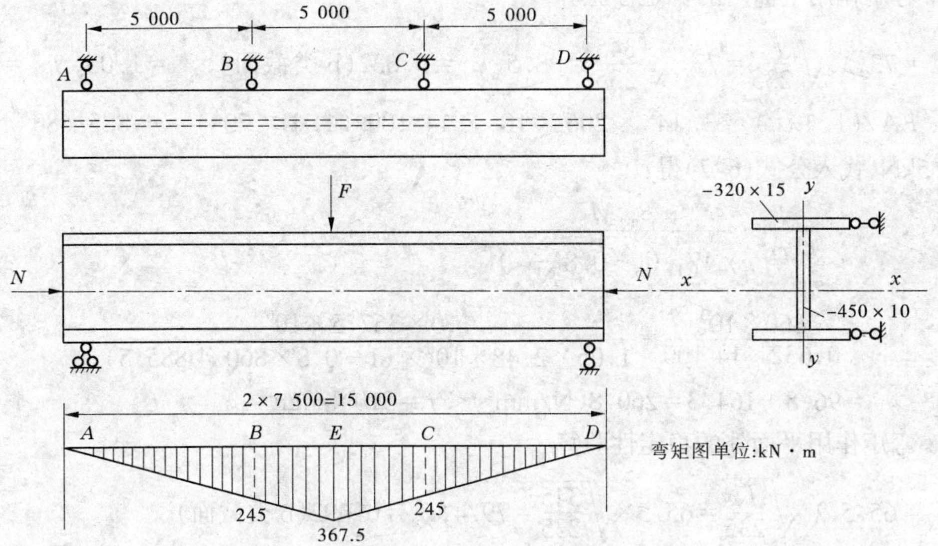

图 6-7　例题 6-2 附图　(长度单位:mm)

解:

钢材的设计强度 $f=310\text{N/mm}^2$。

1. 计算内力

$$M_x=\frac{Fl}{4}=\frac{98\times 15}{4}=367.5(\text{kN·m})$$

$$N=860\text{kN}$$

2. 截面几何特征

$$A=320\times 15\times 2+450\times 10=14\ 100(\text{mm}^2)$$

$$I_x=(320\times 480^3-310\times 450^3)/12=5.95\times 10^8(\text{mm}^4)$$

$$W_x=5.95\times 10^8/240=2.48\times 10^6(\text{mm}^3)$$

$$I_y=(2\times 15\times 320^3+450\times 10^3)/12=8.2\times 10^7(\text{mm}^4)$$

$$i_x=\sqrt{I_x/A}=\sqrt{5.95\times 10^8/14\ 100}=205.4(\text{mm})$$

$$i_y=\sqrt{I_y/A}=\sqrt{8.2\times 10^7/14\ 100}=76.3(\text{mm})$$

3. 强度验算

$$\gamma_x=1.05$$

$$\frac{N}{A_n}+\frac{M_x}{\gamma_x W_{nx}}=\frac{860\times 10^3}{14\ 100}+\frac{367.5\times 10^6}{1.05\times 2.48\times 10^6}$$

$$=61+141.1=202.1(\text{N/mm}^2)<f=310\text{N/mm}^2$$

4. 刚度验算

$$\lambda_x=\frac{l_{0x}}{i_x}=\frac{15\ 000}{205.4}=73<[\lambda]=150$$

$$\lambda_y=\frac{l_{0y}}{i_y}=\frac{5\ 000}{76.3}=65.5<[\lambda]=150$$

5. 弯矩作用平面内的稳定性验算

$\lambda_x=73,\lambda_x\sqrt{\frac{f_y}{235}}=73\times\sqrt{\frac{345}{235}}=88.5,\varphi_x=0.632$(b 类截面),$\gamma_x=1.05,\beta_{mx}=1.0$,$N'_{Ex}=\pi^2EA/(1.1\lambda_x^2)=3.14^2\times206\times10^3\times14\ 100/(1.1\times73^2)=4\ 885\ 480(\mathrm{N})=$ 4 885.5kN,代入公式(6-7)得:

$$\frac{N}{\varphi_xA}+\frac{\beta_{mx}M_x}{\gamma_xW_{1x}(1-0.8\frac{N}{N'_{Ex}})}$$

$$=\frac{860\times10^3}{0.632\times14\ 100}+\frac{1.0\times367.5\times10^6}{1.05\times2.48\times10^6\times(1-0.8\times860/4\ 885.5)}$$

$$=96.5+164.3=260.8(\mathrm{N/mm^2})<f=310\mathrm{N/mm^2}$$

6. 弯矩作用平面外的稳定性验算

$$\lambda_y=65.5,\lambda_y\sqrt{\frac{f_y}{235}}=65.5\times\sqrt{\frac{345}{235}}=79.4,\varphi_y=0.692(\text{b 类截面})$$

因为 $$\lambda_y=65.5<120\times\sqrt{\frac{235}{f_y}}=120\times\sqrt{\frac{235}{345}}=99.0$$

所以可用公式近似计算 φ_b(详见附录三):

$$\varphi_b=1.07-\frac{\lambda_y^2}{44\ 000}\times\frac{f_y}{235}=1.07-\frac{65.5^2}{44\ 000}\times\frac{345}{235}=0.927$$

构件在弯矩作用平面外,中间段(BC 段)最危险,该段最大弯矩 $M_x=367.5\mathrm{kN\cdot m}$,该段内有端弯矩($B$、$C$ 点弯矩均为 245kN·m)和横向荷载同时作用,该段弯矩同号,故取 $\beta_{tx}=1.0$。

$$\frac{N}{\varphi_yA}+\eta\frac{\beta_{tx}M_x}{\varphi_bW_{1x}}=\frac{860\times10^3}{0.692\times14\ 100}+1.0\times\frac{1.0\times367.5\times10^6}{0.927\times2.48\times10^6}$$

$$=88.1+159.9=248(\mathrm{N/mm^2})<f=310\mathrm{N/mm^2}$$

满足要求。

第四节　实腹式压弯构件的局部稳定

实腹式压弯构件的局部稳定与轴心受压构件和受弯构件一样,也采用限制受压翼缘和腹板宽厚比的办法来加以保证。

一、受压翼缘宽厚比的限值

工字形的压弯构件,受压翼缘的应力情况与受弯构件的翼缘基本相同,故翼缘板的自由外伸宽度 b 与其厚度 t 之比应满足式(6-10)要求。

$$\frac{b}{t}\leqslant15\times\sqrt{\frac{235}{f_y}}\tag{6-10}$$

当强度和稳定计算中取截面塑性发展系数 $\gamma=1.05$ 时,式中的限值 15 应改为 13。

二、腹板宽厚比的限值

压弯构件腹板除受不均匀压应力外还有剪应力,处于复杂应力状态,如图 6-8(b)所示,它介于图 6-8(a)和图 6-8(c)所示的两极端情况之间。前者类似于梁腹板受弯屈曲应力和剪应力的联合作用,后者类似于梁腹板受均匀应力和剪应力的联合作用。

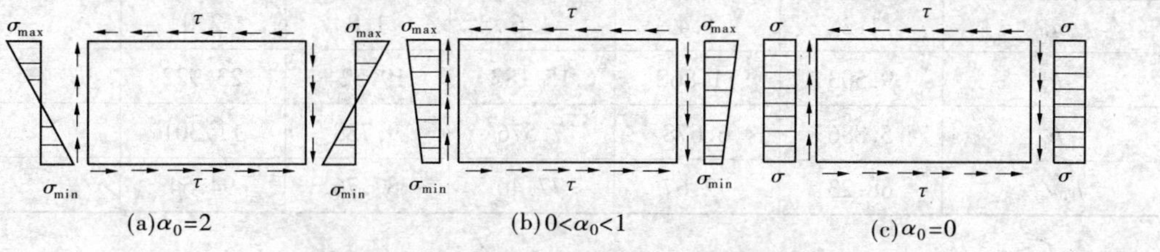

图 6-8　压弯构件腹板弹性状态的受力情况

压弯构件腹板中的剪应力使腹板屈曲的临界应力降低,但一般情况下剪应力 τ 的影响不大,对一般压弯构件可取应力梯度 $\alpha_0=2$ 和剪应力 $\tau=0.3\sigma_M$(σ_M 为弯曲正应力),得到腹板弹性屈曲临界应力为:

$$\sigma_{cr}=k_e\frac{\pi^2E}{12(1-\nu^2)}(\frac{t_w}{h_0})^2 \tag{6-11}$$

式中　k_e——弹性屈曲系数,其值与 α_0、τ/σ 有关,见表 6-1。

压弯构件失稳时,截面将不同程度地发展塑性,腹板的塑性发展深度与构件的长细比和腹板的应力梯度有关。因此,应按弹塑性稳定理论对式(6-11)加以修正,用塑性屈曲系数 k_p 代替式中的 k_e,即

$$\sigma_{cr}=k_p\frac{\pi^2E}{12(1-\nu^2)}(\frac{t_w}{h_0})^2 \tag{6-12}$$

式中　k_p——塑性屈曲系数,当 $\tau=0.3\sigma_M$,截面塑性发展深度为 $0.25h_0$ 时,见表 6-1。

压弯构件失稳时截面的塑性发展深度不仅取决于应力梯度 α_0,还与构件的长细比 λ 有关,对于长细比较小的压弯构件,整体失稳时截面的塑性发展深度实际上已超过 $0.25h_0$;而对长细比较大的压弯构件,截面塑性深度则达不到 $0.25h_0$,甚至腹板受压最大的边缘纤维还没有屈服。因此,h_0/t_w 限值宜随长细比的增大而适当放大。同时,考虑到在 $\alpha_0=0$ 时应与轴心受压构件腹板的限值协调;在 $\alpha_0=2$ 时,则应与受弯构件中考虑弯曲应力与剪应力联合作用时腹板的 h_0/t_w 要求基本一致。《规范》根据上述原则,取 Q235 钢的 $\sigma_{cr}=f_y=235N/mm^2$,$\nu=0.3$ 和 $E=206\times10^3N/mm^2$,由式(6-12)得到 h_0/t_w 与应力梯度 α_0 之间的关系(见表 6-1),将该关系近似用直线表示,即

当 $0\leqslant\alpha_0\leqslant1.6$ 时

$$h_0/t_w\leqslant(16\alpha_0+0.5\lambda+25)\sqrt{235/f_y} \tag{6-13}$$

当 $1.6<\alpha_0\leqslant2.0$ 时

$$h_0/t_w\leqslant(48\alpha_0+0.5\lambda-26.2)\sqrt{235/f_y} \tag{6-14}$$

表 6-1　k_e 和 k_p 值

α_0	0.00	0.2	0.4	0.6	0.8	1.0
k_e	4.000	4.443	4.992	5.689	6.595	7.812
k_p	4.000	3.914	3.874	4.242	4.681	5.214
h_0/t_w	56.24	55.64	55.35	57.92	60.84	64.21
α_0	1.2	1.4	1.6	1.8	2.0	
k_e	9.503	11.868	15.183	19.524	23.922	
k_p	5.886	6.678	7.576	9.738	11.301	
h_0/t_w	68.23	72.67	77.40	87.76	94.54	

式中　λ——构件在弯矩作用平面内的长细比，当 $\lambda<30$ 时，取 $\lambda=30$，当 $\lambda>100$ 时，取 $\lambda=100$。

【例题 6-3】　试验算例题 6-2 中压弯构件的局部稳定是否满足要求。

解：

1. 翼缘宽厚比

$$\frac{b}{t}=\frac{155}{15}=10.3<\left[\frac{b}{t}\right]=13\times\sqrt{\frac{235}{345}}=10.7$$

满足要求。

2. 腹板

$$\lambda_x=73$$

$$\sigma_{\min}^{\max}=\frac{N}{A}\pm\frac{M_x}{I_x}\times\frac{h_0}{2}=\frac{860\times10^3}{14\ 100}\pm\frac{367.5\times10^6}{5.95\times10^8}\times\frac{450}{2}$$

$$=61\pm139=\begin{matrix}+200\\-78\end{matrix}(\mathrm{N/mm^2})$$

$$\alpha_0=(\sigma_{\max}-\sigma_{\min})/\sigma_{\max}=(200+78)/200=1.39<1.6$$

$$\left[\frac{h_0}{t_w}\right]=(16\alpha_0+0.5\lambda+25)\sqrt{\frac{235}{f_y}}$$

$$=(16\times1.39+0.5\times73+25)\times\sqrt{235/345}=69.1$$

$$\frac{h_0}{t_w}=\frac{450}{10}=45<\left[\frac{h_0}{t_w}\right]=69.1$$

满足要求。

第五节　实腹式压弯构件的设计

实腹式压弯构件的截面形式可根据弯矩的大小和方向、构件的计算长度，选用图 6-2 中的双轴对称或单轴对称实腹式截面。设计应满足强度、刚度、整体稳定和局部稳定的要求，同时应使截面面积尽可能远离截面轴线，以获得较大的惯性矩和回转半径，并满足构造要求等。

实腹式压弯构件截面设计可按下列步骤进行：

(1)假定弯矩作用平面内的长细比 λ_x，计算 $i_x = l_{0x}/\lambda_x$，并由附表 4-1～附表 4-4 查出 φ_x。

(2)由 i_x 及表 5-6，计算 $h \approx i_x/\alpha_1$。

(3)计算$\frac{A}{W}=\frac{A}{I_x}\times\frac{h}{2}=\frac{h}{2i_x^2}$。

(4)由式(6-7)计算 A(可暂不考虑 $0.8N/N'_{Ex}$)。

$$A=\frac{1}{f}\left(\frac{N}{\varphi_x}+\frac{A}{W}\cdot\frac{\beta_{mx}M_x}{\gamma_x}\right)$$

(5)计算 $W=2Ai_x^2/h$。

(6)由弯矩作用平面外的稳定性公式(6-9)计算 φ_y：

$$\frac{1}{\varphi_y}=\frac{A}{N}\left(f-\frac{\beta_{tx}M_x}{W}\right)$$

(7)由 φ_y 查出λ_y 并计算i_y 和$b \approx i_y/\alpha_2$。

(8)根据上述 A、h、b 初选截面各部分尺寸。

(9)对初选截面进行验算：

①强度验算按式(6-1)或式(6-2)进行；

②刚度验算；

③弯矩作用平面内的整体稳定性验算按式(6-7)计算；

④弯矩作用平面外的整体稳定性验算按式(6-9)计算；

⑤局部稳定验算。

思考题

6-1 实腹式拉弯、压弯构件的强度计算公式是什么？该公式是依据怎样的工作状态制定的？

6-2 计算实腹式压弯构件在弯矩作用平面内稳定和平面外稳定的公式中的弯矩取值是否一样？若平面外设有侧向支承，取值是否又一样？

6-3 说明实腹式压弯构件弯矩作用平面内稳定验算公式$\frac{N}{\varphi_x A}+\frac{\beta_{mx}M_x}{\gamma_x W_{1x}(1-0.8N/N'_{Ex})}\leqslant f$中$\varphi_x$、$A$、$N'_{Ex}$、$W_{1x}$的意义。

6-4 实腹式压弯构件中，翼缘板宽厚比的限值如何？

6-5 在压弯构件整体稳定计算公式中，为什么要引入 β_{mx} 和β_{tx}？在哪些情况下它们的值较大？又在哪些情况下它们的值较小？

6-6 对实腹式单轴对称截面的压弯构件，当弯矩作用在对称轴平面内且使较大翼缘受压时，其整体稳定性如何验算？

6-7 试比较工字形、箱形截面的压弯构件与轴心受压构件腹板高厚比限值计算公式各有哪些不同？

6-8 实腹式压弯构件截面设计的一般步骤是什么？

6-9 工字形截面压弯构件中，翼缘板宽厚比的限值如何？

6-10 轴心受压构件、拉弯和压弯构件、钢梁的刚度应如何计算？

计算题

6-1 试验算图 6-9 所示压弯构件的强度和刚度，钢材为 Q235。

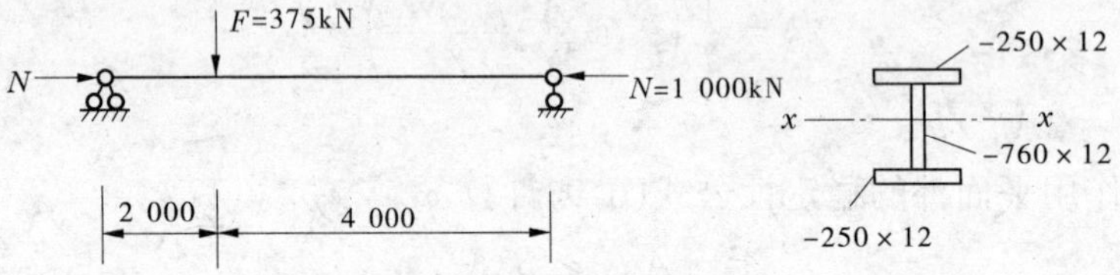

图 6-9 计算题 6-1 附图 （单位：mm）

6-2 某两端铰接的拉弯构件，采用 I22a 工字钢，Q235 钢，承受轴心拉力设计值 $N=450\text{kN}$，构件长 6m。试问绕强轴能承受多大的横向均布荷载？绕弱轴又能承受多少？

6-3 图 6-10 所示为一两端铰支焊接工字形截面压弯构件，翼缘为焰切边，杆长 9m，截面面积为 $A=8\ 480\text{mm}^2$，$I_x=32\ 997\times10^4\text{mm}^4$，钢材为 Q235 钢，作用在杆上的轴向压力设计值 $N=800\text{kN}$。试由弯矩作用平面内的稳定性确定该杆所承受的最大弯矩 M。

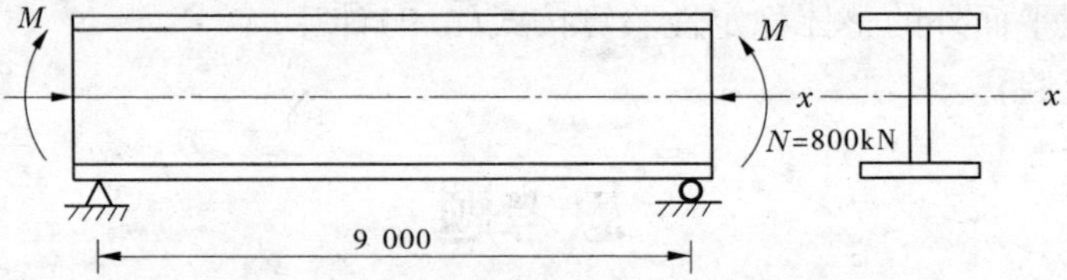

图 6-10 计算题 6-3 附图 （单位：mm）

6-4 有一两端为双向铰接长 10m 的箱形截面压弯构件，材料为 Q235 钢，截面尺寸和内力设计值如图 6-11 所示，验算其承载力。

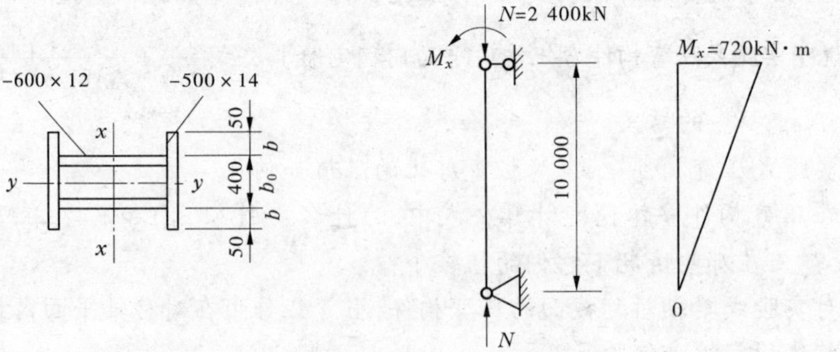

图 6-11 计算题 6-4 附图 （单位：mm）

6-5 如图 6-12 所示为 Q235 钢焰切边的工字形截面柱，两端铰接，中间 1/3 处有侧向支承，截面无削弱，构件承受轴向压力设计值 $N = 900\text{kN}$（标准值 $N_k = 675\text{kN}$）；跨中集中力设计值 $F = 100\text{kN}$（标准值 $F_k = 71.4\text{kN}$）。验算所用截面是否满足强度、刚度和整体稳定要求。

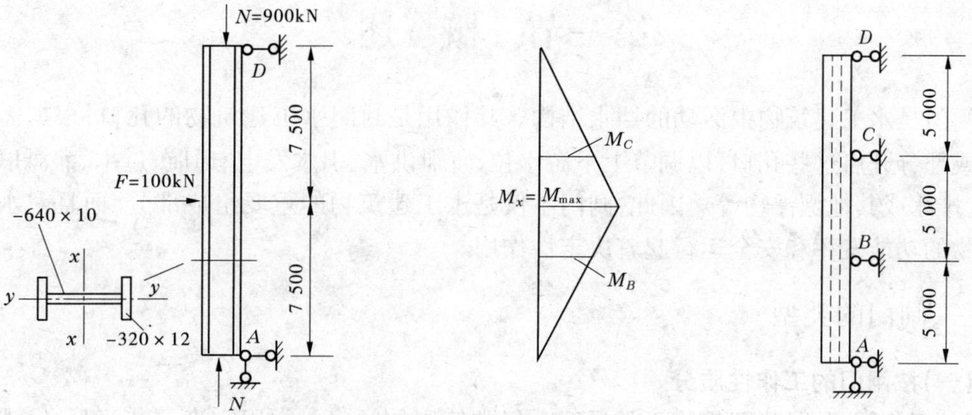

图 6-12　计算题 6-5 附图　（单位：mm）

第七章 平面钢闸门

第一节 概 述

闸门是水工建筑物中活动的挡水结构。其作用是封闭水工建筑物的孔口,根据需要开启或部分开启这些孔口,以调节上下游水位、宣泄洪水、引水发电、通航、过木、灌溉以及排沙、排冰或其他漂浮物等。因此,闸门不仅是水工建筑物的重要组成部分,而且对水工建筑物的功能发挥和安全运行起着决定性作用。

一、闸门的类型

(一)按闸门的工作性质分

(1)工作闸门:是指建筑物正常运行时经常使用的闸门。常用它来调节流量、宣泄洪水等,并要求能在动水中关闭和开启。因此,也称为主闸门或控制闸门。

(2)事故闸门:是指当闸门的上游或下游水道或设备发生故障时,能在动水中关闭的闸门。如水电站发电引水管道前面的闸门,要求在设备发生故障时,能在动水条件下关闭闸门,切断水流,防止事故的进一步扩大,并在事故消除后,门后冲水平压,在静水条件下开启闸门,当需要快速关闭时,则称为快速事故闸门。

(3)检修闸门:是专供工作闸门或水工建筑物的某一部位或设备需要检修时使用的闸门,在静水中启闭。

(4)施工闸门:是指用来封堵施工导流孔口的闸门。这种闸门在动水中关闭。

(5)尾水闸门:通常用在水电站或抽水站的尾水口。当机房发生事故需要检修或正常维修时,放下尾水闸门,抽干机坑内的水后进行检修。尾水闸门一般是在静水中启闭。

(二)按闸门设置部位分

(1)露顶闸门:当闸门在孔口关闭位置时,其门叶上缘高于挡水水位的闸门。

(2)潜孔闸门:当闸门在孔口关闭位置时,其门叶上缘低于挡水水位的闸门。

(三)按闸门的材料分

闸门按其承重结构所用材料,可分为钢闸门、钢筋混凝土和钢丝网水泥闸门、木闸门和球墨铸铁闸门等。

(四)按闸门的形式分

(1)平面闸门:是指挡水面板为平面的闸门,包括一块平面的整板及梁格式的平面闸门。根据门叶结构的运移方式又可分为直升式平面闸门、横拉式平面闸门(船闸中采用)、绕竖轴转动的人字闸门等。

(2)弧形闸门:是指挡水面板为圆弧面,启闭时能绕位于弧形挡水面圆心处的支撑铰转动的闸门。

二、闸门型式和孔口尺寸选择

(一)闸门型式的选择

闸门门型的选择首先应满足水工建筑物对闸门提出的各项要求,其次要对材料的供应情况、制造、运输和安装条件等,作详细的调查,充分论证闸门总体布置和造型的技术可能性和安全可靠性,然后作技术经济比较,从中选优。一般应考虑下列因素:

(1)水利枢纽对闸门运行的要求。

(2)闸门在水工建筑物中的位置、孔口尺寸、上下游水位和操作水头等。一般应进行调洪分析,以确定度汛泄洪、水能利用、灌溉用水等所需要的水位和流量,优选闸门孔口面积和设置的高程。

(3)沙和漂浮物较多时宜选用弧形闸门。

(4)闸门启闭方式、启闭力大小和启闭机的型式。

(5)闸门在满足使用要求的条件下应力求结构简单,便于制造、运输和安全。

(6)闸门应便于检修维护,止水性能好。

总之,闸门门型的选择应与配套的启闭设备、埋固构件以及整个水工建筑物的方案比较结合起来,力求技术经济综合指标最优。

(二)孔口尺寸的选择

闸门孔口尺寸的大小主要取决于使用要求、闸门和启闭机的设计与制造安装水平以及土建结构情况。如船闸的闸门宽度主要根据过闸船只的尺寸而定;孔口的高度应根据上下游水位而定;当宣泄流量一定时,孔口尺寸愈小,作用在闸门上的压力也愈小,则所需的孔口数目也就愈多,土建数量和启闭设备的数量也就愈多。就闸门本身而言,水头高时,多采用宽高比小的孔口;水头低时,孔口宽高比可稍大些。一般用单扇门叶所承受的总水压力表征闸门的综合尺度,反映了闸门材料、设计制造和安装等的技术与工艺水平。

三、钢闸门的设计方法和材料容许应力

(一)设计方法

《钢闸门设计规范》规定钢闸门结构设计仍采用容许应力方法。钢闸门实际是由板、梁、杆等组成的空间结构体系,可以使用计算机和结构优化原理进行闸门的选型和结构设计。但在实际工程中,普遍采用的仍是按平面体系进行设计,对于中小型闸门按平面体系与按空间体系设计相差不大,故本章主要按平面体系介绍平面钢闸门的设计方法。

(二)容许应力

钢材的容许应力、连接材料的容许应力、螺栓连接的容许应力应分别按附表 1-8、附表 1-3 和附表 1-5 采用。

对下列情况,附表 1-8、附表 1-3 和附表 1-5 的数值应乘以调整系数:

(1)大、中型工程的工作闸门及重要的事故闸门的调整系数为 0.9~0.95;

(2)在较高水头下经常局部开启的大型闸门的调整系数为 0.85~0.90;

(3)规模巨大且在高水头下操作而工作条件又特别复杂的工作闸门调整系数为 0.80~0.85。

对于机械零件的容许应力按附表 1-9 中的数值采用。

对于埋设一、二期混凝土的承压容许应力按附表 11-2 采用。

对于钢材、连接和机械零件的容许应力值,在校核情况下可提高 15%;在特殊情况下,除局部应力外不超过 $0.85f_y$。

第二节 平面钢闸门的组成和结构布置

一、平面钢闸门的组成

平面钢闸门一般由门叶结构、埋固构件和启闭闸门的机械设备三大部分组成。

(一)门叶结构的组成

门叶结构是用来封闭和开启孔口的活动挡水结构。其中门叶结构由承重结构,包括面板、梁格、竖向(横向)联结系、纵向联结系、支承边梁、支承移动装置(或称行走支承)、止水装置和吊耳等部件组成。图 7-1 和图 7-2 所示为平面钢闸门门叶结构立体示意图和门叶结构布置图。

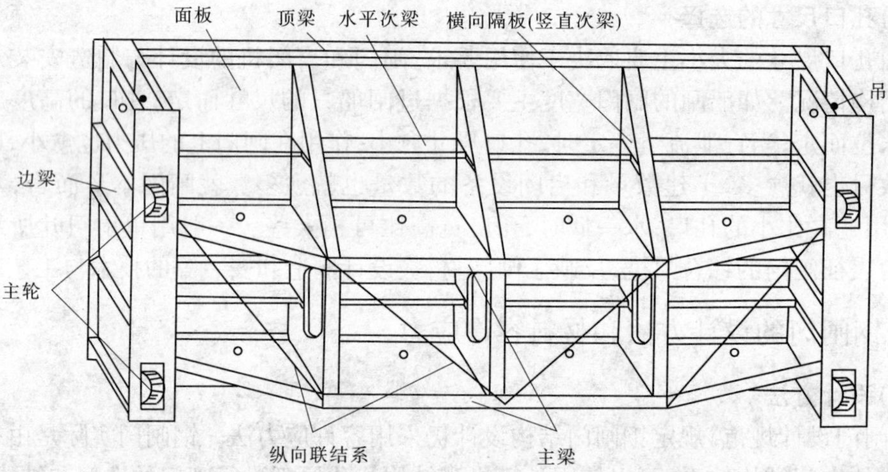

图 7-1 平面钢闸门门叶结构立体示意图

(1)面板:直接用来挡水并将承受的水压力传给梁格。面板通常设在闸门上游面,可以避免梁格和行走支承浸没于水中而聚集污物,也可减少因门底过水而产生的振动。为了设置止水方便,仅对静水启闭的闸门或当启闭闸门时门底流速较小的闸门,面板可设在闸门的下游面。

(2)梁格:由多个梁纵横排列而成的平面体系。其作用是支承面板,减小面板的计算跨度,从而达到满足设计要求又减小板厚的目的。平面钢闸门的梁格由主梁、次梁(包括水平次梁、竖直次梁、顶梁、底梁)和边梁组成。作用在闸门上由水压力通过面板传给次梁,再由次梁传给闸墩。

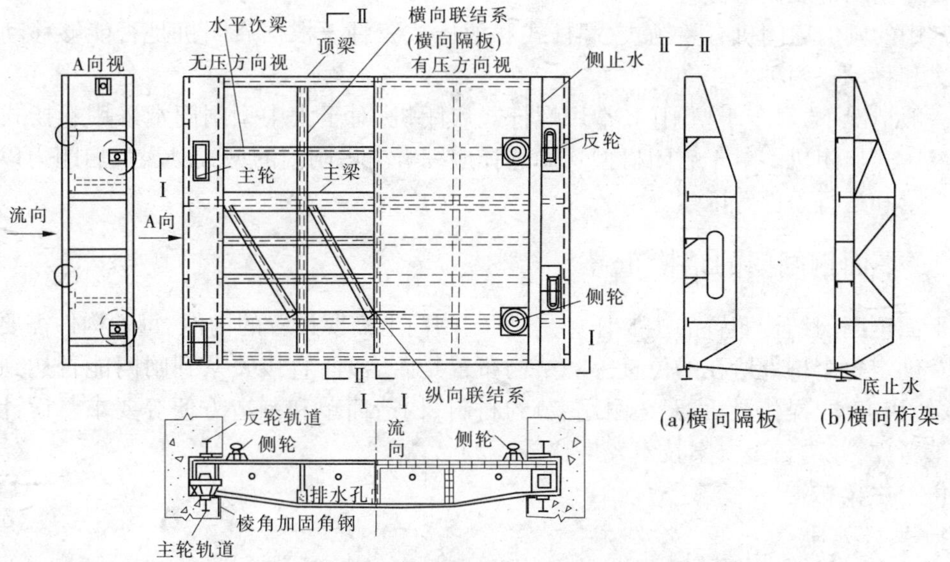

图 7-2　平面钢闸门门叶结构布置图

(3)横向和纵向联结系。横向联结系布置在垂直于闸门跨度方向的竖向平面内,其形式一般有实腹隔板式(见图 7-2(a)和桁架式(见图 7-2(b))。横向联结系用来支承顶梁、底梁和水平次梁,并将承受的荷载传给主梁。同时,横向联结系起着保证门叶结构在横向竖直平面内的刚度的作用,使门顶和门底不致产生过大变形。

纵向联结系布置在闸门下游面,由主梁(主桁架)的下翼缘(或下弦杆)、横向联结系的下翼缘(或下弦杆)和另设的斜杆组成。其型式有刚架式和桁架式。纵向联结系支承在边梁上,其作用是承受门叶结构自重及其他竖向荷载,并保证门叶结构在纵向竖直平面内的刚度;同时,当闸门受双向水头作用时,保证主梁的整体稳定。

(4)行走支承:为保证门叶结构的安全运行和在门槽中上下移动的灵活性,需要在边梁上设置滚轮或滑块,以减小移动时的摩擦阻力。行走支承包括主行走支承(主轮或主滑块)、侧向支承(侧轮)及反向支承(反轮)三部分。主行走支承将闸门面板所承受的全部水压力传到设于门槽内的轨道上。侧向支承和反向支承则用以保证闸门的门槽上、下移动时的正常位置,防止发生过大的偏斜、碰撞和振动等。

(5)止水:为防止闸门漏水,在门叶结构与孔道周围之间的所有缝隙需设置止水(也称水封)。最常用的止水是固定在门叶结构上的定型橡皮止水。

(6)吊具:是用来连接闸门吊耳和启闭机的牵引构件。吊耳位于门叶结构上部,承受闸门的全部启闭力(见图 7-1)。吊具一般有柔性钢索、劲性拉杆和劲性压杆等。

(二)埋固构件

门槽的埋固构件主要有行走支承的轨道(包括主轮、侧轮和反轮轨道)、与止水橡皮相接触的型钢、门槽的护角和底槛等(见图 7-2)。

平面钢闸门承受的水压力一般是沿下列途径传到闸墩上:水压力→ 面板 → 水平次梁→竖直次梁→主梁→边梁→主轮(或滑道)→主轨道→闸墩。

(三)闸门的启闭机械

常用的闸门启闭机有卷扬式、螺杆式和液压式三种。根据启闭机是否能够移动分为固定式和移动式两种。

一般情况下,对于小型闸门,常用螺杆式启闭机,对于大中型闸门常采用卷扬式启闭机或液压式启闭机。对于启闭机型式的选择应综合考虑闸门的型式、尺寸、启闭力以及孔口的数量和运行条件等因素。

二、平面钢闸门的结构布置

平面钢闸门结构布置的主要任务是:确定闸门上需要设置的构件、每种构件需要的数目以及确定每个构件所在的位置等。结构布置是否合理,直接关系到闸门能否达到安全运行、使用方便、操作灵活、经久耐用、节约材料、构造简单和制造方便等要求。设计时必须统筹考虑,并进行多方案技术经济比较。

(一)主梁布置

1. 主梁数目

主梁是闸门的主要承重构件,其数目主要取决于闸门的尺寸和水头大小。当闸门的跨度 L 不大于高 H($L \leqslant H$ 时),主梁数目一般多于两个,称为多主梁式。反之,当闸门的跨度较大,而门高较低时,主梁数目宜为两个,称为双主梁式。双主梁式闸门结构简单,受力明确,制造和安装方便,在大跨度露顶式闸门中经常采用。

2. 主梁的位置

主梁的位置一般按等荷载条件布置,即沿闸门高度,每一根主梁所承受的水压力相等。这样每根主梁可采用相同的截面尺寸,便于制造,但同时应考虑以下因素:

(1)主梁间距应适应制造、运输和安装条件;

(2)主梁间距应满足行走支承布置要求。

(3)底主梁至底止水的距离应符合底缘布置图的要求。

如实腹式工作闸门和事故闸门的底部主梁至底止水边缘要保持一定距离,使下游翼缘到底止水边缘连线的夹角 α 不应小于 30°(见图 7-3),以免闸门开启时水流冲击底梁即在底梁下方产生负压引起振动。当 $\alpha \leqslant 30°$ 时,应对闸门底部采取补气措施,同时对部分利用水柱的平面闸门,其上游倾角 β 不应小于 45°,宜采用 60°。保证门底水的射流不致冲击主梁腹板而形成真空,进而引起闸门振动。

双主梁式闸门的主梁位置应对称于静水压力合力 P 的作用线(见图 7-4),在满足上述构造要求的前提下,主梁的间距 a 值宜尽量大些,且使上主梁至门顶的悬臂距离 a_0 不宜太大,一般要求 $a_0 \leqslant 0.45H$,宜不大于 3.6m,以保证横向联结系悬臂部分有足够的刚度。

多主梁式闸门的主梁位置可根据等荷载的原理确定。假定有 n 根主梁,将闸门所承受的水压力分布图分成面积相等的 n 等份,各等份面积的形心即为主梁的位置。具体计算如下。

假定水面至门底的距离为 H,主梁的根数为 n,第 k 根主梁至水面的距离为 y_k,对于露顶闸门(见图 7-5(a))有:

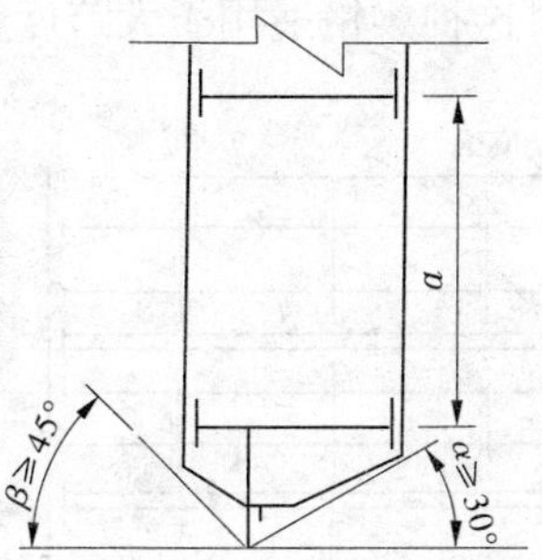

图 7-3　闸门底缘的布置要求

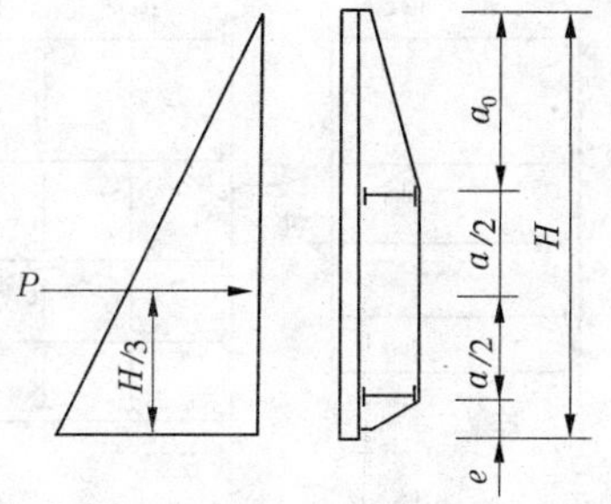

图 7-4　双主梁式闸门

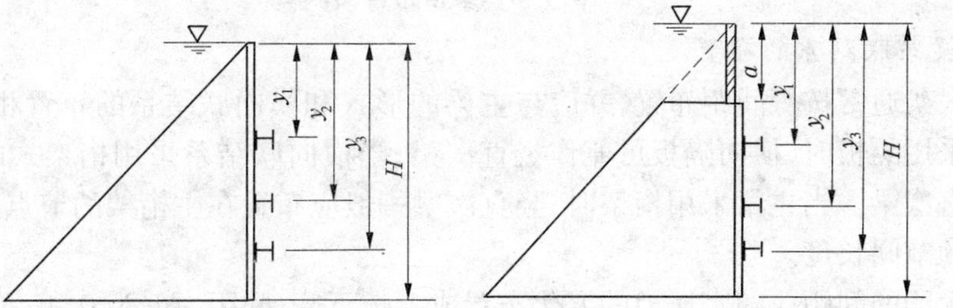

(a)露顶闸门　　(b)潜孔闸门

图 7-5　主梁位置

$$y_k = \frac{2H}{3\sqrt{n}}\left[k^{1.5} - (k-1)^{1.5}\right] \tag{7-1}$$

对于潜孔闸门(见图 7-5(b))有：

$$y_k = \frac{2H}{3\sqrt{n+m}}\left[(k+m)^{1.5} - (k+m-1)^{1.5}\right] \tag{7-2}$$

式中　$m = \dfrac{na^2}{H^2 - a^2}$；

a——水面至门顶的距离。

(二)梁格布置

1. 梁格的形式

梁格是用来支承面板的。梁格的布置应尽可能使各区格面板的计算厚度接近相等，并使面板和梁格的总用钢量最少。平面钢闸门的梁格布置主要有以下三种形式。

(1)简式梁格。如图 7-6(a)所示，简式梁格只有主梁，没有次梁，面板直接支承在主梁上。这种梁格传力明确，制造省工，适用于跨度小而门高大的闸门，但当主梁间距较大时，需要的面板厚度较大。

(2)普通式梁格。如图 7-6(b)所示，当闸门跨度较大时，主梁间距将随之增大，为了减小面板厚度，在主梁之间布置竖向次梁，以减小面板的区格，面板的水压力将先通过次梁传给主梁，然后再传给支承边梁。这种梁格适用于中等跨度的闸门。

(3)复式梁格。如图 7-6(c)所示，当主梁的跨度和间距更大时，宜在竖向次梁之间再设置水平次梁，以使面板厚度保持在经济合理的范围之内，这种梁格适用于大跨度露顶闸门。

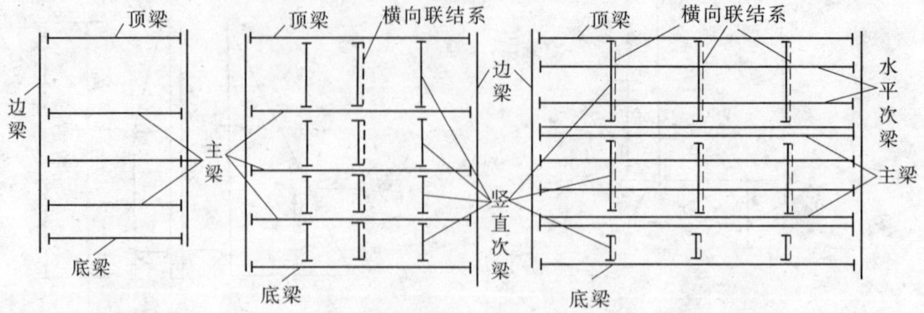

(a)简式梁格　　(b)普通式梁格　　(c)复式梁格

图 7-6　梁格布置图

2. 次梁与联结系的布置

竖直次梁通常按等间距布置，并应与主梁的形式和横向联结系的布置相配合。当横向联结系采用隔板时，横向隔板可兼作竖直次梁；当横向联结系采用桁架式时，其上弦杆可兼作竖直次梁。当主梁采用桁架时，竖直次梁一般应布置在主桁架的节点上，其间距即为主桁架的节间长度。

水平次梁的间距应随水压力的变化布置成上疏下密，间距一般为 0.4～1.2m。

横向联结系的布置也应与主桁架的形式相配合。通常可在主桁架上隔一个或两个节点布置一道横向联结系，而且必须布置在具有竖杆的节点上，为了保证闸门的横剖面具有足够的抗扭强度，横向联结系的间距一般不宜大于 4～5m。

纵向联结系一般布置在主梁弦杆或翼缘之间的两个竖直平面内，以保证主梁的整体稳定，并承受闸门自重或其他竖向荷载。

(三)梁格连接形式

梁格的连接形式如图 7-7 所示，有齐平连接、降低连接和层叠连接三种。

1. 齐平连接

如图 7-7(a)所示，水平次梁、竖直次梁与主梁的上翼缘表面齐平，且与面板直接连接，也称为齐平连接，其特点是梁格与面板为刚性连接，把面板视为梁截面的一部分，并参与梁的工作，保证了梁的整体稳定性，节省梁格的用钢量；同时，面板为四边支承板，受力条件好。但是，当水平次梁遇到竖直次梁时，水平次梁需断开再与竖直次梁连接，竖直次梁遇到主梁时也需要断开，因此构件多、接头多，制造费工。所以，现在多采用横向隔板兼作竖直次梁(见图 7-7(d))。由于横向隔板截面尺寸较大，强度富裕较多，故可以在横向隔板上开孔，使水平次梁直接从孔中穿过而成为连续梁，从而改善了水平梁的受力条件，也简化了接头的构造。

2. 降低连接

如图 7-7(b)所示，主梁与水平次梁直接与面板相连，而竖直次梁则离开面板降低到水平次梁下缘，使水平次梁支承在竖直次梁上形成连续梁。此时面板为两边支承板，面板和水平次梁都可视为主梁截面的一部分，参与主梁的抗弯工作。

3. 层叠连接

如图 7-7(c)所示，水平次梁与竖直次梁直接与面板相连，主梁放在竖直次梁的下缘，其特点是面板为四边支承板，受力条件好，同时使竖直次梁成为连续梁，而且简化了它与主梁的连接构造。但是，由于主梁没有与面板直接相连，使得主梁的刚度和抗震性能削弱；同时这种连接增加了闸门的总厚度，使门槽的宽度和边梁截面尺寸相应加大。因此，这种连接形式在平面钢闸门中很少采用。

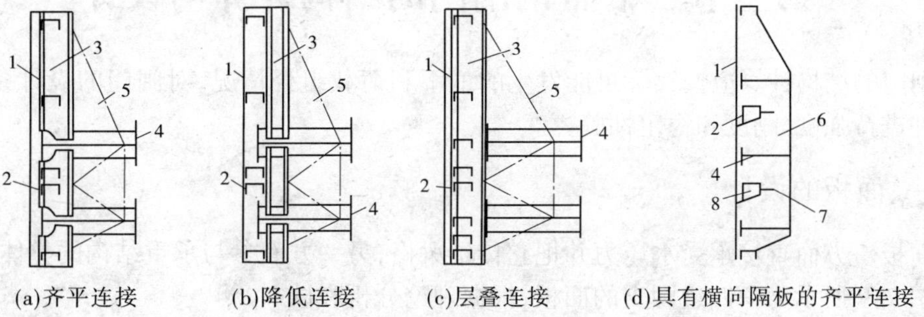

1—面板；2—水平次梁；3—竖直次梁；4—主横梁

5—横向联结系；6—横向隔板；7—加劲肋；8—开孔

图 7-7　梁格连接的形式

(四)边梁的布置

边梁的截面形式有单腹式和双腹式两种(见图 7-8)。单腹式边梁构造简单，便于与

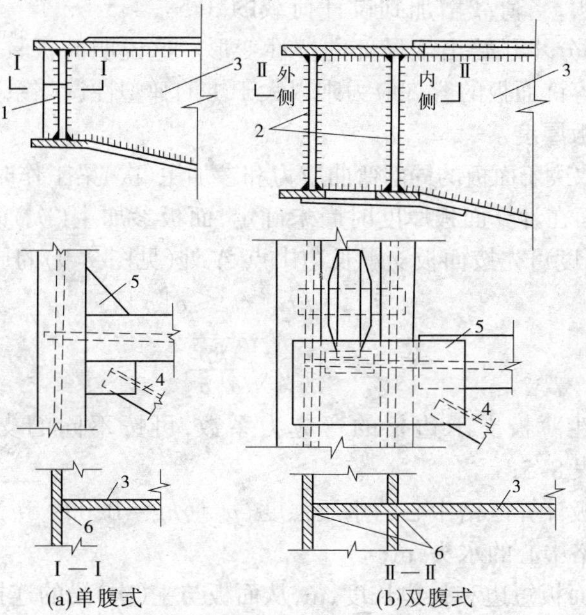

1—单腹板边梁；2—双腹板边梁；3—主梁腹板

4—纵向联结系；5—扩大节点；6—K 形焊缝

图 7-8　边梁的截面型式及连接构造

主梁连接，但抗扭刚度较小，对于因闸门弯曲变形、温度变化及其他偶然作用等因素引起

的边梁受扭作用不利。因此,单腹式边梁主要适用于滑道式支承的小型闸门;对于悬臂轮式的小型定轮闸门也可以采用单腹式边梁,但必须在边梁腹板内侧的两主梁之间增加一道轮轴支承板。

双腹式边梁的抗扭刚度大,便于设置滚轮和吊轴,但构造复杂,截面内部焊接困难,用钢量大。双腹式边梁广泛用于大跨度和深孔的定轮闸门。

第三节　平面钢闸门的结构计算与设计

闸门的结构计算应按实际可能发生的最不利荷载组合情况,对闸门的设计条件和校核条件进行强度、刚度和稳定性验算。

一、面板的设计

面板一方面直接承受水压力并把它传给梁格,另一方面参与承重结构的整体工作。

图 7-9 所示为一四边固支的面板,根据理论分析和试验研究可知,在均布荷载作用下最大弯矩发生在面板支承长边的中点 A 处。但是当该点的应力达到钢材的屈服强度时,面板的承载能力还没有达到极限状态,随着荷载的增加,支承边上其他各点的弯矩都随着增加,使面板上下游面逐步达到屈服点。此时,面板仍然能够承受继续增大的荷载。试验表明,当荷载增加到设计荷载的 3.5～4.5 倍时,面板跨中部分才开始出现局部的塑性变形。这说明面板具有很强大的安全储备。因此,在设计时,容许面板的容许应力乘以大于 1 的弹塑性调整系数 α。

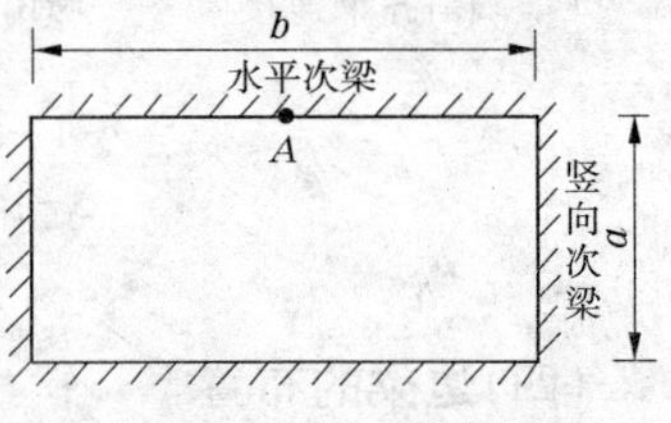

图 7-9　四边固支板

(一)初选面板厚度

面板的厚度取决于面板的局部弯曲应力和参加主(次)梁工作时的整体弯曲应力情况。但是主(次)梁截面在计算面板厚度时尚未确定,面板参加主(次)梁工作时的整体弯曲应力未知,故面板厚度可先按面板支承长边中点 A 处(见图 7-9)的局部应力条件确定。

$$\sigma_{max} = kpa^2/t^2 \leqslant \alpha[\sigma]$$

$$t \geqslant a\sqrt{\frac{kp}{\alpha[\sigma]}} \tag{7-3}$$

式中　k——弹性薄板支承边长的弯应力系数,可按不同的支承情况查附表 8-1～附表 8-5;

p——面板计算区格中心的水压强度,$p=\gamma hg=0.009\ 8h\ \mathrm{N/mm^2}$;

h——区格中心的水头,m;

a、b——面板短边和长边长度,m,从面板与主(次)梁的连接焊缝算起;

α——弹塑性调整系数。

把闸门面板从上到下每个区格厚度初选之后,若各个区格之间的板厚相差较大,应适当调整区格,重新计算,直至各个区格所需板厚大致相等。常用的面板厚度为 8～16mm,一般不小于 6mm,同时考虑工作环境、防腐条件等因素,增加 1～2mm 的腐蚀裕度。

（二）面板参于主（次）梁整体弯曲时强度验算

考虑到面板本身在局部弯曲的同时还随主（次）梁受整体弯曲为双向受力状态，应按第四强度理论验算面板的折算应力。

（1）当面板的边长比 $b/a>1.5$，且长边布置在沿主梁轴线方向（见图 7-10）时，只需按式（7-4）验算面板 A 点在上游面的折算应力。

$$\sigma_{zh}=\sqrt{\sigma_{my}^2+(\sigma_{mx}-\sigma_{0x})^2-\sigma_{my}(\sigma_{mx}-\sigma_{0x})}\leqslant 1.1\alpha[\sigma] \tag{7-4}$$

式中 σ_{my}——垂直于主（次）梁轴线方向、面板区格的支承长边中点上游面的局部弯曲拉应力（见图 7-10(b)），$\sigma_{my}=k_y pa^2/t^2$；

σ_{mx}——面板区格沿主（次）梁轴线方向的局部弯曲应力（见图 7-10(b)），$\sigma_{mx}=\nu\sigma_{my}$，其中 ν 为泊松比，取 $\nu=0.3$；

σ_{0x}——对应于面板验算点的主（次）梁上翼缘的整体弯应力；

k_y——支承长边中点的弯应力系数，可按附录八附表 8-2～附表 8-4 采用。

式（7-4）中 σ_{my}、σ_{mx}、σ_{0x} 均取其绝对值。

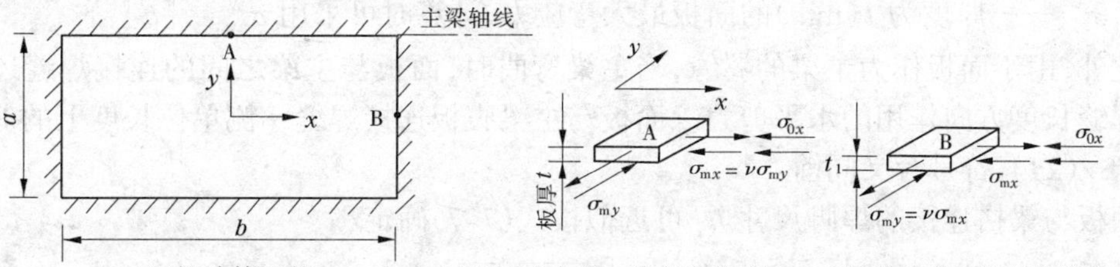

(a)面板计算区格　(b)长边中点A的应力状态　(c)短边中点B的应力状态

图 7-10　当面板的边长比 $b/a>1.5$ 且长边沿主梁轴线方向时的面板应力

（2）当面板的边长比 $b/a\leqslant 1.5$ 或面板长边方向与主（次）梁轴线垂直时（见图 7-11），面板在 B 点下游面的应力值较大，这时虽然 B 点下游面的应力为双向同向应力场（见图 7-10(c)），但也可能比 A 点上游面更早进入塑性状态，故还需按式（7-5）验算 B 点下游在同号应力状态下的折算应力。

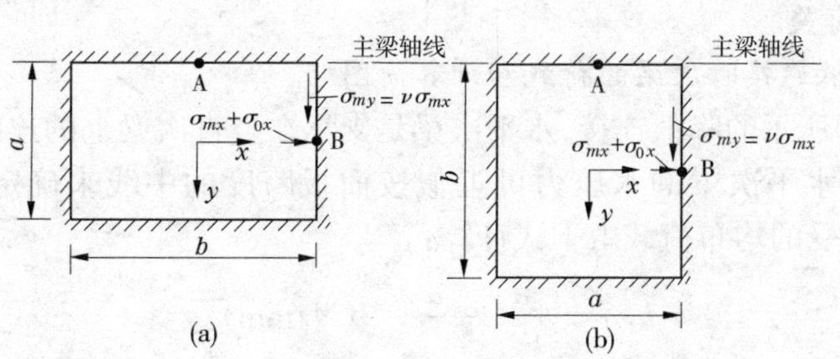

(a)　(b)

图 7-11　当面板的 $b/a\leqslant 1.5$ 或面板长边方向与主梁轴线垂直时的面板应力状态

$$\sigma_{zh}=\sqrt{\sigma_{my}^2+(\sigma_{mx}+\sigma_{0x})^2-\sigma_{my}(\sigma_{mx}+\sigma_{0x})}\leqslant 1.1\alpha[\sigma] \tag{7-5}$$

式中 σ_{mx}——面板沿主梁轴线方向的局部弯应力，$\sigma_{mx}=k_x pa^2/t^2$，k 值对图 7-11(a)取附录表 8-2～附表 8-4 中的 k_x，对图 7-11(b)取附表 8-2～附表 8-4 中的 k_y；

σ_{my}——垂直于主梁轴线方向面板的局部弯应力，$\sigma_{my}=\nu\sigma_{mx}$，$\nu$ 取 0.3；

σ_{0x}——对应于面板验算点主梁上翼缘的整体弯应力，考虑整体弯应力沿面板宽度分布不均匀影响：

$$\sigma_{0x}=(1.5\xi_1-0.5)\frac{M}{W}$$

ξ_1——面板兼作主（次）梁上翼缘工作的有效宽度系数，由表 7-1 查得；

M——对应于面板验算点处主梁截面的弯矩；

W——对应于面板验算点处主梁截面的抵抗矩；

其他符号含义同前。

式(7-5)的适用条件为 $\xi_1\geqslant1/3$，σ_{my}、σ_{mx}、σ_{0x} 均取其绝对值。

（三）面板与梁格的连接计算

面板在水压力作用下发生弯曲变形时受到梁格的约束，在面板与梁格之间的连接焊缝方向的侧拉力，单位焊缝长度上的侧拉力可近似按式(7-6)计算。

$$N=0.07t\sigma_{max}\quad(\text{N/mm})\tag{7-6}$$

式中　σ_{max}——厚度为 t(mm)的面板最大弯应力，计算时可采用 $\sigma_{max}=[\sigma]$。

此外，由于面板作为主梁的翼缘，当主梁弯曲时，面板与主梁之间的连接焊缝还要承受沿焊缝长度方向作用的水平剪力。面板与主梁腹板连接焊缝一侧单位长度上的剪力为 $T=VS/(2I)$，符号含义同前。

面板与梁格连接的焊脚尺寸 h_f 可近似按式(7-7)确定。

$$h_f\geqslant\frac{\sqrt{N^2+T^2}}{0.7[\tau_f^w]}\tag{7-7}$$

二、次梁的设计

（一）梁的荷载与计算简图

梁格所受荷载主要是面板传递来的水压力，其大小和分布方式与梁格的布置形式和面板的支承情况有关。

1. 梁格为降低连接时次梁的荷载和计算简图

如图 7-12(b)所示的降低连接，水平次梁是支承在竖直次梁上的连续梁，面板为两边支撑板，面板传给水平次梁的水压力可近似按面板跨度的中线来确定（见图 7-12(a)、(b)），水平次梁所受的均布荷载由下式计算：

$$q=p\frac{a_{上}+a_{下}}{2}\quad(\text{N/mm})\tag{7-8}$$

式中　p——次梁轴线处的水压强度，N/mm^2；

$a_{上}$、$a_{下}$——水平次梁轴线至上、下相邻梁之间的距离（见图 7-12(b)）。

竖直次梁为支承在主梁上的简支梁，承受由水平次梁传来的集中荷载 R，R 为水平次梁边跨内侧支座反力，其计算简图如图 7-12(c)所示。

2. 梁格为齐平连接时次梁的荷载和计算简图

如图 7-13(a)所示齐平连接，水平次梁和竖直次梁同时支承着面板，面板为四边支承板。

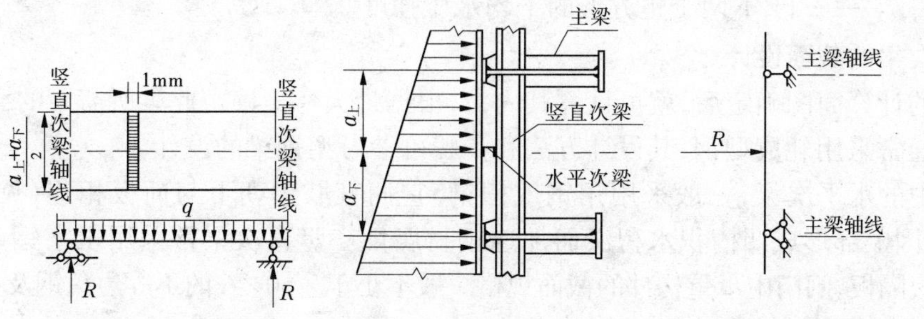

(a)水平次梁计算简图　(b)面板承受水平压力的作用图　(c)竖直次梁计算简图

图 7-12　梁格为降低连接时次梁计算简图

面板上的水压力可按梁格夹角的平分线来划分各梁所负担水压力的作用范围。例如，当水平次梁的跨度大于竖直次梁的跨度时，水平次梁(如图 7-13(a)的 *AB* 梁)所负担水压力作用的面积为六边形(见图中阴影部分)。该六边形面积上作用的水压力换算到水平次梁上荷载分布图形为梯形(见图 7-13(b)、(d))，跨中的荷载集度为 $q = p(a_上 + a_下)/2$，p 为六边形面积中心处的水压强度。当水平次梁是在竖直次梁处断开后再连接于竖直次梁上时，水平次梁应按简支梁计算，其计算简图如图 7-13(d)所示；当采用实腹式隔板来代替竖直次梁时，水平次梁是在实腹隔板的预留孔中穿过并连接于隔板上，这时，水平次梁应按连续梁计算(见图 7-13(b))。

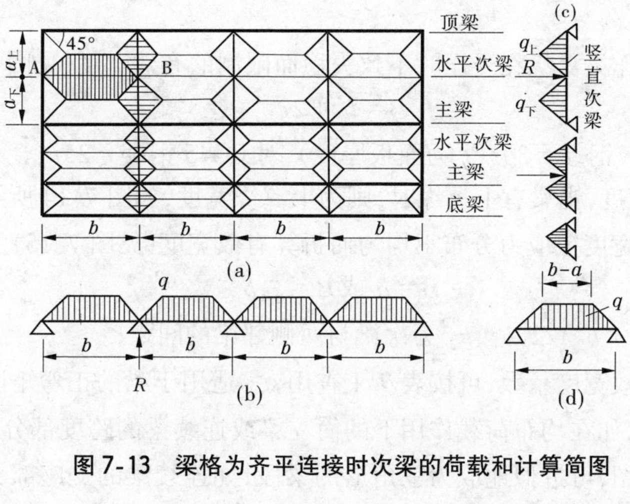

图 7-13　梁格为齐平连接时次梁的荷载和计算简图

竖直次梁为支承在主梁以及顶、底梁上的简支梁，如图 7-13(c)所示。它们除承受由水平次梁传来的集中荷载外，还承受由面板直接传来的分布压力，由图 7-13(a)知此水压力作用面积为有一个对角线与梁轴线垂直的正方形。因此，作用在竖直次梁上的荷载是三角形分布荷载，其上、下两个三角形顶点处的荷载集度 $q_上$、$q_下$ 分别为：

$$\left.\begin{aligned} q_上 &= a_上 p_上 \quad (\text{N/mm}) \\ q_下 &= a_下 p_下 \quad (\text{N/mm}) \end{aligned}\right\} \tag{7-9}$$

式中　$a_上$、$a_下$——如图 7-13(a)所示，分别为水平次梁的上、下间距；

$p_{上}$、$p_{下}$——上、下两个正方形的平均水压强度。

(二)次梁的截面设计

次梁的计算简图确定后，就可计算其内力，根据最大弯矩确定此梁所需要的截面抵抗矩。次梁通常采用轧成型钢，其设计方法和步骤可参考型钢梁的设计。

闸门中的水平次梁，一般采用角钢或槽钢，它们宜肢尖朝下与面板相连(见图 7-14(a))，以免因上部形成凹槽积水积淤而加速钢材腐蚀。竖直次梁常采用工字钢(图 7-14(b))或实腹隔板，闸门中承重构件的截面规格一般不小于∠50×6 的不等边角钢及 I12.6 的工字钢和[8 的槽钢。

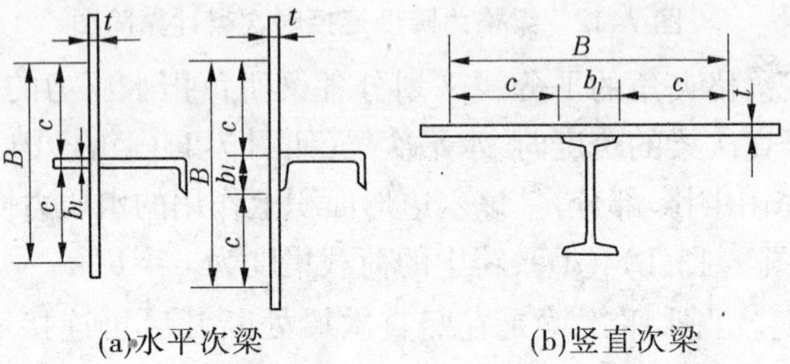

图 7-14　次梁截面形式及面板兼作梁翼缘的有效宽度

当次梁与面板直接焊接时，焊缝两侧的面板在一定宽度内可兼作次梁的翼缘参加次梁的抗弯。面板参加次梁工作的有效宽度 B 可按式(7-10)和式(7-11)计算，并取两式计算的较小值。

(1)考虑面板兼作梁翼缘在受压时不致失稳而限制的有效宽度(见图 7-14)。

$$B = b_l + 2c \tag{7-10}$$

式中　c——对 Q235 钢，$c = 30t$(t 为面板厚度)，对 Q345 钢，$c = 25t$；

b_l——梁肋宽度，当梁有上翼缘时，则为上翼缘宽度，如图 7-14 所示。

(2)考虑面板沿宽度上应力分布不均匀而折算有效宽度(见图 7-15)

$$B = b \text{ 或 } B = \xi_2 b \tag{7-11}$$

式中　b——$b = (b_1 + b_2)/2$，b_1、b_2 为次梁与两侧邻梁的间距；

ξ_1、ξ_2——有效宽度系数，可按表 7-1 查用，ξ_1 适用于梁的正弯矩图为抛物线的梁段，如在均布荷载作用下的简支梁或连续梁的跨度部分，ξ_2 适用于负弯矩图，可近似地取为三角形的梁段，如连续梁的支座部分或悬臂梁的悬臂部分。

表 7-1　面板的有效宽度系数 ξ_1 和 ξ_2

l_0/b	0.5	1.0	1.5	2.0	2.5	3	4	5	6	8	10	12
ξ_1	0.20	0.40	0.58	0.70	0.78	0.84	0.90	0.94	0.95	0.97	0.98	1.00
ξ_2	0.16	0.30	0.42	0.51	0.58	0.64	0.71	0.77	0.79	0.83	0.86	0.92

注：l_0 为主(次)梁弯矩零点之间的距离，对于简支梁取 $l_0 = l$；对于连续梁的边跨和中间跨的正弯矩段，近似取 $l_0 = 0.8l$ 和 $l_0 = 0.6l$；对于连续梁的负弯矩段，近似取 $l_0 = 0.4l$。

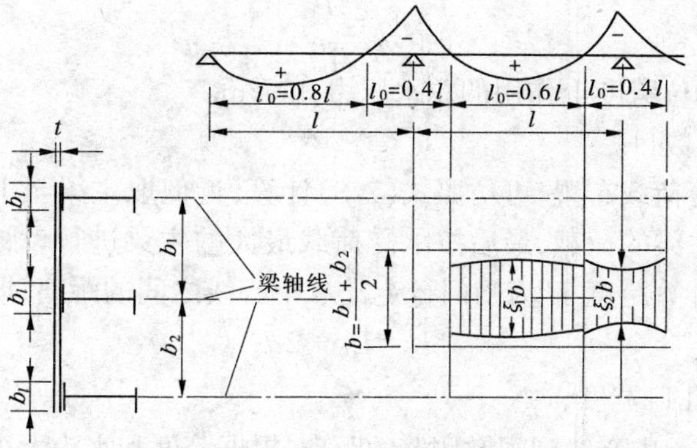

图 7-15　面板参加次梁工作时的折算有效宽度示意图

三、主梁的设计

(一)主梁的形式

主梁是平面闸门中的主要受力构件,根据闸门的跨度和水头大小,主梁的形式有型钢梁、组合梁和桁架。型钢梁用于小跨度低水头的闸门。对中等跨度(5～10m)的闸门常采用组合梁,同时,为缩小门槽宽度和节约钢材,采用变高度的主梁(见图 7-16)。对于大跨度的露顶闸门,主梁可采用桁架形式(见图 7-17)。桁架节间应取偶数,以便闸门所有杆件都对称于跨中,并便于布置主桁架之间的联结系。为避免弦杆承受节间集中荷载,宜使竖直次梁的间距与桁架节间尺寸相一致,桁架高度一般为桁架跨度的 1/5～1/8。

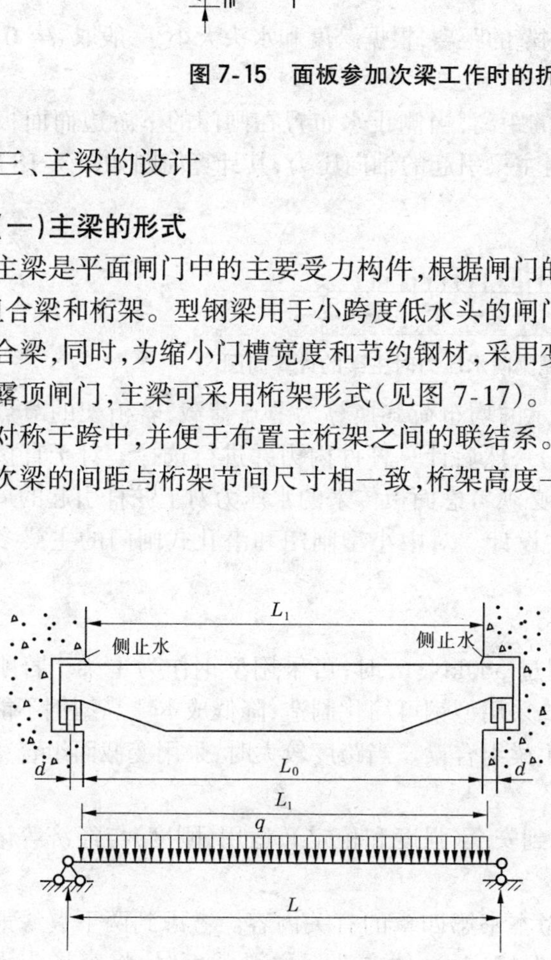

图 7-16　侧止水布置在闸门上游面时主梁的计算简图

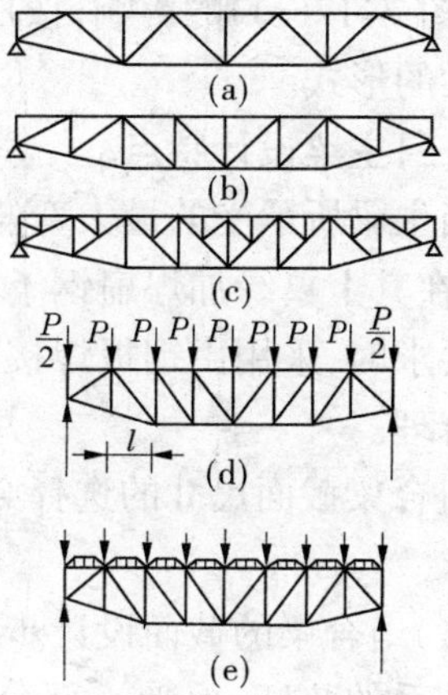

图 7-17　平面闸门主桁架形式及计算简图

(二)主梁的荷载和计算简图

主梁除承受竖直次梁传来的集中荷载外,还承受面板直接传来的分布荷载。

当主梁为实腹梁时,为简化计算,可将作用在主梁上的集中荷载换算为均布荷载(见图 7-17)。若主梁是按等荷载原则布置,则每根主梁承受的均布荷载集度为:

$$q = \frac{P}{n} \tag{7-12}$$

式中　P——闸门单位跨度上作用的总水压力，kN/m。

n——主梁的数目。

若主梁不是按等荷载布置，可仿照式(7-8)计算，近似取主梁至上下相邻梁之间距一半内的水压力作为主梁的荷载，最后按承受荷载最大的主梁进行设计。主梁的计算简图如图7-16所示，其计算跨度 L 为闸门行走支承中心线之间的距离，即

$$L = L_0 + 2d \tag{7-13}$$

式中　L_0——闸门孔口宽度；

d——行走支承中心线到闸墩侧壁的距离，根据跨度和水头大小，一般取 $d=0.15\sim0.4$m。

主梁的荷载跨度等于两侧止水间的距离，当侧止水布置在闸门的下游边而面板设在上游边时，还应考虑闸门侧向水压力对主梁引起的轴向压力，其计算简图如图7-18所示，按压弯构件设计。

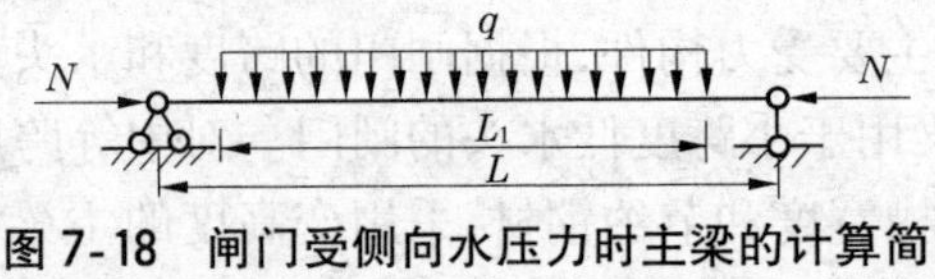

图7-18　闸门受侧向水压力时主梁的计算简图

当主梁为桁架时，应将图7-16所示的均布荷载换算为节点荷载，若桁架的节点长度为 l，则节点荷载 $P=ql$(见图7-17(d))，然后计算杆件内力并进行选择。对于直接与面板相连接的上弦杆，在选择截面时，还必须考虑面板传来的水压力对上弦杆引起的局部弯曲(见图7-17(e))的影响，按压弯构件设计。对中小型闸门和潜孔式闸门的主梁多采用组合梁的形式。

(三)主梁设计特点

当主梁所承受的最大弯矩值不超过500kN·m时，可采用型钢作为主梁。若刚度不足，可在其上翼缘加焊扁钢予以加强。采用型钢可简化制造，降低成本。当型钢不能满足受力要求时，采用由钢板焊接而成的主梁组合梁。当跨度较大时，采用变截面组合梁较为经济合理。

组合梁截面尺寸的选择必须考虑到安全(强度和稳定)、适用(刚度)与经济等诸方面的要求。

(1)组合梁的截面设计步骤可参考本书第四章的有关内容。考虑到两下翼缘兼作纵向联结系的弦杆，承受一部分门重产生的应力，故在选择主梁截面时，将容许应力乘以0.9。

(2)当主梁与面板相连接时，面板可作为主梁上翼缘的一部分，其有效宽度取式(7-10)和式(7-11)计算的较小值。

(3)为保证主梁腹板稳定而设置的横向加劲肋，其间距应与横向联结系相配合，当横向联结系采用实腹隔板时，则隔板可兼作横向加劲肋。

(4)由于主梁与面板牢固焊接，因而主梁的整体稳定有保障，设计时不必对此检验。

(5)无论是等截面还是变截面主梁,均应限制主梁的挠度不超过容许挠度。

四、横向联结系和纵向联结系的设计与构造

(一)横向联结系

横向联结系(又称竖向联结系)(见图 7-2Ⅱ—Ⅱ剖面)的作用是:①承受水平次梁(包括顶梁和底梁)传来的水压力,并将它传给主梁;②当水位变化等原因引起各主梁受力不均时,横向联结系可协调主梁的受力并保证闸门的竖向刚度。

横向联结系可布置在每根竖直次梁所在的竖向平面内,或每隔一根竖直次梁布置一个。横向联结系应对称于闸门中心线布置,间距一般不大于 4m,数目宜取单数。对直升式钢闸门,横向联结系通常按等间距布置。当闸门的支承采用悬臂式滚轮时,由于边梁的内腹板偏离滚轮的中心线,因而在靠近边梁处,联结系常取较小的间距。

横向联结系的形式有隔板式和桁架式两种(见图 7-19),一般应根据主梁的高度、间距和数目而定,当主梁高度和间距不大时,多采用实腹式竖向隔板;对多主梁的闸门,也多采用竖向隔板(见图 7-19(a))。对主梁高度及间距都较大的双主梁闸门,为节约钢材,常采用桁架式横向联结系(见图 7-19(b)(也称为横向桁架)。

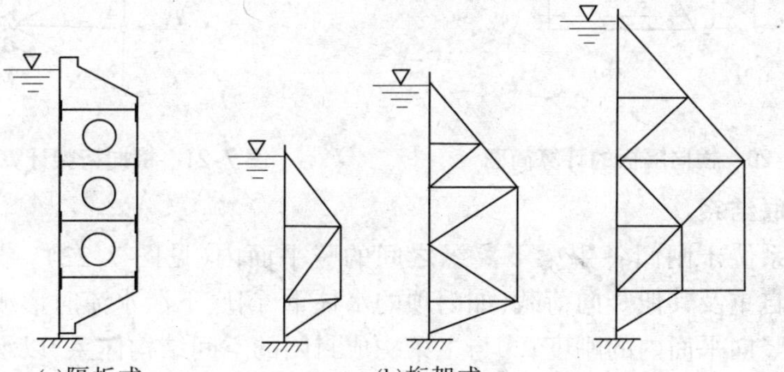

图 7-19 横向联结系的形式

隔板式横向联结系可视为支承在主梁上带双悬臂的连续梁(多主梁时)或带双悬臂的简支梁(双主梁时),为简化计算,将作用在其上的分布荷载和水平次梁(包括顶梁和底梁)传来的集中荷载(见图 7-20(a))用三角形(露顶闸门)或梯形分布荷载(潜孔闸门)代替。对双主梁式闸门的横隔板即为受三角形(见图 7-20(b))或梯形水压力的双悬臂简支梁。

横向隔板的截面高度与主梁截面高度相同,隔板厚度通常不大于 8~10mm。不再另设翼缘,隔板直接与面板和主梁的腹板焊牢,横向隔板的下翼缘一般用宽度 100~200mm、厚度 10~12mm 的扁钢做成。这种由构造要求所确定的尺寸,使横向隔板的应力一般很小,可不进行强度计算。为了减轻闸门重量,并增强隔板的局部稳定性,一般可在隔板的中部开孔,并在孔的周围焊上扁钢条来加强其刚度(见图 7-19(a))。若水平次梁支承在隔板上,则应在次梁处设置支承加劲肋。

横向桁架可视为支承在主梁上的双悬臂桁架,其上弦杆为闸门的竖直次梁,在节点承

受由顶梁、底梁、水平次梁传来的集中荷载，当上弦杆直接与面板连接时，上弦节间还要承受面板传来的分布水压力。计算时，可将上弦各节间的分布荷载按简支梁利用杠杆原理简化为节点的集中荷载，再与直接作用在节点上的集中荷载相叠加，得到如图 7-21 所示的计算简图。节点荷载确定后，即可计算横向桁架各杆的内力。对于上弦杆，除承受轴向力外，因为它又是竖直次梁，还承受着弯矩作用，因此应按拉弯或压弯构件设计，上弦杆通常采用槽钢或工字钢。横向桁架下弦杆 AB（见图 7-21）同时又是纵向联结系的竖杆见图 7-1，因双重受力，选择截面时，若该杆件的两种内力符号相同应叠加；若符号不同，则应分别对每种内力进行验算。

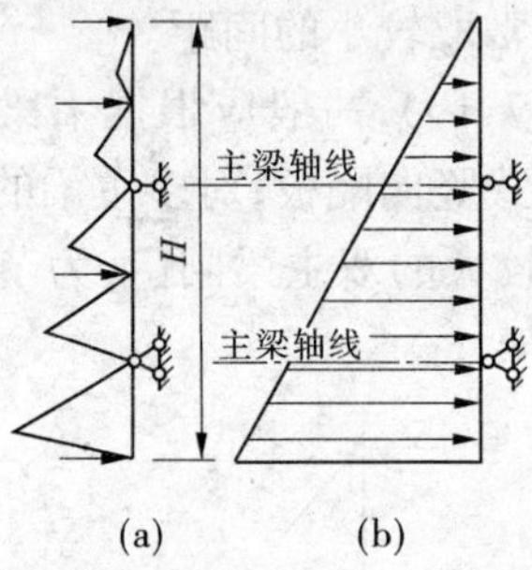

图 7-20　横向隔板的计算简图

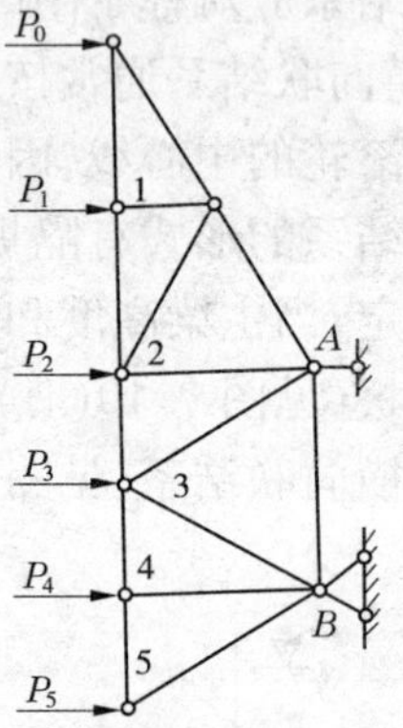

图 7-21　横向桁架计算简图

（二）纵向联结系

纵向联结系位于闸门各主梁下翼缘之间的竖平面内（见图 7-22）。其主要作用是：①承受闸门的自重及其他竖向荷载（如门顶的水柱重、门底下泄水流时形成的真空吸力）；②保证闸门在竖向平面内的刚度；③与主梁构成封闭的空间结构体系，以承受偶然作用对闸门引起的扭矩。

纵向联结系多为桁架式（见图 7-22），其弦杆为上、下主梁的下翼缘或主桁架的下弦杆，它的竖杆为横向桁架的下弦杆或横向隔板的下翼缘，只有斜杆是另设的。该桁架由闸门两侧的边梁支承。计算时主要考虑闸门的自重作用，平面钢闸门的自重 G 按附录九的估算公式计算。启吊闸门时，闸门自重将由面板和下游起重桁架承担，面板和起重桁架所分担的门重分别用 G_u 和 G_d 表示，根据杠杆原理，下游面纵向联结系所承担的门重为 $G_d = G \cdot c_1 / h$（见图 7-22），式中 c_1 为闸门重心距面板的距离，h 为闸门厚度。当该桁架的节间数为 n，则每个节点上的集中荷载为 $P_1 = G_d / n$。将纵向联结系视为简支于边梁上的桁架进行内力计算。当主梁两端的高度

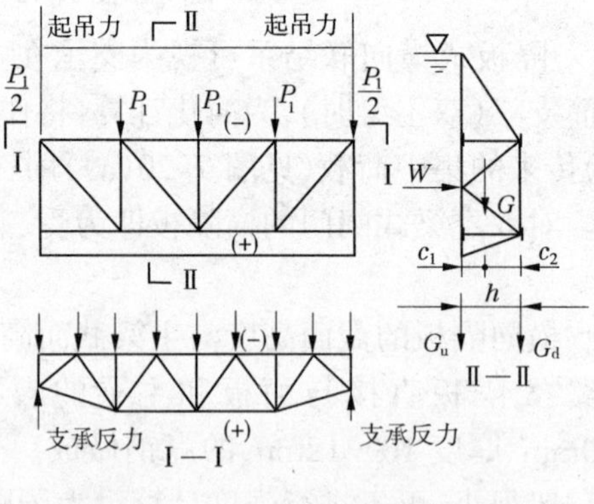

图 7-22　纵向联结系的计算简图

改变,使起重桁架的下弦杆为折线形时(见图 7-22),为简化计算,可近似地将该折线弦杆投影到水平面内按杆件的实际杆长进行计算。对于兼用的杆件(如弦杆和竖杆),设计时应考虑双重受力作用,若出现同号内力应叠加验算。同时,对于斜杆的设计,考虑到闸门可能偶然扭转使斜杆出现压力,建议按压杆容许长细比[λ]=150 进行校核。

在跨度较小、主梁数目较多的闸门中,纵向联结系可采用人字形斜杆或交叉斜杆以及刚架等形式(见图 7-23)。

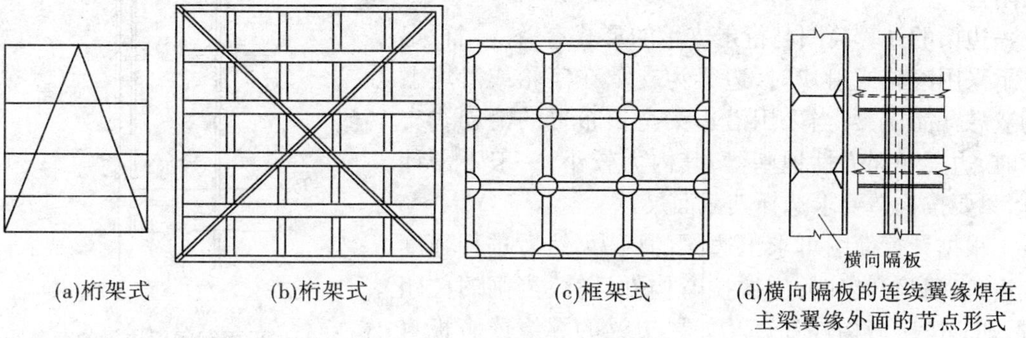

图 7-23 纵向联结系的形式

五、边梁设计

边梁是设在平面钢闸门两侧的竖直构件,主要用来支承主梁和边跨的顶梁、底梁、水平次梁以及起重桁架重等,并在边梁上设置行走支承(滚轮或滑块)和吊耳。从图 7-24 可见,作用在边梁上的外力有:梁系传来的水平水压力 P_1、P_2、…、P_8 和行走支承的反力 R_1,R_2;在竖直方向有闸门自重 $G/2$、启闭闸门时行走支承和止水与埋设构件之间的摩阻力 $T_{zd}/2$ 和 $T_{zs}/2$、门底过水时的下吸力 P_x,有时还有门顶水柱压力 W_s,以及作用在边梁顶端吊耳上的启门力 $T/2$ 等。

边梁的截面尺寸一般是按照构造要求确定,然后进行验算。其截面高应与主梁端部高相等(见图 7-8),其腹板厚度亦等于主梁端部腹板的厚度,常为 8~14mm,翼缘厚度应比腹板厚度大 2~6mm,可利用板面作为上翼缘,也可另设单独的上翼缘板。单腹式支承边梁的下翼缘宽度一般由布置滑块或滚轮的要求而定,一般不宜小于 300mm。双腹式边梁的两个下翼缘通常用宽 100~200mm 的扁钢做成,为便于在两块腹板之间施焊和安装滚轮,两块腹板之间的距离不应小于 300~400mm。单腹式边梁通常为沿闸门高度连续的实腹梁。主梁或水平次梁与边梁采用等高连接,主梁端部的腹板可直接用 K 形对接焊缝焊于边梁的腹板上,也可用连接角钢和螺栓与边梁的腹板相连。

双腹式边梁的外腹板沿闸门高度一般为一整块钢板,而内腹板则在与主梁连接处断开,可用 K 形焊接焊在主梁腹板上,这样,主梁的腹板就能伸入边梁内部,而与边梁的外腹板用 K 形焊接连接(见图 7-8(b))。为提高双腹式边梁的抗扭刚度,最好把双腹式边梁做成闭合截面,在不妨碍双腹板内施焊的情况下,可沿边梁下翼缘每隔一定距离设置联系板(缀板),同时在双腹板边梁内设置隔板。对于不封闭的截面,可沿边梁下翼缘每隔一定距离设置辍板和隔板。

在边梁上安装轮轴或吊轴的连接处,根据对轴孔的计算,边梁腹板常需局部加厚。当闸门沿高度划分为几个运输单元时,边梁的安装拼接位置要布置在主梁附近。

边梁的计算简图与行走支承的形式有关。当行走支承采用滚轮或滑块时,边梁为支承在滚轮或滑块上的双悬臂简支梁;当采用沿边梁全长布置的滑动式支承时,边梁如同弹性地基梁,其内力较小,一般不需计算,只要按构造要求选择其截面尺寸。

根据计算简图可求出边梁的内力,然后进行强度验算,当闸门开启时,应按拉弯构件计算;当闸门关闭时,则应按压弯构件计算。如果边梁的翼缘或腹板直接承受水压,还应验算它们的局部弯曲应力及折算应力。

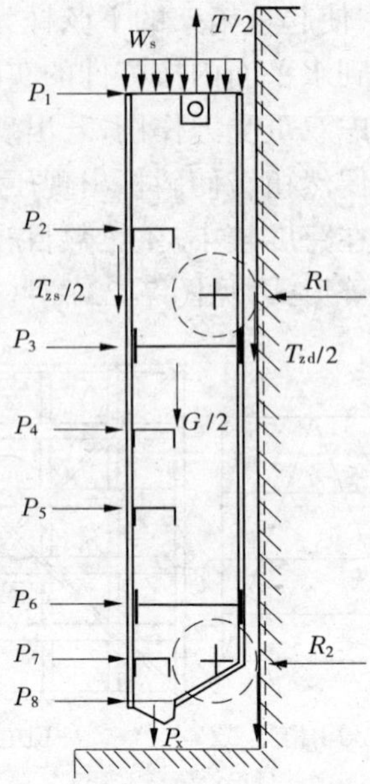

图 7-24 平面钢闸门边梁的荷载图

第四节 行走支承

闸门的行走支承有滑道式和滚轮式两种(见图 7-25)。设计时应根据闸门的工作条件、荷载和闸门跨度的大小选定。工作闸门和事故闸门宜采用滚轮或滑道支承。检修闸门和启闭力不大的工作闸门,可采用钢或铸铁等材料制造的滑块支承。工作闸门和事故闸门的滑道支承,可根据条件和地区特点,宜选用压合胶木,填充高比压、低摩阻材料。常用的滚轮支承有悬臂轮、简支轮、多滚轮和台车等类型,一般多采用简支轮;当荷载不大时,可采用悬臂轮;当支承跨度较大时,可采用台车或其他形式支承,以保证轮子与轨道的接触良好;当荷载较大时,也可采用多滚轮。行走支承承受闸门全部的水压力并将之传给轨道。同时,为了使闸门在闸门槽中移动顺畅,还须在门叶上设置导向装置——反轮和侧轮。

一、滑道支承

滑道支承制造简单,安装使用方便,摩擦系数小,强度高,有较好的防水性和耐久性,因而广泛应用于中小型闸门。但滑道支承较滚轮支承摩阻力大,使启闭力和启闭设备的起重量增加。为了减小摩阻力,目前广泛采用压合胶木滑道。胶木是一种以桦木片浸渍酚醛树脂后,经过高温高压处理制成的胶合层压木材料。它具有较高的机械强度、较低的摩擦系数、良好的加工性能以及较好的防水性和耐久性。当压合胶木有一定的横向挤压力时,其顺纹承压强度可达 160N/mm^2,它与光滑的不锈钢轨道之间的最大动摩擦系数仅为 0.10~0.17。如果在压合胶木中掺入 15%的聚四氟乙烯或填充尼龙和钢基铜塑复合

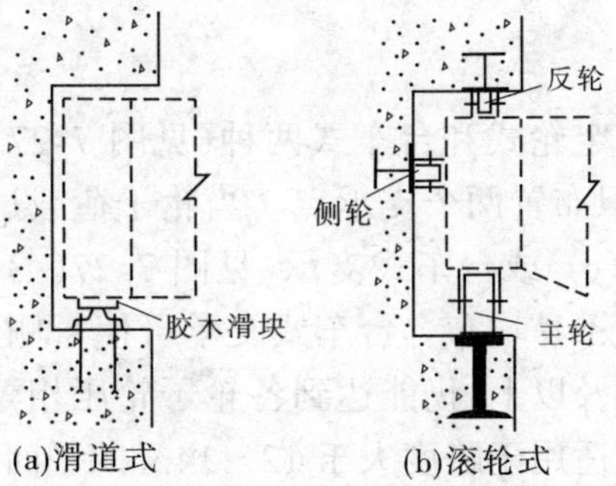

图 7-25 行走支承的类型

材料,则摩擦系数还将进一步降低(见附录十)。

胶木滑道的形式有装配式和镶嵌式两种。前者用于小型闸门,后者用于大中型工作闸门。镶嵌式压合胶木滑块是将总宽度为 100～150mm 的 3 条胶木以一定侧向公差值压入宽度稍小的铸钢夹槽中(见图 7-26(a)、(b)),使胶木得到侧向预压,承压方向为胶木顺木纹方向的端面。3 条胶木的总宽度应比夹槽宽度大 1.3%～1.7%,胶木滑道夹槽与胶木配合公差可取 H8/S7,这样可以使胶木受到足够的横向挤压力以提高其承压面的强度。

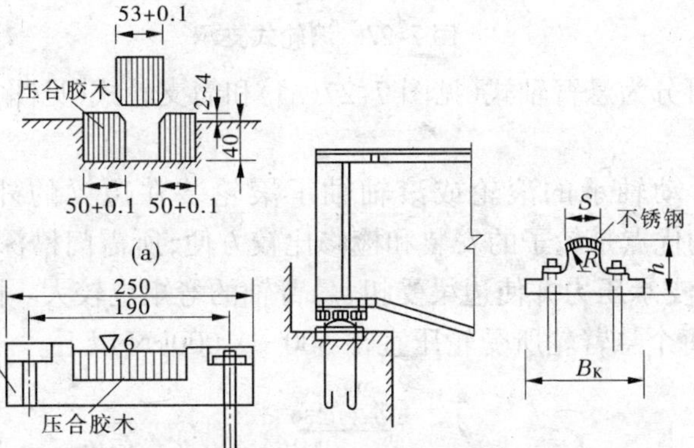

图 7-26 胶木滑道构造图

胶木在压入夹槽前应进行干燥处理,其含水率不得大于 5%,压入后的胶木表面应高于槽面 2～4mm(见图 7-26(a)),然后再将其加工至低于槽面 2～4mm,加工的粗糙度 R_a 应达到 3.2μm(见图 7-26(b)),加工后表面应用润滑脂保护。最后用螺栓将钢夹槽固定到边梁上。

装配式胶木滑道是采用角钢作夹槽,用螺栓将滑块和角钢连接,通过拧紧螺栓对滑板施加一侧向压力。这种形式简单可靠,但侧向压力较小,主要用于中小型闸门。

支承胶木滑道块的钢轨表面常做成圆弧形(见图 7-26(c))。为减小摩阻力,在弧形钢轨顶面堆焊或喷涂一层 3～5mm 的不锈钢,再加工磨光表面到 6～7 级光洁度,加工后的不锈钢厚度应不小于 2.3mm,轨头设计宽度 S 和轨顶弧面半径 R 按轨顶单位长度上的荷载选用。

二、滚轮支承

滚轮支承的形式主要有定轮式和台车式两种(见图 7-27)。轮子位置最好等荷载布置,而且最好在每个边梁上只布置两个支承点。当轮子荷载过大,难以布置和制造时,可采用多滚式支承(见图 7-27(c))或台车式支承(见图 7-27(d))。多滚轮定轮支承可降低轮压,便于布置,缺点是轮压不易均布。台车式支承可使每侧边梁支承点仍保持为两个,但相应的滚轮可增加至 4 个及以上,仍能达到各轮子轮压相等的要求,但轮压明显降低。由于台车构造复杂,重量大,适用于跨度大于 12～14m 的平面闸门。

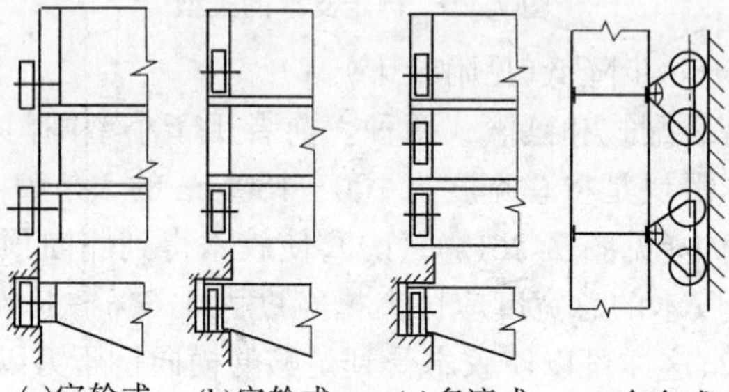

(a)定轮式　(b)定轮式　(c)多滚式　(d)台车式

图 7-27　滚轮式支承

定轮支承又可分为悬臂轴式(见图 7-27(a))和简支轮式(见图 7-27(b)、(c))。

(一)悬臂轴式

用悬臂轴将滑动轴承的滚轮或滚轴轴承滚轮装在边梁的外侧(见图 7-27(a)和图 7-28),悬臂轮的优点是轮子的安装和检修比较方便,所需门槽深度较小。但悬臂轴增大边梁外侧腹板的支承压力并使边梁受扭,悬臂轴的弯矩也较大。因此,适用于水头和孔口都较小的闸门,每个悬臂轮所受轮压宜在 500～1 000kN 以下。

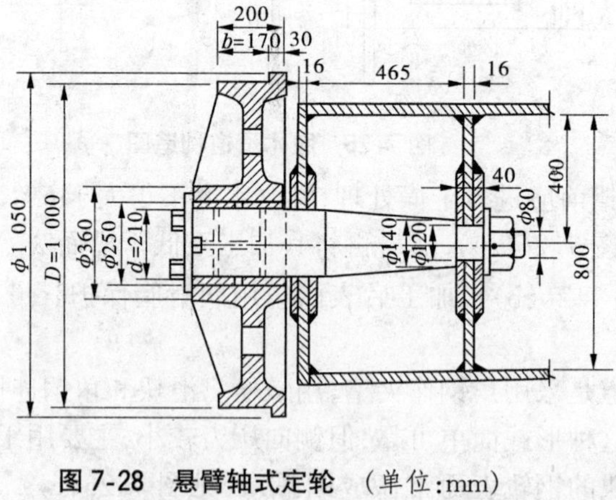

图 7-28　悬臂轴式定轮　(单位:mm)

(二)简支轮式

当闸门的水头和孔口都较大时,宜将轮子装在边梁的两块腹板之间(见图 7-27(b)),简支轮的位置也必须同主梁错开,而且轮缘与主梁腹板之间应留有一定间隙。这种简支轴避免了上述悬臂轴的缺点,在工程上应用较多。

滚轮的材料，对于小型闸门常采用铸铁。当轮压较大(超过200kN)时，铸铁轮子的尺寸就显得太大，必须采用碳钢或合金钢。轮压在1 200kN以下时，可选用普通碳素铸钢，如ZG230—450、ZG270—500、ZG310—570等；超过1 200kN则可选用合金铸钢，如ZG35CrMo、ZG50Mn2、ZG34CrNi3Mo等。轮子的表面还可根据需要进行硬化处理，以提高表面硬度。表面硬化深度一般取为发生最大接触应力处深度的2倍。滚轮的硬度应略低于轮道硬度。

轮子的主要尺寸为轮径 D 和轮缘宽度 b(见图7-29)，其大小取决于轮缘与轨道之间的接触应力情况。轮子直径 D 通常为300～1 000mm，轮缘宽度 b 通常为80～150mm。$D/b \approx 4 \sim 6$。

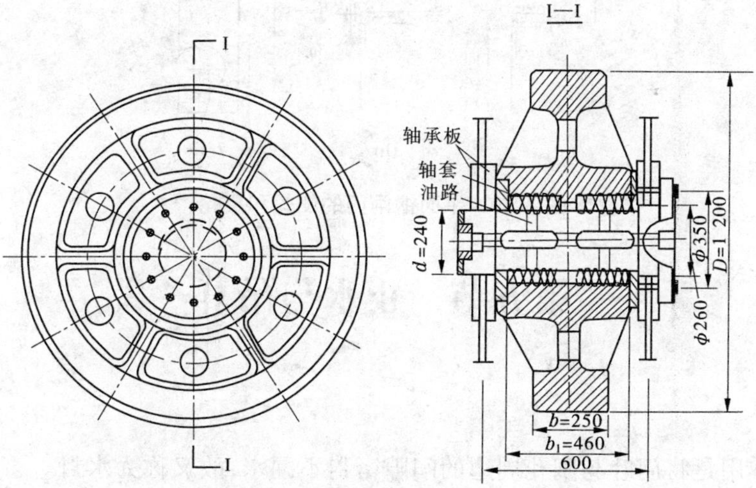

图7-29　简支轴式定轮　(单位:mm)

三、导向装置——侧轮和反轮

闸门启闭时，为了防止闸门在闸槽中因左右倾斜而被卡住或前后碰撞，并减少门下过水时的振动，需设置导向装置——侧轮和反轮(见图7-30)。侧轮和反轮可采用滚轮式和滑块式。

侧轮的作用是防止闸门主轮脱轨并防止闸门因起吊不均衡引起歪斜而卡在槽内。侧轮设在闸门的两侧，每侧上下各一个，侧轮的间距应尽量大，以承受因闸门左右倾斜时引起的反力(见图7-30(c))，在深孔闸门中，由于孔口上部有胸墙，侧轮应设在闸门两侧的闸槽内(见图7-30(a))，在露顶闸门中侧轮可以设在孔口之间闸门边部的构件上(见图7-30(b))，侧轮与其轨道间的空隙为10～20mm。

反轮设在与主轮相反的一面，承受由偏心拉力启闭力作用下闸门发生前后倾斜时的反力 R(见图7-30(c))。反轮与轨道间的空隙为15～30mm。对于跨度较大、水头较高、动水启闭的闸门，门顶需要溢水的闸门以及电站的尾水闸门，在闸门移动时，为了减少振动，常把反轮安装在板式弹簧上或把反轮安装在具有橡皮垫块的缓冲车架上，使反轮紧贴在轨道上。在中小型闸门中常利用悬臂式主轮兼作反轮,不另设反轮,反轮也可用滑块制作,以减小门槽宽度并便于布置侧向止水,但摩擦阻力较大。

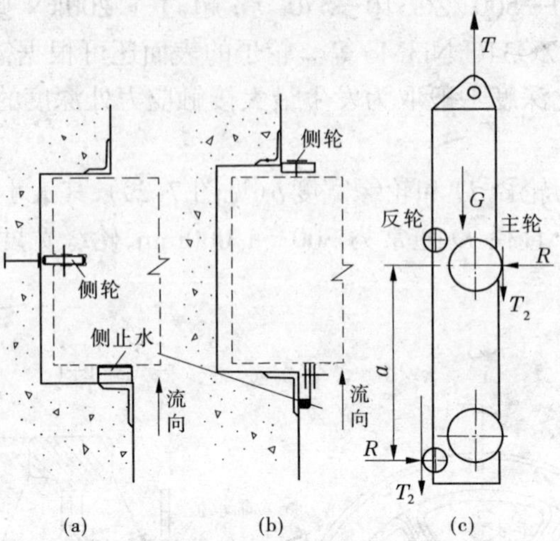

图 7-30 平面钢闸门的侧轮和反轮

第五节 止水与吊耳

一、止水

止水的作用是将门叶与闸孔周边的间隙密封不漏水,故又称为水封。

闸门止水装置一般安装在门叶上,以便维修更换,如需将止水安设在埋件上,则应提供维修更换的条件。止水按其装设位置可分为顶止水、侧止水、底止水和中间止水。露顶闸门中仅有侧止水和底止水;潜孔闸门上除侧止水、底止水外,还有顶止水。当闸门孔口高度很大而采用分段闸门时,在各段闸门之间尚须设置中间止水。

常用的止水材料为橡皮,其次为木材和金属。止水橡皮一般可选用定型产品,底止水一般为刀形的条形橡皮,侧止水和顶止水常用P形橡皮(见图 7-31(a)、(b)),它们用垫板与压板夹紧再用螺栓固定到门叶上。螺栓直径一般为 14～20mm,间距宜小于 150mm。止水橡皮的设置方向应根据水压力方向而定,一般要求止水橡皮在受到水压后,能使其圆头压紧在止水座上。考虑到闸门及埋件在制造、安装、施工过程中可能产生的累计误差以及闸门承受水压后的变形,对侧止水、顶止水橡皮采用预留 2～4mm 的压缩量,以保证止水阻漏的效果。

止水橡皮的设置位置与胸墙的位置、孔口的高程及闸门的操作方式等有关。露顶闸门的侧止水与底止水通常随面板的位置设置,如当面板设在上游时,这些止水也设在上游面(见图 7-31)。潜孔闸门的止水布置与胸墙位置有关。当胸墙在闸门的上游面时,侧止水应布置在门槽内,顶止水布置在上游面(见图 7-32(b)、(c));当闸门的跨度较大时,可选用图 7-32(c)的形式,使顶止水转动产生较大的变形以适应门叶结构受力变形的要求。

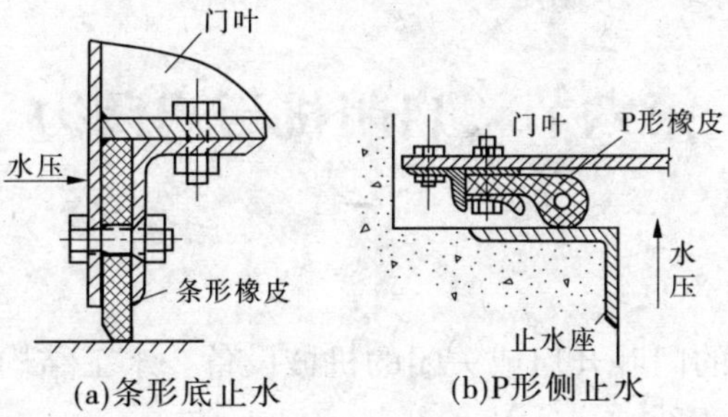

图 7-31　橡皮止水的构造图

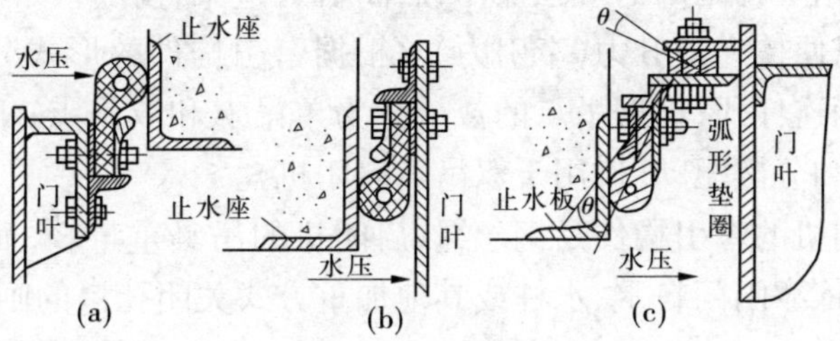

图 7-32　顶止水

在门体止水橡皮紧贴于混凝土的部位，应埋设表面光滑平整的钢质止水座，以满足止水橡皮与之贴紧后不漏水，并减少橡皮滑动时的磨损。对于重要工程，应在钢质止水座表面再焊一条不锈钢条(见图 7-33)。

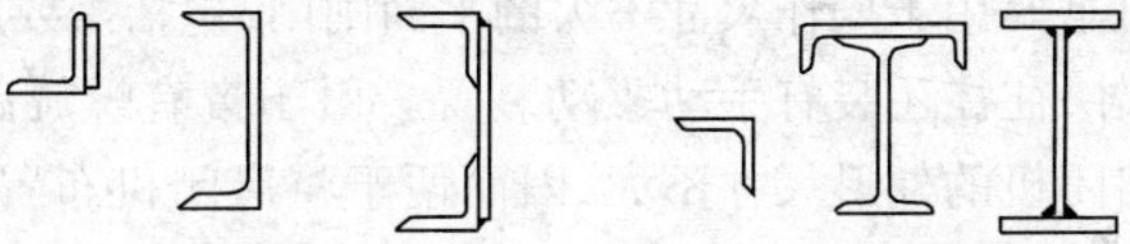

图 7-33　止水形式

二、吊耳

吊耳是连接闸门与启闭机的部件。吊耳应设在闸门重心与行走支承之间的闸门隔板或边梁顶部，并尽量设在闸门重心线上。根据闸门孔口的大小、宽高比、启闭力、闸门及启闭机布置形式等因素，闸门可采用单吊点或双吊点。当闸门的宽高比大于 1.0 时，宜采用双吊点。直升式平面闸门的吊耳，一般采用一块或两块钢板做成，设轴孔与吊轴相连接(见图 7-34)。

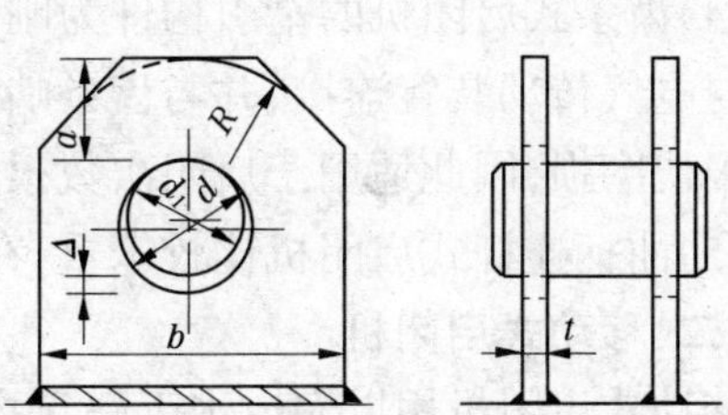

图 7-34　吊耳的构造

在设计中，应优先选用自动挂脱梁和高扬程启闭机，尽量避免选用吊杆，这样给运行、安装和维修都带来很大方便。当选用吊杆时，吊杆的分段长度，应按孔口高度，启闭机的扬程和对吊杆装拆、换向等要求确定。

第六节　启闭机与启闭力

一、启闭机

启闭机是控制闸门的门叶开启或关闭的机械设备。水工结构和设备所应用的启闭机主要有固定式和移动式两种。

(一)固定式启闭机

固定式启闭机用于各闸门的单独操作,启闭机通过柔性拉杆或刚性拉杆与闸门的活动部分固定连接,以便传递提升力(牵引力)。根据牵引构件的形式分为卷扬式、链式、螺杆式、齿条式和曲柄连杆式;根据吊点的数量分为单吊点和双吊点;根据驱动装置的布置方式分为集中驱动和分散驱动(仅用于双吊点启闭机)。

(1)卷扬式启闭机的牵引构件是钢丝绳,启闭机的吊具重量轻,而闸门的提升速度较快。主要用于操作依靠闸门自重、水柱或其他加重方式关闭孔口的闸门,一般布置为一机一门。

(2)链式启闭机采用铰接的片式链条作为牵引构件,同卷扬式启闭机的吊具相比,链条可随意布置在闸门槽内且工作链条的尺寸也较小。但空载时为张紧链条需加配重以及为防止链条与水接触需设置收链装置(如竖井)等。链式启闭机主要用于操作露顶式工作闸门。

(3)螺杆式启闭机主要用于操作尺寸不大的平面闸门,包括需要闭门力的闸门。螺杆式启闭机除电力驱动外,往往还装有手动驱动装置。由于带有螺旋副的齿轮传动系统布置紧凑,所以螺杆式启闭机的外形尺寸不大,因而便于将启闭机布置在比较狭窄的闸墩、工作桥及其他建筑上。单螺杆启闭机的效率低,且螺旋副的磨损也比较大,适用于启闭力小于 200kN 的闸门。

(4)齿条式启闭机的牵引构件为刚性齿条(通常是钝齿齿条)与闸门铰接。链轮传动系统与电气传动装置连接,并与齿条啮合。由于传动链轮的轮齿和齿条之间的滑动摩擦使之很快磨损,因此适用于启闭次数很少的闸门。

(5)曲柄连杆式启闭机比较笨重,在水工建筑中基本不用。

(二)移动式启闭机

移动式启闭机用以完成水工建筑物运行期间一组闸门的轮流操作。根据安装部位的不同,移动式启闭机可采用门式、半门式和桥式起重机双轨小车,单梁起重机,电动葫芦以及履带式起重机等(限于篇幅不再讲述)。

(三)启闭机的型号

我国水利水电工程平面闸门常用的启闭机有螺杆式启闭机、卷扬式启闭机和液压式启闭机等,QP 型卷扬式启闭机型号表示方法为:

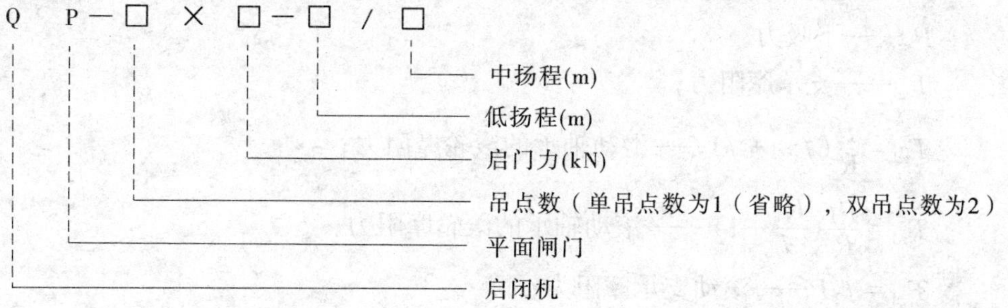

如 QP—1000—11/20 表示单吊点启门力为 1 000kN、低扬程为 11m、中扬程为 20m 的卷扬式启闭机。又如双吊点启力为 2×1 000kN、低扬程为 11m、中扬程为 20m 启闭机型号表示为 QP—2×1000—11/20。

该型号适用于水利水电工程中启闭平面闸门的电动卷扬式启闭机。

二、启闭力

闸门启闭力的计算，对于确定启闭机械的容量、牵引构件的尺寸以及对闸门吊耳的设计等都是必要的。

(一)动水中启闭的闸门

此类型闸门特别是深孔闸门，在水压力的作用下，由于摩阻力大，有时仅靠自重不能关闭，因此必须分别计算闭门力和启门力。在确定闸门启闭力时，除考虑闸门自重 G 外，还要考虑由于水压力作用而在滚轮或滑道支承处产生的摩阻力 T_{zd}、止水摩擦阻力 T_{zs}、闭门时门底的上托力 P_t、启门时由于门底水流形成部分真空而产生的下吸力 P_x。有时还有门顶水柱压力 W_s 等。现将平面闸门的闭门力、持住力和启门力的计算分述如下。

闭门力为：

$$F_w = n_T(T_{zd} + T_{zs}) - n_G G + P_t \quad (kN) \tag{7-14}$$

计算结果为正值时，需要加重(加重方式有加重块、水柱或机械下压力等)；计算结果为负值时，依靠自重可以关闭。

持住力为：

$$F_T = n'_G G + G_j + W_s + P_x - P_t - (T_{zd} + T_{zs}) \quad (kN) \tag{7-15}$$

启门力为：

$$F_Q = n_T(T_{zd} + T_{zs}) + G_j + W_s + P_x + n'_G G \quad (kN) \tag{7-16}$$

式中 n_T——摩擦阻力安全系数，可采用 1.2；

n_G——计算闭门力用的闸门自重修正系数，一般取 0.9～1.0；

n'_G——计算持住力和启闭力用的闸门自重修正系数，可采用 1.0～1.1；

G——闸门自重，当有拉杆时应计入拉杆重量，计算闭门力时选用负重；

W_s——作用在闸门上的水柱压力；

G_j——加重块重量；

P_t——上托力，包括底缘上托力及止水上托力；

P_x——下吸力；

T_{zd}——支承摩阻力；

$T_{zd}=\frac{P}{R}(f_1 r+f)$——滑动轴承的滚轮摩阻力；

$T_{zd}=\frac{Pf}{R}(\frac{R_1}{d}+1)$——滚动轴承的滚轮摩阻力；

$T_{zd}=f_2 P$——滚动支承摩阻力；

P——作用在闸门上的总水压力；

r——滚轮轴承半径；

R_1——轮动轴的平均半径；

R——轮轴半径；

d——滚动轴承轮柱直径；

T_{zs}——止水摩阻力，$T_{zs}=f_3 P_{zs}$；

f_1、f_2、f_3——滑动摩擦系数，计算持住力应取小值，计算启门、闭门力应取大值，可参照附录十选用；

f——滚动摩擦力臂，见附录十；

P_{zs}——作用在止水上的压力；

(1)上托力计算：

$$P_t=\gamma\beta_t H_s D_1 B_{zs} \tag{7-17}$$

式中 γ——水的重度；

H_s——门底水头；

D_1——底止水至上游面的距离；

B_{zs}——两侧止水的距离；

β_t——上托力系数，当验算闭门力时，按闸门接近完全关闭时的条件考虑，取 $\beta_t=1.0$，当计算持住力时，按闸门的不同开度考虑，可参照表 7-2 取用。

表 7-2　上托力系数 β_t

α	a/D_1				
	2	4	8	12	16
60°	0.8	0.7	0.5	0.4	0.25
52.5°	0.7	0.5	0.3	0.15	—
45°	0.6	0.4	0.1	0.05	—

注：a 为闸门开启高度；D_1 为闸门底止水至上游面板的距离；α 为闸门底缘的上游倾角。

表 7-4 中 β_t 值适用于闸后明流流态，且在应用时对泄水道闸门 $0<a<0.5H$（H 为引入道孔高）；对电站快速闸门 $0<a<a_k$，a_k 为电站快速闸门关闭时闸后明满流转换临界开度，一般可按 $a_k=0.5H$ 估算，必要时通过水工模型试验确定。

(2)下吸力计算：

$$P_x = pD_2 B_{zs} \tag{7-18}$$

式中 D_2——闸门底缘止水至主梁下翼缘的距离，m；

p——闸门底缘 D_2 部分的平均下吸力强度，可按 20kN/m² 计算，对溢流坝顶闸门、水闸闸门和坝内明流底孔闸门，当下游流态良好、通气充分时，可不计吸力。

(二)静水中启闭的闸门

静水中开启的闸门，其启闭力计算除计入闸门自重和加重外，尚应考虑一定的水位差引起的摩阻力。露顶式闸门和电站尾水闸门可采用不大于 1m 的水位差；滑孔式闸门可采用 1～5m 的水位差。当有可能发生淤泥、污物堆积等情况时，尚应酌情增加。

(三)底槛上的压应力验算

为防止闸门底部渗漏，除进行上述计算外，还应验算底止水在底槛上的压应力 σ_y。

$$\sigma_y = 0.001\,2\gamma H_s \tag{2-19}$$

式中 γ——水的重度，可采用 10kN/m³；

H_s——由底槛算起的水头，m。

思考题

7-1 平面钢闸门根据其工作性质分哪几种类型？它们的启闭方式有何区别？

7-2 平面钢闸门由哪几部分组成？门叶结构又由哪些构件和部件组成？

7-3 作用在闸门上的水压力是通过什么途径传至闸墩的？

7-4 平面钢闸门主梁的数目和位置如何确定？

7-5 梁格的布置形式有几种？各适用于什么情况？

7-6 梁格齐平(等高)连接和降低连接各有何优缺点？

7-7 如何确定不同梁格连接形式下的次梁计算简图和计算荷载？

7-8 面板参加主(次)梁截面工作的有效宽度是根据什么条件确定的？

7-9 平面钢闸门主梁的计算简图和荷载如何确定？

7-10 闸门联结系有哪几种？各有什么作用？

7-11 边梁的受力情况和工作特点如何？单腹式和双腹式边梁各适用于什么情况？

7-12 平面闸门行走支承有哪两大类？它们的构造形式和计算特点有何区别？

7-13 闸门的止水有何作用？如何布置止水？

7-14 平面闸门常用的启闭机有哪几种形式？各自有何特点？

7-15 卷扬式启闭机的型号如何表示？

7-16 为什么要分别计算闸门的启门力和闭门力？

附录一　钢材和连接的强度设计值和容许应力

附表 1-1　钢材的强度设计值　　（单位：N/mm^2）

钢材		抗拉、抗压和抗弯 f	抗剪 f_v	端面承压（刨平顶紧）f_{ce}
牌号	厚度或直径(mm)			
Q235 钢	16	215	125	325
	>16～40	205	120	
	>40～60	200	115	
	>60～100	190	110	
Q345 钢	16	310	180	400
	>16～35	295	170	
	>35～50	265	155	
	>50～100	250	145	
Q390 钢	16	350	205	415
	>16～35	335	190	
	>35～50	315	180	
	>50～100	295	170	
Q420 钢	16	380	220	440
	>16～35	360	210	
	>35～50	340	195	
	>50～100	325	185	

注：表中厚度是指计算点的厚度，对轴心受拉和轴心受压构件是指截面中较厚板件的厚度。

附表 1-2 《钢结构设计规范》(GB50017—2003)焊缝的强度设计值

(单位:N/mm²)

焊接方法和焊条型号	构件钢材		对接焊缝				角焊缝
	钢号	厚度或直径(mm)	抗压 f_c^w	抗拉和弯曲抗拉 f_t^w 当焊缝质量级别为 一、二级	抗拉和弯曲抗拉 f_t^w 当焊缝质量级别为 三级	抗剪 f_v^w	抗拉、抗压和抗剪 f_f^w
自动焊、半自动焊和 E43 型焊条的手工焊	Q235 钢	≤16	215	215	185	125	160
		>16~40	205	205	175	120	160
		>40~60	200	200	170	115	160
		>60~100	190	190	160	110	160
自动焊、半自动焊和 E50 型焊条的手工焊	Q345	≤16	310	310	265	180	200
		>16~35	295	295	250	170	200
		>35~50	265	265	225	155	200
		>50~100	250	250	210	145	200
自动焊、半自动焊和 E55 型焊条的手工焊	Q390 钢	≤16	350	350	300	205	220
		>16~35	335	335	285	190	220
		>35~50	315	315	270	180	220
		>50~100	295	295	250	170	220
自动焊、半自动焊和 E55 型焊条的手工焊	Q420 钢	≤16	380	380	320	220	220
		>16~35	360	360	305	210	220
		>35~50	340	340	290	195	220
		>50~100	325	325	275	185	220

注:1. 自动焊和半自动焊所采用的焊丝和焊剂,应保证其熔敷金属抗拉强度不低于相应手工焊焊条的数值。

2. 焊缝质量等级应符合现行《钢结构工程施工质量验收规范》(GB50205—2001)的规定。

3. 对接焊缝抗弯受压区强度设计取 f_c^w,受拉区取 f_t^w。

4. 表中厚度是指计算点的钢材厚度。

附表 1-3 《水利水电工程钢闸门设计规范》(SL74—95)：焊缝的容许应力

(单位：N / mm²)

焊缝分类	应力种类			符号	自动焊、半自动焊和用 E43×× 型焊条的手工焊，当钢号为						自动焊、半自动焊和用 E50××型焊条的手工焊，当钢号为			
					Q215			Q235			Q345(16Mn,16Mnq)			
					第1组	第2组	第3组	第1组	第2组	第3组	第1组	第2组	第3组	第4组
对接焊缝	抗压			$[\sigma_c^w]$	145	130	125	160	150	145	230	220	205	190
	抗拉	1. 当用自动焊时		$[\sigma_t^w]$	145	130	125	160	150	145	230	220	205	190
		2. 当用半自动焊或手工焊时，焊缝质量的检查为	(1)精确方法	$[\sigma_t^w]$	145	130	125	160	150	145	230	220	205	190
			(2)普通方法	$[\sigma_t^w]$	125	110	105	135	120	115	200	190	175	165
	抗剪			$[\tau^w]$	85	75	70	95	90	85	135	130	120	110
角焊缝	抗拉、抗压和抗剪			$[\tau_t^w]$	105	95	90	115	105	100	160	150	140	130

注：1. 检查焊缝质量的普通方法是指外观检查、测量尺寸、钻孔检查等方法；精确方法是在普通方法的基础上，用 X 射线、超声波等方法进行补充检查。

2. 安装焊缝的容许应力按本表降低 10%。

附表 1-4 《钢结构设计规范》(GB50017—2003)螺栓连接的强度设计值 (单位：N / mm²)

螺栓钢材的等级和构件的钢材牌号		普通螺栓 C级螺栓 抗拉 f_t^b	普通螺栓 C级螺栓 抗剪 f_v^b	普通螺栓 C级螺栓 承压 f_c^b	普通螺栓 A级、B级螺栓 抗拉 f_t^b	普通螺栓 A级、B级螺栓 抗剪 f_v^b	普通螺栓 A级、B级螺栓 承压 f_c^b	锚栓 抗拉 f_t^a	承压型连接高强螺栓 抗剪 f_v^b	承压型连接高强螺栓 承压 f_c^b
普通螺栓	4.6 级、4.8 级	170	140	—	—	—	—	—	—	—
	8.8 级	—	—	—	400	320	—	—	—	—
锚栓	Q235 钢	—	—	—	—	—	—	140	—	—
	Q345 钢	—	—	—	—	—	—	180	—	—
承压型连接高强螺栓	8.8 级	—	—	—	—	—	—	—	250	—
	10.9 级	—	—	—	—	—	—	—	310	—
构件	Q235 钢	—	—	305	—	—	405	—	—	470
	Q345 钢	—	—	385	—	—	510	—	—	590
	Q390 钢	—	—	400	—	—	530	—	—	615
	Q420 钢	—	—	425	—	—	560	—	—	655

注：1. A 级螺栓用于 $d \leqslant 24$mm 和 $l \leqslant 150$mm 或 $l \leqslant 10d$(按较小值)的螺栓；B 级螺栓用于 $d \leqslant 24$mm 和 $l > 150$mm 或 $l > 10d$(按较小值)的螺栓。d 为公称直径，l 为螺杆公称长度。

2. A 级、B 级螺栓孔的精度和孔壁表面粗糙度，C 级螺栓孔的允许偏差和孔壁表面粗糙度，均应符合现行《钢结构工程施工质量验收规范》(GB50205—2001)的要求。

附表 1-5 《水利水电工程钢闸门设计规范》(SL74—95):普通螺栓连接的容许应力

(单位:N/mm^2)

螺栓种类	应力种类	符号	螺栓的钢号		构件的钢号									
			Q235	Q345	Q215			Q235			Q345(16Mn,16Mnq)			
					第1组	第2组	第3组	第1组	第2组	第3组	第1组	第2组	第3组	第4组
精制螺栓	抗拉	$[\sigma_t^b]$	125	185	—	—	—	—	—	—	—	—	—	—
	抗剪(Ⅰ类孔)	$[\tau^b]$	130	190	—	—	—	—	—	—	—	—	—	—
	承压(Ⅰ类孔)	$[\sigma_c^b]$	—	—	265	240	—	290	275	—	420	395	370	345
粗制螺栓	抗拉	$[\sigma_t^b]$	125	185	—	—	—	—	—	—	—	—	—	—
	抗剪	$[\tau^b]$	85	125	—	—	—	—	—	—	—	—	—	—
	承压	$[\sigma_c^b]$	—	—	175	160	—	190	185	—	280	265	250	235
锚栓	抗拉	$[\sigma_t^a]$	105	150	—	—	—	—	—	—	—	—	—	—

注:1. 孔壁质量属于下列情况者为Ⅰ类孔:

①在装配好的构件上按设计孔径钻成的孔;

②在单个零件和构件上按设计孔径分别用钻模钻成的孔;

③在单个零件上先钻成或冲成较小的孔径,然后在装配好的构件上扩钻至设计孔径的孔。

2. 当螺栓直径大于 40mm 时,螺栓容许应力应予降低,对于 Q235 钢降低 4%,对于 Q345(16 锰)钢降低 6%。

附表 1-6 结构构件或连接设计强度的折减系数

项次	情况	折减系数
1	单面连接的单角钢: (1)按轴心受力计算强度和连接 (2)按轴心受压计算稳定性 等边角钢 短边相连的不等边角钢 长边相连的不等边角钢	 0.85 0.85 $0.6+0.0015\lambda$,但不大于 1.0 $0.5+0.0025\lambda$,但不大于 1.0 0.70
2	跨度≥60m 桁架的受压弦杆和端部受压腹杆	0.95
3	无垫板的单面施焊对接焊缝	0.85
4	施工条件较差的高空安装焊缝和铆钉连接	0.95
5	沉头和半沉头铆钉连接	0.80

注:1. λ 为长细比,对中间无联系的单角钢压杆,应按最小回转半径计算,当 $\lambda<20$ 时,取 $\lambda=20$。

2. 当几种情况同时存在时,其折减系数应连乘。

附表 1-7　钢材的尺寸分组

组别	钢材尺寸(mm)		
	Q215,Q235		Q345(16Mn,16Mnq)
	钢材厚度(直径)	型钢和异型钢的厚度	钢材厚度(直径)
第 1 组	≤16	≤15	≤16
第 2 组	>16～40	>15～20	>16～25
第 3 组	>40～60	>20	>25～36
第 4 组	>60～100	—	>36～50
第 5 组	>100～150	—	>50～100 方、圆钢
第 6 组	>150	—	—

注:1. 型钢包括角钢、工字钢和槽钢。

2. 工字钢和槽钢的厚度是指腹板厚度。

附表 1-8　钢材的容许应力　　(单位:N/mm^2)

应力种类	符号	碳素结构钢												低合金结构钢				
		Q215						Q235						Q345(16Mn,16Mnq)				
		第1组	第2组	第3组	第4组	第5组	第6组	第1组	第2组	第3组	第4组	第5组	第6组	第1组	第2组	第3组	第4组	第5组
抗拉、抗压和抗弯	$[\sigma]$	145	135	125	120	115	110	160	150	145	135	130	125	230	220	205	190	180
抗剪	$[\tau]$	90	80	70	65	60	55	95	90	85	80	75	70	135	130	120	110	105
局部承压	$[\sigma_{cd}]$	220	200	190	180	170	160	240	230	220	210	200	190	350	330	310	290	270
局部紧接承压	$[\sigma_{cj}]$	110	100	95	90	85	80	120	115	110	105	100	95	175	165	155	145	135

注:1. 局部承压应力不乘调整系数。

2. 局部承压是指构件腹板的小部分表面受局部荷载的挤压或断面承压(磨平顶紧)等情况。

3. 局部紧接承压是指可动性小的铰在接触面的投影平面上的压应力。

附表 1-9　机械零件的容许应力　　（单位：N/mm^2）

应力种类	符号	碳素结构钢		低合金钢	优质碳素结构钢		铸造碳钢			合金铸钢		合金结构钢	
		Q235	Q275	16Mn	35	45	ZG230-450	ZG270-500	ZG310-570	ZG50Mn2	ZG35CrMo	35Mn2	40Cr
抗拉、抗压和抗弯	[σ]	100	120	140	130	145	115	120	140	190	170 (235)	130 (280)	(320)
抗剪	[τ]	65	75	90	85	95	85	90	105	150	130 (180)	85 (190)	(215)
局部承压	[σ_{cd}]	150	180	210	195	220	170	180	200	280	250 (345)	195 (430)	(485)
局部紧接承压	[σ_{cj}]	80	95	110	105	120	90	95	110	155	135 (190)	(105) (230)	(265)
孔壁抗拉	[σ_k]	120	145	180	150	170	130	140	155	220	190 (265)	150 (330)	(375)

注：1. 括号内为调质处理后的数值。

2. 孔壁抗拉容许应力是指固定结合的情况；若为活动结合，则应按表值降低 20%。

3. 表列“合金结构钢”的容许应力，适用截面尺寸为 25mm。如由于厚度影响，屈服点有减小时，各类容许应力可按屈服点减小比例予以减小。

附表 1-10　一个高强螺栓的预拉力 P 值　　（单位：kN）

螺栓的性能等级	螺栓公称直径(mm)					
	M16	M20	M22	M24	M27	M30
8.8 级	80	125	155	175	230	280
10.9 级	100	155	190	225	290	355

附表 1-11　摩擦面的抗滑移系数 μ 值

连接处构件接触面的处理	构件的钢号		
	Q235 钢	Q345 或 Q390 钢	Q420 钢
喷砂(丸)	0.45	0.55	0.50
喷砂(丸)后涂无机富锌漆	0.35	0.40	0.40
钢丝刷清除浮锈或未经处理的干净轧制表面	0.30	0.35	0.40

附录二　疲劳计算的构件和连接分类

附表 2-1　构件和连接分类

项次	简图	说明	类别
1	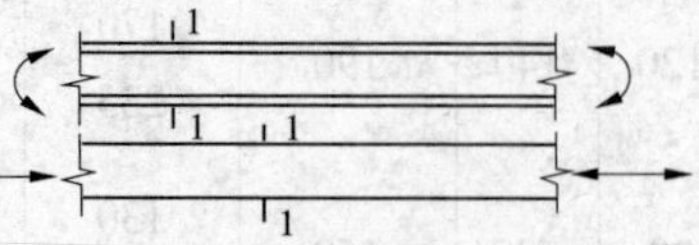	无连接处的主体金属 (1)轧制型钢 (2)钢板 a.两边为轧制边或刨边 b.两侧为自动、半自动切割边(切割质量标准应符合《钢结构工程施工质量验收规范》)	 1 1 2
2	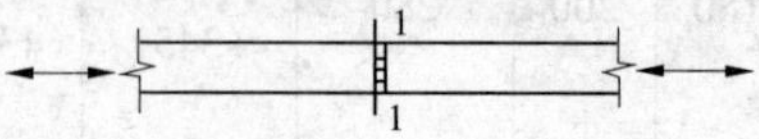	横向对接焊缝附近的主体金属 (1)符合《钢结构工程施工质量验收规范》的一级焊缝 (2)经加工、磨平的一级焊缝	 3 2
3	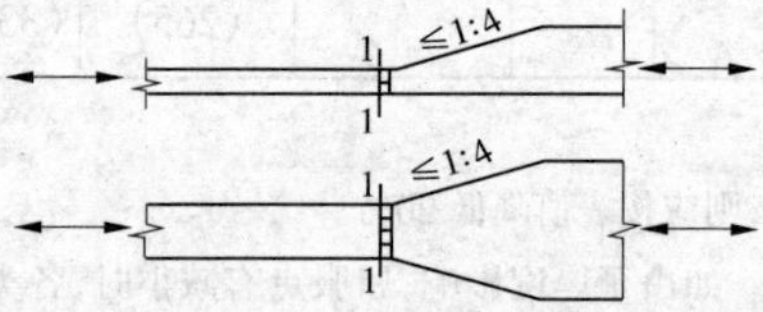	不同厚度(或宽度)横向对接焊缝附近的主体金属、焊缝加工成平滑过渡并符合一级焊缝标准	2
4	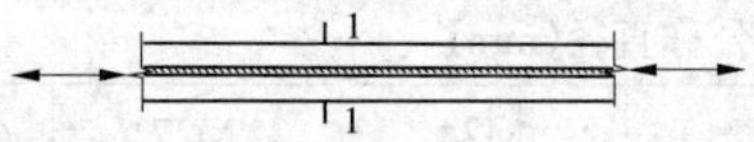	纵向对接焊缝附近的主体金属,焊缝符合二级焊缝标准	2
5	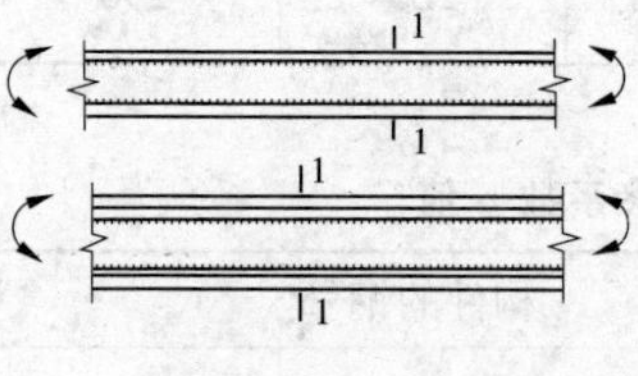	翼缘连接焊缝附近的主体金属 (1)翼缘板与腹板的连接焊缝 a.自动焊,二级焊缝 b.自动焊,三级焊缝,外观缺陷符合二级 c.手工焊,三级焊缝,外观缺陷符合二级 (2)双层翼缘板之间的连接焊缝 a.自动焊,三级焊缝,外观缺陷符合二级 b.手工焊,三级焊缝,外观缺陷符合二级	 2 3 4 3 4
6		横向加劲肋端部附近的主体金属 (1)肋端不断弧(采用回焊) (2)肋端断弧	 4 5

续附表 2-1

项次	简图	说明	类别
7	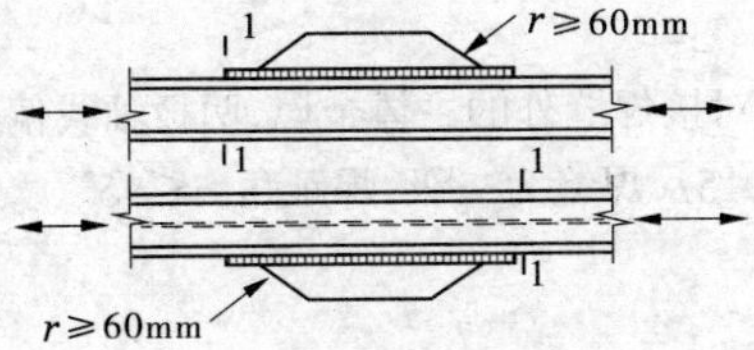	梯形节点板用对接焊缝焊于梁翼缘、腹板以及桁架构件处的主体金属，过渡处在焊后铲平、磨光、圆滑过渡，不得有焊接起弧、灭弧缺陷	5
8	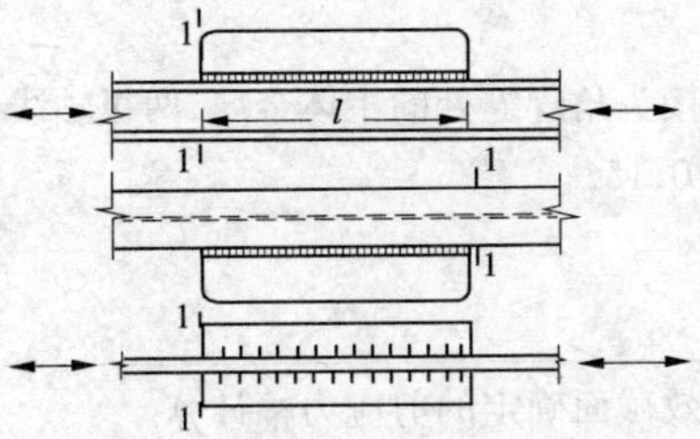	矩形节点板焊接于构件翼缘或腹板处的主体金属，$l>150$mm	7
9	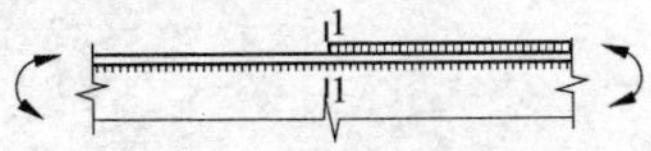	翼缘板中断处的主体金属（板端有正面焊缝）	7
10	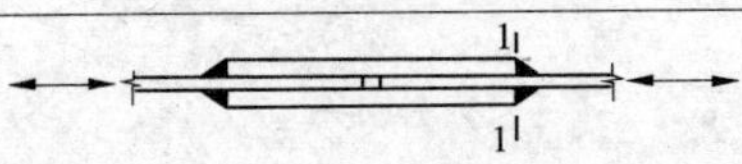	向正面角焊缝过渡处的主体金属	6
11	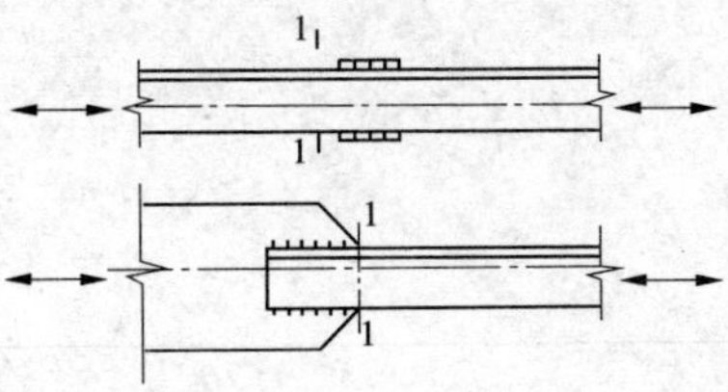	两侧面角焊缝连接端部的主体金属	8
12	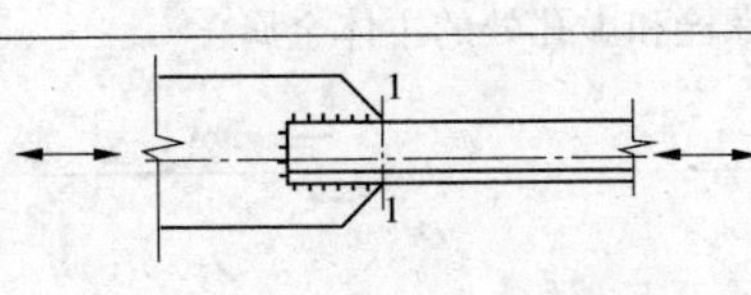	三面围焊的角焊缝端部主体金属	7
13	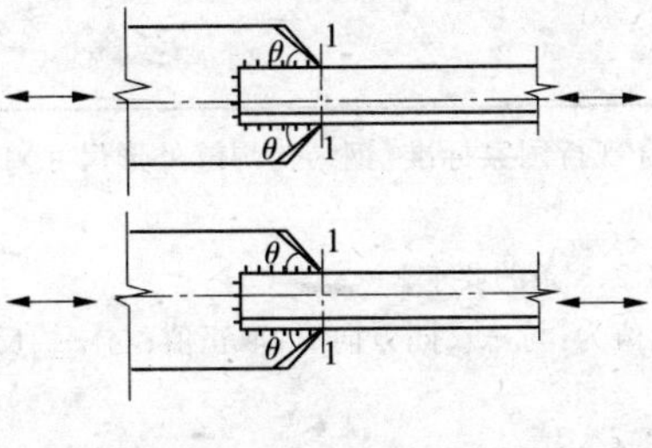	三面围焊或两侧面角焊缝连接的节点板主体金属（节点板计算宽度按应力扩散角 $\theta=30°$考虑）	7

续附表 2-1

项次	简图	说明	类别
14	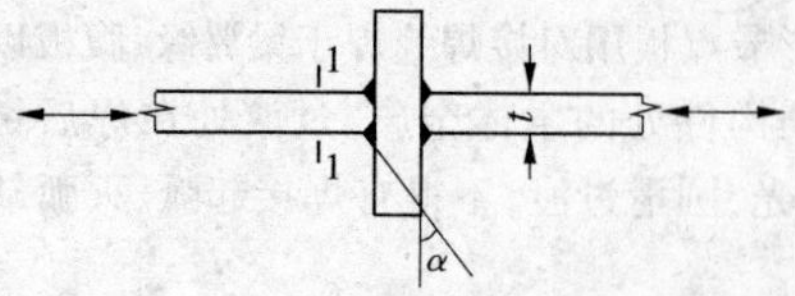	K 形对接焊缝外的主体金属，两板轴线偏离小于 $0.15t$，焊缝为二级，焊趾角 $\alpha \leqslant 45°$	5
15	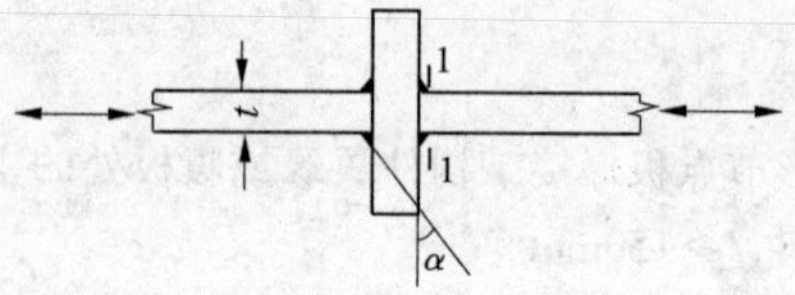	十字接头角焊缝处的主体金属，两板轴线偏离小于 $0.15t$	7
16	角焊缝	按有效截面确定的剪应力幅计算	8
17	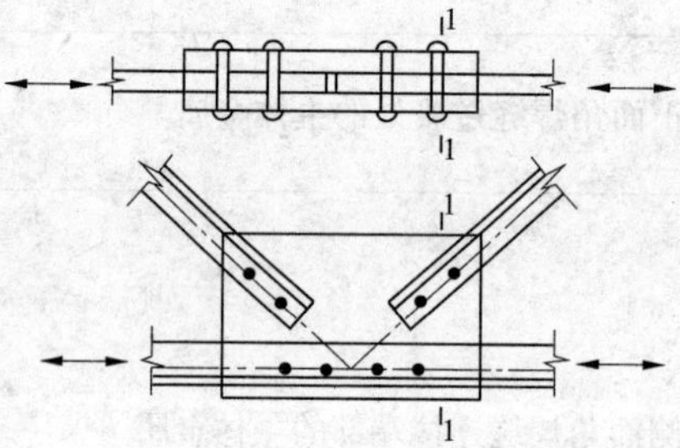	铆钉连接处的主体金属	3
18	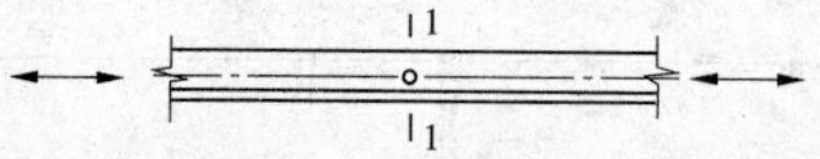	连系螺栓和虚孔处的主体金属	3
19	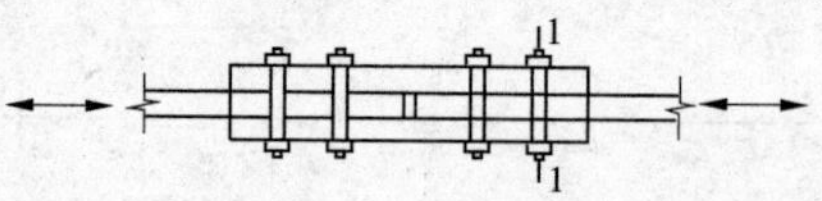	高强螺栓摩擦型连接处的主体金属	2

注：1. 所有对接焊缝均需焊透。所有焊缝的外形尺寸均应符合现行国家标准《钢结构焊缝外形尺寸》JB7949 的规定。

2. 角焊缝应符合现行《钢结构设计规范》第 8.2.7 条和第 8.2.8 条的要求。

3. 项次 16 中的剪应力幅 $\Delta\tau = \tau_{max} - \tau_{min}$，其中 τ_{min} 的正负值为：与 τ_{max} 同方向时，取正值；与 τ_{max} 反方向时，取负值。

4. 第 17、18 项中的应力应以净截面面积计算，第 19 项应以毛截面面积计算。

附录三　梁的整体稳定系数

一、焊接工字形等截面简支梁

焊接工字形等截面(附图 3-1)简支梁的整体稳定系数 φ_b 应按式附(3-1)计算:

$$\varphi_b = \beta_b \frac{4\,320}{\lambda_y^2} \cdot \frac{Ah}{W_x}\left[\sqrt{1+\left(\frac{\lambda_y t_1}{4.4h}\right)^2}+\eta_b\right]\frac{235}{f_y} \qquad 附(3\text{-}1)$$

式中　β_b——梁整体稳定的等效弯矩系数,按附表 3-1 采用;

λ_y——梁在侧向支承点间对截面弱轴 y—y 的长细比,$\lambda_y = l_1/i_y$,i_y 为梁毛截面对 y 轴的截面回转半径;

A——梁的毛截面面积;

h、t_1——梁截面的全高的受压翼缘厚度;

η_b——截面不对称影响系数:

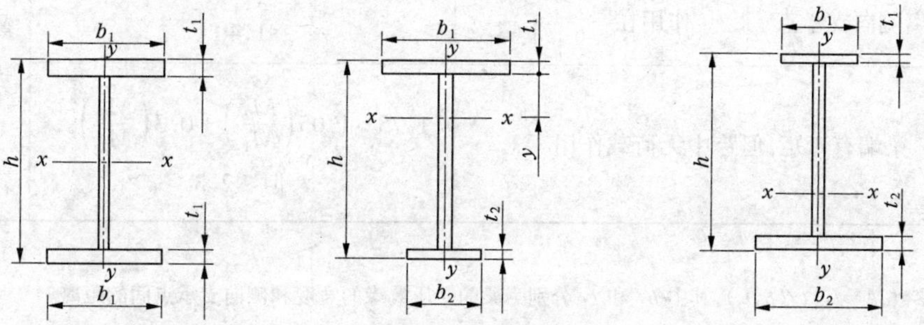

附图 3-1　焊接工字形截面

对双轴对称工字形截面(见附图 3-1(a)):

$$\eta_b = 0$$

对单轴对称工字形截面(见附图 3-1(b)、(c)):

加强受压翼缘　　$\eta_b = 0.8(2\alpha_b - 1)$

加强受拉翼缘　　$\eta_b = 2\alpha_b - 1$

式中,$\alpha_b = \dfrac{I_1}{I_1 + I_2}$,$I_1$ 和 I_2 分别为受压翼缘和受拉翼缘对 y 轴的惯性矩。

当按式附(3-1)算得的 φ_b 值大于 0.60 时,应按式附(3-2)计算的 φ_b' 代替 φ_b 值。

$$\varphi_b' = 1.07 - \frac{0.282}{\varphi_b} \leqslant 1.0 \qquad 附(3\text{-}2)$$

注:式附(3-1)亦适用于等截面铆接(或高强螺栓连接)简支梁,其受压翼缘厚度 t_1 包括翼缘角钢厚度在内。

附表 3-1　工字形截面简支梁系数 β_b

项次	侧向支承	荷载		$\xi=l_1t_1/(b_1h)$		适用范围
				$\xi\leqslant2.0$	$\xi>2.0$	
1	跨中无侧向支承	均布荷载作用在	上翼缘	$0.69+0.13\xi$	0.95	附图 3-1(a)、(b)的截面
2			下翼缘	$1.73-0.20\xi$	1.33	
3		集中荷载作用在	上翼缘	$0.73+0.18\xi$	1.09	
4			下翼缘	$2.23-0.28\xi$	1.67	
5	跨度中点有一个侧向支承点	均布荷载作用在	上翼缘	1.15		附图 3-1 中的所有截面
6			下翼缘	1.40		
7		集中荷载作用在截面高度上任意位置		1.75		
8	跨中点有不少于两个等距离侧向支承点	任意荷载作用在	上翼缘	1.20		
9			下翼缘	1.40		
10	梁端有弯矩,但跨中无荷载作用			$1.75-1.05\left(\frac{M_2}{M_1}\right)+0.3\left(\frac{M_2}{M_1}\right)^2$,但$\leqslant2.3$		

注:1. ξ 为参数,$\xi=l_1t_1/(b_1h)$,其中 b_1 和 l_1 分别为梁的受压翼缘的宽度和侧向支承点间的距离。

2. M_1、M_2 为梁的端弯矩,使梁产生同向曲率时,M_1 和 M_2 取同号,产生反向曲率时,M_1 和 M_2 取异号,$|M_1|\geqslant|M_2|$。

3. 表中项次 3、4 和 7 的集中荷载是指一个或少数几个集中荷载位于跨度中央附近的情况,对其他情况的集中荷载,应按表中项次 1、2、5、6 内的数值采用。

4. 表中项次 8、9 的 β_b,当集中荷载作用在侧向支承点处时,一律取 $\beta_b=1.2$。

5. 荷载作用在上翼缘是指荷载作用点在翼缘表面,方向指向截面形心;荷载作用点在下翼缘是指荷载作用点在翼缘表面,方向背向截面形心。

6. 对 $\alpha_b>0.8$ 的加强受压翼缘工字形截面,下列情况的 β_b 值应乘以相应的系数:

项次 1	当 $\xi>1.0$ 时	乘以 0.95
项次 3	当 $\xi\leqslant0.5$ 时	乘以 0.90
	当 $0.5<\xi\leqslant1.0$ 时	乘以 0.95

二、轧制 H 型钢简支梁

轧制 H 型钢简支梁整体稳定系数 φ_b 应按式附(3-1)计算,取 η_b 等于零,当所得的 φ_b 值大于 0.6 时,应按式附(3-2)算得相应的 φ'_b 代替 φ_b 值。

三、轧制普通工字形钢简支梁

轧制普通工字钢简支梁整体稳定系数 φ_b 应按附表 3-2 采用,当所得的 φ_b 值大于 0.60 时,应按式附(3-2)算得相应的 φ'_b 代替 φ_b 值。

附表 3-2　轧制普通工字钢简支梁的整体稳定系数 φ_b

项次	荷载情况			工字钢型号	自由长度 l_1(m)								
					2	3	4	5	6	7	8	9	10
1	跨中无侧向支承点的梁	集中荷载作用于	上翼缘	10～20	2.00	1.30	0.99	0.80	0.68	0.58	0.53	0.48	0.43
				22～32	2.40	1.48	1.09	0.86	0.72	0.62	0.54	0.49	0.45
				36～63	2.80	1.60	1.07	0.83	0.68	0.56	0.50	0.45	0.40
2			下翼缘	10～20	3.10	1.95	1.34	1.01	0.82	0.69	0.63	0.57	0.52
				22～40	5.50	2.80	1.84	1.37	1.07	0.86	0.73	0.64	0.56
				45～63	7.30	3.60	2.30	1.62	1.20	0.96	0.80	0.69	0.60
3		均布荷载作用于	上翼缘	10～20	1.70	1.12	0.84	0.68	0.57	0.50	0.45	0.41	0.37
				22～40	2.10	1.30	0.93	0.73	0.60	0.51	0.45	0.40	0.36
				45～63	2.60	1.45	0.97	0.73	0.59	0.50	0.44	0.38	0.35
4			下翼缘	10～20	2.50	1.55	1.08	0.83	0.68	0.56	0.52	0.47	0.42
				22～40	4.00	2.20	1.45	1.10	0.85	0.70	0.60	0.52	0.46
				45～63	5.60	2.80	1.80	1.25	0.95	0.78	0.65	0.55	0.49
5	跨中有侧向支承点的梁(不论荷载作用点在截面高度上的位置)			10～20	2.20	1.39	1.01	0.79	0.66	0.57	0.52	0.47	0.42
				22～40	3.00	1.80	1.24	0.96	0.76	0.65	0.56	0.49	0.43
				45～63	4.00	2.20	1.38	1.01	0.80	0.66	0.56	0.49	0.43

注:1. 同附表 3-1 的注 3、注 5。

2. 表中的 φ_b 适用于 Q235 钢。对其他钢号,表中数值应乘以 $235/f_y$。

四、轧制槽钢简支梁

轧制槽钢简支梁的整体稳定系数,不论荷载形式和荷载作用点在截面高度上的位置均可按式附(3-3)计算:

$$\varphi_b = \frac{570bt}{l_1 h} \cdot \frac{235}{f_y} \qquad \text{附(3-3)}$$

式中　h、b、t——槽钢截面的高度、翼缘宽度和平均厚度。

按式附(3-3)算得的 φ_b 值大于 0.6,应按式附(3-2)算得相应的 φ_b' 代替 φ_b 值。

五、双轴对称工字形等截面(含 H 型钢)悬臂梁

双轴对称工字形截面(含 H 型钢)悬臂梁的整体稳定系数,可按式附(3-1)计算,但式中系数 β_b 应按附表 3-3 查得,$\lambda_y = l_1/i_y$(l_1 为悬臂梁的悬伸长度)。当求得的 φ_b 值大于 0.6 时,应按式附(3-2)算得相应的 φ_b' 值代替 φ_b 值。

附表 3-3 双轴对称工字形等截面(含 H 型钢)悬臂梁的系数 β_b

项次	荷载形式		$\xi=\frac{l_1 t}{bh}$		
			$0.6\leqslant\xi\leqslant1.24$	$1.24<\xi\leqslant1.96$	$1.96<\xi\leqslant3.10$
1	自由端一个集中荷载作用在	上翼缘	$0.21+0.67\xi$	$0.72+0.26\xi$	$1.17+0.03\xi$
2		下翼缘	$2.94-0.65\xi$	$2.64-0.40\xi$	$2.15-0.15\xi$
3	均布荷载作用在上翼缘		$0.62+0.82\xi$	$1.25+0.31\xi$	$1.66+0.10\xi$

注:本表是按支承端为固定情况确定的,当用于由邻跨延伸出来的伸臂梁时,应在构造上采取措施加强支承处的抗扭能力。

六、φ_b 的近似计算

对于受均布弯矩(纯弯曲作用的构件),当 $\lambda_y\leqslant120\sqrt{235/f_y}$时,其整体稳定系数 φ_b 可按下列近似公式计算。

(一)工字形截面(含 H 型钢)

双轴对称时:

$$\varphi_b=1.07-\frac{\lambda_y^2}{44\ 000}\cdot\frac{f_y}{235}\leqslant1.0 \qquad 附(3\text{-}4)$$

单轴对称时:

$$\varphi_b=1.07-\frac{W_{1x}}{(2\alpha_b+0.1)Ah}\cdot\frac{\lambda_y^2}{14\ 000}\cdot\frac{f_y}{235}\leqslant1.0 \qquad 附(3\text{-}5)$$

式中 α_b——$\alpha_b=I_1/(I_1+I_2)$,I_1、I_2 分别为受压翼缘和受拉翼缘对 y 轴的惯性矩。

(二)T 形截面(弯矩作用在对称轴平面,绕 x 轴)

1. 弯矩使翼缘受压时

双角钢 T 形截面:

$$\varphi_b=1-0.001\ 7\lambda_y\sqrt{f_y/235} \qquad 附(3\text{-}6)$$

两板组合 T 形截面:

$$\varphi_b=1-0.002\ 2\lambda_y\sqrt{f_y/235} \qquad 附(3\text{-}7)$$

2. 弯矩使翼缘受拉时且翼缘宽厚比不大于 $18\sqrt{235/f_y}$ 时:

$$\varphi_b=1-0.000\ 5\lambda_y\sqrt{f_y/235} \qquad 附(3\text{-}8)$$

(三)箱形截面 $\varphi_b=1.0$

以上近似公式已考虑了构件的弹塑性失稳问题,因此当计算的 φ_b 大于 0.6 时不必再换算。

附录四　轴心受压构件的稳定系数

附表 4-1　a 类截面轴心受压构件的稳定系数 φ

$\lambda\sqrt{\frac{f_y}{235}}$	0	1	2	3	4	5	6	7	8	9
0	1.000	1.000	1.000	1.000	0.999	0.999	0.998	0.998	0.997	0.996
10	0.995	0.994	0.993	0.992	0.991	0.989	0.988	0.986	0.985	0.983
20	0.981	0.979	0.977	0.976	0.974	0.972	0.970	0.968	0.966	0.964
30	0.963	0.961	0.959	0.957	0.955	0.952	0.950	0.948	0.946	0.944
40	0.941	0.939	0.937	0.934	0.932	0.929	0.927	0.924	0.921	0.919
50	0.916	0.913	0.910	0.907	0.904	0.900	0.897	0.894	0.890	0.886
60	0.883	0.879	0.875	0.871	0.867	0.863	0.858	0.854	0.849	0.844
70	0.839	0.834	0.829	0.824	0.818	0.813	0.807	0.801	0.795	0.789
80	0.783	0.776	0.770	0.763	0.757	0.750	0.743	0.736	0.728	0.721
90	0.714	0.706	0.699	0.691	0.684	0.676	0.668	0.661	0.653	0.645
100	0.638	0.630	0.622	0.615	0.607	0.600	0.592	0.585	0.577	0.570
110	0.563	0.555	0.548	0.541	0.534	0.527	0.520	0.514	0.507	0.500
120	0.494	0.488	0.481	0.475	0.469	0.463	0.457	0.451	0.445	0.440
130	0.434	0.429	0.423	0.418	0.412	0.407	0.402	0.397	0.392	0.387
140	0.383	0.378	0.373	0.369	0.364	0.360	0.356	0.351	0.347	0.343
150	0.339	0.335	0.331	0.327	0.323	0.320	0.316	0.312	0.309	0.305
160	0.302	0.298	0.295	0.292	0.289	0.285	0.282	0.279	0.276	0.273
170	0.270	0.267	0.264	0.262	0.259	0.256	0.253	0.251	0.248	0.246
180	0.243	0.241	0.238	0.236	0.233	0.231	0.229	0.226	0.224	0.222
190	0.220	0.218	0.215	0.213	0.211	0.209	0.207	0.205	0.203	0.201
200	0.199	0.198	0.196	0.194	0.192	0.190	0.189	0.187	0.185	0.183
210	0.182	0.180	0.179	0.177	0.175	0.174	0.172	0.171	0.169	0.168
220	0.166	0.165	0.164	0.162	0.161	0.159	0.158	0.157	0.155	0.154
230	0.153	0.152	0.150	0.149	0.148	0.147	0.146	0.144	0.143	0.142
240	0.141	0.140	0.139	0.138	0.136	0.135	0.134	0.133	0.132	0.131
250	0.130									

附表 4-2 b类截面轴心受压构件的稳定系数 φ

$\lambda\sqrt{\frac{f_y}{235}}$	0	1	2	3	4	5	6	7	8	9
0	1.000	1.000	1.000	0.999	0.999	0.998	0.997	0.996	0.995	0.994
10	0.992	0.991	0.989	0.987	0.985	0.983	0.981	0.978	0.976	0.973
20	0.970	0.967	0.963	0.960	0.957	0.953	0.950	0.946	0.943	0.939
30	0.936	0.932	0.929	0.925	0.922	0.918	0.914	0.910	0.906	0.903
40	0.899	0.895	0.891	0.887	0.882	0.878	0.874	0.870	0.865	0.861
50	0.856	0.852	0.847	0.842	0.838	0.833	0.828	0.823	0.818	0.813
60	0.807	0.802	0.797	0.791	0.786	0.780	0.774	0.769	0.763	0.757
70	0.751	0.745	0.739	0.732	0.726	0.720	0.714	0.707	0.701	0.694
80	0.688	0.681	0.675	0.668	0.661	0.655	0.648	0.641	0.635	0.628
90	0.621	0.614	0.608	0.601	0.594	0.588	0.581	0.575	0.568	0.561
100	0.555	0.549	0.542	0.536	0.529	0.523	0.517	0.511	0.505	0.499
110	0.493	0.487	0.481	0.475	0.470	0.464	0.458	0.453	0.447	0.442
120	0.437	0.432	0.426	0.421	0.416	0.411	0.406	0.402	0.397	0.392
130	0.387	0.383	0.378	0.374	0.370	0.365	0.361	0.357	0.353	0.349
140	0.345	0.341	0.337	0.333	0.329	0.326	0.322	0.318	0.315	0.311
150	0.308	0.304	0.301	0.298	0.295	0.291	0.288	0.285	0.282	0.279
160	0.276	0.273	0.270	0.267	0.265	0.262	0.259	0.256	0.254	0.251
170	0.249	0.246	0.244	0.241	0.239	0.236	0.234	0.232	0.229	0.227
180	0.225	0.223	0.220	0.218	0.216	0.214	0.212	0.210	0.208	0.206
190	0.204	0.202	0.200	0.198	0.197	0.195	0.193	0.191	0.190	0.188
200	0.186	0.184	0.183	0.181	0.180	0.178	0.176	0.175	0.173	0.172
210	0.170	0.169	0.167	0.166	0.165	0.163	0.162	0.160	0.159	0.158
220	0.156	0.155	0.154	0.153	0.151	0.150	0.149	0.148	0.146	0.145
230	0.144	0.143	0.142	0.141	0.140	0.138	0.137	0.136	0.135	0.134
240	0.133	0.132	0.131	0.130	0.129	0.128	0.127	0.126	0.125	0.124
250	0.123									

附表 4-3　c 类截面轴心受压构件的稳定系数 φ

$\lambda\sqrt{\frac{f_y}{235}}$	0	1	2	3	4	5	6	7	8	9
0	1.000	1.000	1.000	0.999	0.999	0.998	0.997	0.996	0.995	0.993
10	0.992	0.990	0.988	0.986	0.983	0.981	0.978	0.976	0.973	0.970
20	0.966	0.959	0.953	0.947	0.940	0.934	0.928	0.921	0.915	0.909
30	0.902	0.896	0.890	0.884	0.877	0.871	0.865	0.858	0.852	0.846
40	0.839	0.833	0.826	0.820	0.814	0.807	0.801	0.794	0.788	0.781
50	0.775	0.768	0.762	0.755	0.748	0.742	0.735	0.729	0.722	0.715
60	0.709	0.702	0.695	0.689	0.682	0.676	0.669	0.662	0.656	0.649
70	0.643	0.636	0.629	0.623	0.616	0.610	0.604	0.597	0.591	0.584
80	0.578	0.572	0.566	0.559	0.553	0.547	0.541	0.535	0.529	0.523
90	0.517	0.511	0.505	0.500	0.494	0.488	0.483	0.477	0.472	0.467
100	0.463	0.458	0.454	0.449	0.445	0.441	0.436	0.432	0.428	0.423
110	0.419	0.415	0.411	0.407	0.403	0.399	0.395	0.391	0.387	0.383
120	0.379	0.375	0.371	0.367	0.364	0.360	0.356	0.353	0.349	0.346
130	0.342	0.339	0.335	0.332	0.328	0.325	0.322	0.319	0.315	0.312
140	0.309	0.306	0.303	0.300	0.297	0.294	0.291	0.288	0.285	0.282
150	0.280	0.277	0.274	0.271	0.269	0.266	0.264	0.261	0.258	0.256
160	0.254	0.251	0.249	0.246	0.244	0.242	0.239	0.237	0.235	0.233
170	0.230	0.228	0.226	0.224	0.222	0.220	0.218	0.216	0.214	0.212
180	0.210	0.208	0.206	0.205	0.203	0.201	0.199	0.197	0.196	0.194
190	0.192	0.190	0.189	0.187	0.186	0.184	0.182	0.181	0.179	0.178
200	0.176	0.175	0.173	0.172	0.170	0.169	0.168	0.166	0.165	0.163
210	0.162	0.161	0.159	0.158	0.157	0.156	0.154	0.153	0.152	0.151
220	0.150	0.148	0.147	0.146	0.145	0.144	0.143	0.142	0.140	0.139
230	0.138	0.137	0.136	0.135	0.134	0.133	0.132	0.131	0.130	0.129
240	0.128	0.127	0.126	0.125	0.124	0.124	0.123	0.122	0.121	0.120
250	0.119									

附表 4-4　d类截面轴心受压构件的稳定系数 φ

$\lambda\sqrt{\frac{f_y}{235}}$	0	1	2	3	4	5	6	7	8	9
0	1.000	1.000	0.999	0.999	0.998	0.996	0.994	0.992	0.990	0.987
10	0.984	0.981	0.978	0.974	0.969	0.965	0.960	0.955	0.949	0.944
20	0.937	0.927	0.918	0.909	0.900	0.891	0.883	0.874	0.865	0.857
30	0.848	0.840	0.831	0.823	0.815	0.807	0.799	0.790	0.782	0.774
40	0.766	0.759	0.751	0.743	0.735	0.728	0.720	0.712	0.705	0.697
50	0.690	0.683	0.675	0.668	0.661	0.654	0.646	0.639	0.632	0.625
60	0.618	0.612	0.605	0.598	0.591	0.585	0.578	0.572	0.565	0.559
70	0.552	0.546	0.540	0.534	0.528	0.522	0.516	0.510	0.504	0.498
80	0.493	0.487	0.481	0.476	0.470	0.465	0.460	0.454	0.449	0.444
90	0.439	0.434	0.429	0.424	0.419	0.414	0.410	0.405	0.401	0.397
100	0.394	0.390	0.387	0.383	0.380	0.376	0.373	0.370	0.366	0.363
110	0.359	0.356	0.353	0.350	0.346	0.343	0.340	0.337	0.334	0.331
120	0.328	0.325	0.322	0.319	0.316	0.313	0.310	0.307	0.304	0.301
130	0.299	0.296	0.293	0.290	0.288	0.285	0.282	0.280	0.277	0.275
140	0.272	0.270	0.267	0.265	0.262	0.260	0.258	0.255	0.253	0.251
150	0.248	0.246	0.244	0.242	0.240	0.237	0.235	0.233	0.231	0.229
160	0.227	0.225	0.223	0.221	0.219	0.217	0.215	0.213	0.212	0.210
170	0.208	0.206	0.204	0.203	0.201	0.199	0.197	0.196	0.194	0.192
180	0.191	0.189	0.188	0.186	0.184	0.183	0.181	0.180	0.178	0.177
190	0.176	0.174	0.173	0.171	0.170	0.168	0.167	0.166	0.164	0.163
200	0.162									

附录五　型钢表

附表 5-1　普通工字钢

h——高度；
b——翼缘宽度；
t_w——腹板厚；
t——翼缘平均厚；
I——惯性矩；
W——截面模量；
i——回转半径；
S——半截面的静力矩。

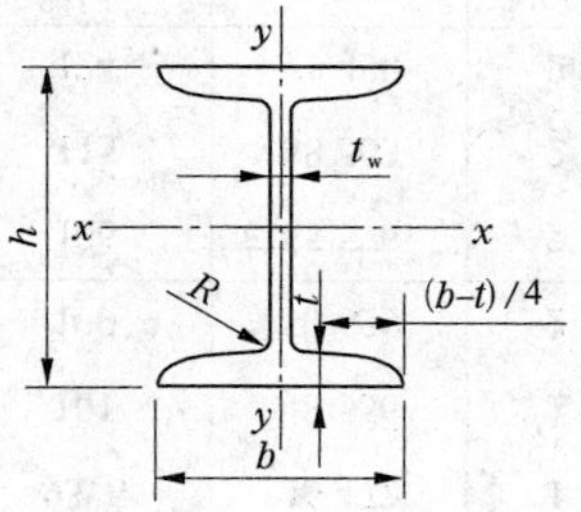

长度：型号 10～18，长 5～19m；
型号 20～63，长 6～19m。

型号	尺寸(mm)					截面积	质量	x—x 轴				y—y 轴		
	h	b	t_w	t	R	(cm²)	(kg/m)	I_x (cm⁴)	W_x (cm³)	i_x (cm)	I_x/S_x (cm)	I_y (cm⁴)	W_y (cm³)	i_y (cm)
10	100	68	4.5	7.6	6.5	14.3	11.2	245	49	4.14	8.69	33	9.6	1.51
12.6	126	74	5.0	8.4	7.0	18.1	14.2	488	77	5.19	11.0	47	12.7	1.61
14	140	80	5.5	9.1	7.5	21.5	16.9	712	102	5.75	12.2	64	16.1	1.73
16	160	88	6.0	9.9	8.0	26.1	20.5	1 127	141	6.57	13.9	93	21.1	1.89
18	180	94	6.5	10.7	8.5	30.7	24.1	1 699	185	7.37	15.4	123	26.2	2.00
20a	200	100	7.0	11.4	9.0	35.5	27.9	2 369	237	8.16	17.4	158	31.6	2.11
20b		102	9.0			39.5	31.1	2 502	250	7.95	17.1	169	33.1	2.07
22a	220	110	7.5	12.3	9.5	42.1	33.0	3 406	310	8.99	19.2	226	41.1	2.32
22b		112	9.5			46.5	36.5	3 583	326	8.78	18.9	240	42.9	2.27
25a	250	116	8.0	13.0	10.0	48.5	38.1	5 017	401	10.2	21.7	280	48.4	2.40
25b		118	10.0			53.5	42.0	5 278	422	9.93	21.4	297	50.4	2.36
28a	280	122	8.5	13.7	10.5	55.4	43.5	7 115	508	11.3	24.3	344	56.4	2.49
28b		124	10.5			61.0	47.9	7 481	534	11.1	24.0	364	58.7	2.44

续附表 5-1

型号	尺寸(mm)					截面积	质量	x—x 轴				y—y 轴		
	h	b	t_w	t	R	(cm²)	(kg/m)	I_x (cm⁴)	W_x (cm³)	i_x (cm)	I_x/S_x (cm)	I_y (cm⁴)	W_y (cm³)	i_y (cm)
a		130	9.5			67.1	52.7	11 080	692	12.8	27.7	459	70.6	2.62
32b	320	132	11.5	15.0	11.5	73.5	57.7	11 626	727	12.6	27.3	484	73.3	2.57
c		134	13.5			79.9	62.7	12 173	761	12.3	26.9	510	76.1	2.53
a		136	10.0			76.4	60.0	15 796	878	14.4	31.0	555	81.6	2.69
36b	360	138	12.0	15.8	12.0	83.6	65.6	16 574	921	14.1	30.6	584	84.6	2.64
c		140	14.0			90.8	71.3	17 351	964	13.8	30.2	614	87.7	2.60
a		142	10.5			86.1	67.6	21 714	1 086	15.9	34.4	660	92.9	2.77
40b	400	144	12.5	16.5	12.5	94.1	73.8	22 781	1 139	15.6	33.9	693	96.2	2.71
c		146	14.5			102	80.1	23 847	1 192	15.3	33.5	727	99.7	2.67
a		150	11.5			102	80.4	32 241	1 433	17.7	38.5	855	114	2.89
45b	450	152	13.5	18.0	13.5	111	87.4	33 759	1 500	17.4	38.1	895	118	2.84
c		154	15.5			120	94.5	35 278	1 568	17.1	37.6	938	122	2.79
a		158	12.0			119	93.6	46 472	1 859	19.7	42.9	1 122	142	3.07
50b	500	160	14.0	20	14	129	101	48 556	1 942	19.4	42.3	1 171	146	3.01
c		162	16.0			139	109	50 639	2 026	19.1	41.9	1 224	151	2.96
a		166	12.5			135	106	65 576	2 342	22.0	47.9	1 366	165	3.18
56b	560	168	14.5	21	14.5	147	115	68 503	2 447	21.6	47.3	1 424	170	3.12
c		170	16.5			158	124	71 430	2 551	21.3	46.8	1 485	175	3.07
a		176	13.0			155	122	94 004	2 984	24.7	53.8	1 702	194	3.32
63b	630	178	15.0	22	15	167	131	98 171	3 117	24.2	53.2	1 771	199	3.25
c		180	17.0			180	141	102 339	3 249	23.9	52.6	1 842	205	3.20

附表 5-2 H 型钢和 T 型钢

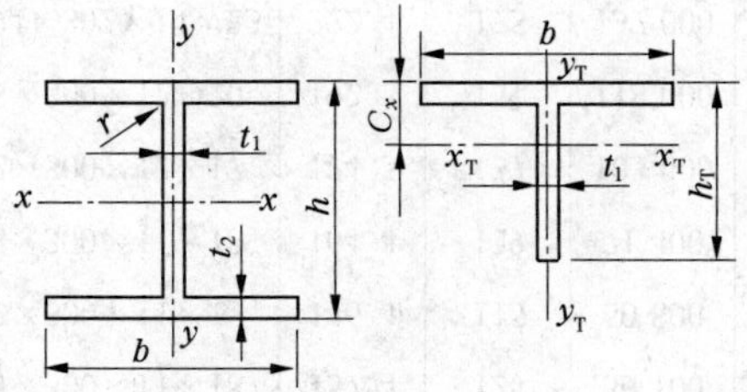

h——H 型钢截面高度；
b——翼缘宽度；
t_1——腹板厚度；
t_2——翼缘厚度；
W——截面模量；
i——回转半径；
S——半截面的静力矩；
I——惯性矩。

对 T 型钢：截面高度 h_T、截面面积 A_T、质量 q_T、惯性矩 I_{yT} 等于相应 H 型钢的 1/2。

HW、HM、HN 分别代表宽翼缘、中翼缘、窄翼缘 H 型钢；

TW、TM、TN 分别代表各自 H 型钢部分的 T 型钢。

类别	H 型钢规格(mm) $(h\times b\times t_1\times t_2)$	截面积 A (cm^2)	质量 q (kg/m)	x—x 轴 I_x (cm^4)	x—x 轴 W_x (cm^3)	x—x 轴 i_x (cm)	y—y 轴 I_y (cm^4)	y—y 轴 W_y (cm^3)	H 和 T: i_y, i_{yT} (cm)	重心 C_x (cm)	I_{xT} (cm^4)	i_{xT} (cm)	T 型钢规格(mm) $(h_T\times b\times t_1\times t_2)$	类别
HW	100×100×6×8	21.90	17.2	383	76.5	4.18	134	26.7	2.47	1.00	16.1	1.21	50×100×6×8	TW
	125×125×6.5×9	30.31	23.8	847	136	5.29	294	47.0	3.11	1.19	35.0	1.52	62.5×125×6.5×9	
	150×150×7×10	40.55	31.9	1 660	221	6.39	564	75.1	3.73	1.37	66.4	1.81	75×150×7×10	
	175×175×7.5×11	51.43	40.3	2 900	331	7.50	984	112	4.37	1.55	115	2.11	87.5×175×7.5×11	
	200×200×8×12	64.28	50.5	4 770	477	8.61	1 600	160	4.99	1.73	185	2.40	100×200×8×12	
	#200×204×12×12	72.28	56.7	5 030	503	8.35	1 700	167	4.85	2.09	256	2.66	#100×204×12×12	
	250×250×9×14	92.18	72.4	10 800	867	10.8	3 650	292	6.29	2.08	412	2.99	125×250×9×14	
	#250×255×14×14	104.7	82.2	11 500	919	10.5	3 880	304	6.09	2.58	589	3.36	#125×255×14×14	
	#294×302×12×12	108.3	85.0	17 000	1 160	12.5	5 520	365	7.14	2.83	858	3.98	#147×302×12×12	
	300×300×10×15	120.4	94.5	20 500	1 370	13.1	6 760	450	7.49	2.47	798	3.64	150×300×10×15	
	300×305×15×15	135.4	106	21 600	1 440	12.6	7 100	466	7.24	3.02	1 110	4.05	150×305×15×15	
	#344×348×10×16	146.0	115	33 300	1 940	15.1	11 200	646	8.78	2.67	1 230	4.11	#172×348×10×16	
	350×350×12×19	173.9	137	40 300	2 300	15.2	13 600	776	8.84	2.86	1 520	4.18	175×350×12×19	

续附表 5-2

类别	H型钢								H和T	T型钢				类别
	H型钢规格(mm) ($h\times b\times t_1\times t_2$)	截面积 A (cm^2)	质量 q (kg/m)	x—x 轴 I_x (cm^4)	x—x 轴 W_x (cm^3)	x—x 轴 i_x (cm)	y—y 轴 I_y (cm^4)	y—y 轴 W_y (cm^3)	y—y 轴 i_y, i_{yT} (cm)	重心 C_x (cm)	I_{xT} (cm^4)	i_{xT} (cm)	T型钢规格(mm) ($h_T\times b\times t_1\times t_2$)	
HW	#388×402×15×15	179.2	141	49 200	2 540	16.6	16 300	809	9.52	3.69	2 480	5.26	#194×402×15×15	TW
	#394×398×11×18	187.6	147	56 400	2 860	17.3	18 900	951	10.0	3.01	2 050	4.67	#197×398×11×18	
	400×400×13×21	219.5	172	66 900	3 340	17.5	22 400	1 120	10.1	3.21	2 480	4.75	200×400×13×21	
	#400×408×21×21	251.5	197	71 100	3 560	16.8	23 800	1 170	9.73	4.07	3 650	5.39	#200×408×21×21	
	#414×405×18×28	296.2	233	93 000	4 490	17.7	31 000	1 530	10.2	3.68	3 620	4.95	#207×405×18×28	
	#428×407×20×35	361.4	284	119 000	5 580	18.2	39 400	1 930	10.4	3.90	4 380	4.92	#214×407×20×35	
HM	148×100×6×9	27.25	21.4	1 040	140	6.17	151	30.2	2.35	1.55	51.7	1.95	74×100×6×9	HM
	194×150×6×9	39.76	31.2	2 740	283	8.30	508	67.7	3.57	1.78	125	2.50	97×150×6×9	
	244×175×7×11	56.24	44.1	6 120	502	10.4	985	113	4.18	2.27	289	3.20	122×175×7×11	
	294×200×8×12	73.03	57.3	11 400	779	12.5	1 600	160	4.69	2.82	572	3.96	147×200×8×12	
	340×250×9×14	101.5	79.7	21 700	1 280	14.6	3 650	292	6.00	3.09	1 020	4.48	170×250×9×14	
	390×300×10×16	136.7	107	38 900	2 000	16.9	7 210	481	7.26	3.40	1 730	5.03	195×300×10×16	
	440×300×11×18	157.4	124	56 100	2 550	18.9	8 110	541	7.18	4.05	2 680	5.84	220×300×11×18	
	482×300×11×15	146.4	115	60 800	2 520	20.4	6 770	451	6.80	4.90	3 420	6.83	241×300×11×15	
	488×300×11×18	164.4	129	71 400	2 930	20.8	8 120	541	7.03	4.65	3 620	6.64	244×300×11×18	
	582×300×12×17	174.5	137	103 000	3 530	24.3	7 670	511	6.63	6.39	6 360	8.54	291×300×12×17	
	588×300×12×20	192.5	151	118 000	4 020	24.8	9 020	601	6.85	6.08	6 710	8.35	294×300×12×20	
	#594×302×14×23	222.4	175	137 000	4 620	24.9	10 600	701	6.90	6.33	7 920	8.44	#297×302×14×23	

续附表 5-2

类别	H 型钢								H和T	T 型钢				类别
	H型钢规格(mm)	截面积	质量	x—x 轴			y—y 轴			重心			T型钢规格(mm)	
	$(h \times b \times t_1 \times t_2)$	A (cm^2)	q (kg/m)	I_x (cm^4)	W_x (cm^3)	i_x (cm)	I_y (cm^4)	W_y (cm^3)	i_y, i_{yT} (cm)	C_x (cm)	I_{xT} (cm^4)	i_{xT} (cm)	$(h_T \times b \times t_1 \times t_2)$	
HN	100×50×5×7	12.16	9.54	192	38.5	3.98	14.9	5.96	1.11	1.27	11.9	1.40	50×50×5×7	HN
	125×60×6×8	17.01	13.3	417	66.8	4.95	29.3	9.75	1.31	1.63	27.5	1.80	62.5×60×6×8	
	150×75×5×7	18.16	14.3	679	90.6	6.12	49.6	13.2	1.65	1.78	42.7	2.17	75×75×5×7	
	175×90×5×8	23.21	18.2	1 220	140	7.26	97.6	21.7	2.05	1.92	70.7	2.47	87.5×90×5×8	
	198×99×4.5×7	23.59	18.5	1 610	163	8.27	114	23.0	2.20	2.13	94.0	2.82	99×99×4.5×7	
	200×100×5.5×8	27.57	21.7	1 880	188	8.25	134	26.8	2.21	2.27	115	2.88	100×100×5.5×8	
	248×124×5×8	32.89	25.8	3 560	287	10.4	255	41.1	2.78	2.62	208	3.56	124×124×5×8	
	250×125×6×9	37.87	29.7	4 080	326	10.4	294	47.0	2.79	2.78	249	3.62	125×125×6×9	
	298×149×5.5×8	41.55	32.6	6 460	433	12.4	443	59.4	3.26	3.22	395	4.36	149×149×5.5×8	
	300×150×6.5×9	47.53	37.3	7 350	490	12.4	508	67.7	3.27	3.38	465	4.42	150×150×6.5×9	
	346×174×6×9	53.19	41.8	11 200	649	14.5	792	91.0	3.86	3.68	681	5.06	173×174×6×9	
	350×175×7×11	63.66	50.0	13 700	782	14.7	985	113	3.93	3.74	816	5.06	175×175×7×11	
	#400×150×8×13	71.12	55.8	18 800	942	16.3	734	97.9	3.21					

续附表 5-2

类别	H型钢规格(mm) $(h \times b \times t_1 \times t_2)$	截面积 A (cm^2)	质量 q (kg/m)	I_x (cm^4)	W_x (cm^3)	i_x (cm)	I_y (cm^4)	W_y (cm^3)	i_y, i_{yT} (cm)	重心 C_x (cm)	I_{xT} (cm^4)	i_{xT} (cm)	T型钢规格(mm) $(h_T \times b \times t_1 \times t_2)$	类别
	H 型 钢			x—x 轴			y—y 轴		H和T	T 型 钢				
HN	396×199×7×11	72.16	56.7	20 000	1 010	16.7	1 450	145	4.48	4.17	1 190	5.76	198×199×7×11	HN
	400×200×8×13	84.12	66.0	23 700	1 190	16.8	1 740	174	4.54	4.23	1 400	5.76	200×200×8×13	
	#450×150×9×14	83.41	65.5	27 100	1 200	18.0	793	106	3.08					
	446×199×8×12	84.95	66.7	29 000	1 300	18.5	1 580	159	4.31	5.07	1 880	6.65	223×199×8×12	
	450×200×9×14	97.41	76.5	33 700	1 500	18.6	1 870	187	4.38	5.13	2 160	6.66	225×200×9×14	
	#500×150×10×16	98.23	77.1	38 500	1 540	19.8	907	121	3.04					
	496×199×9×14	101.3	79.5	41 900	1 690	20.3	1 840	185	4.27	5.90	2 840	7.49	248×199×9×14	
	500×200×10×16	114.2	89.6	47 800	1 910	20.5	2 140	214	4.33	5.96	3 210	7.50	250×200×10×16	
	#506×201×11×19	131.3	103	56 500	2 230	20.8	2 580	257	4.43	5.95	3 670	7.48	#253×201×11×19	
	596×199×10×15	121.2	95.1	69 300	2 330	23.9	1 980	199	4.04	7.76	5 200	9.27	298×199×10×15	
	600×200×11×17	135.2	106	78 200	2 610	24.1	2 280	228	4.11	7.81	5 820	9.28	300×200×11×17	
	#606×201×12×20	153.3	120	91 000	3 000	24.4	2 720	271	4.21	7.76	6 580	9.26	#303×201×12×20	
	#692×300×13×20	211.5	166	172 000	4 980	28.6	9 020	602	6.53					
	700×300×13×24	235.5	185	201 000	5 760	29.3	10 800	722	6.78					

注:“#”表示的规格为非常用规格。

附表 5-3　普通槽钢

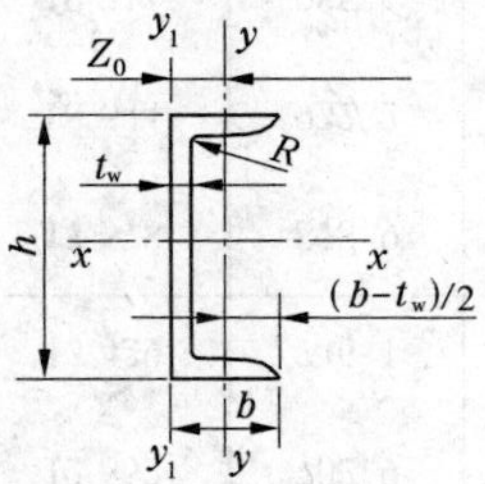

符号含义同普通工字型钢，但 W_y 为对应于翼缘肢尖的截面模量。

长度：型号 5～8，长 5～12m；
型号 10～18，长 5～19m；
型号 20～40，长 9～19m

型号	尺寸(mm)					截面积	质量	x—x 轴			y—y 轴			y_1—y_1 轴	Z_0
	h	b	t_w	t	R	(cm^2)	(kg/m)	I_x (cm^4)	W_x (cm^3)	i_x (cm)	I_y (cm^4)	W_y (cm^3)	i_y (cm)	I_{y1} (cm^4)	(cm)
5	50	37	4.5	7.0	7.0	6.92	5.44	26	10.4	1.94	8.3	3.5	1.10	20.9	1.35
6.3	63	40	4.8	7.5	7.5	8.45	6.63	51	16.3	2.46	11.9	4.6	1.19	28.3	1.39
8	80	43	5.0	8.0	8.0	10.24	8.04	101	25.3	3.14	16.6	5.8	1.27	37.4	1.42
10	100	48	5.3	8.5	8.5	12.74	10.00	198	39.7	3.94	25.6	7.8	1.42	54.9	1.52
12.6	126	53	5.5	9.0	9.0	15.69	12.31	389	61.7	4.98	38.0	10.3	1.56	77.8	1.59
14a	140	58	6.0	9.5	9.5	18.51	14.53	564	80.5	5.52	53.2	13.0	1.70	107.2	1.71
14b		60	8.0	9.5	9.5	21.31	16.73	609	87.1	5.35	61.2	14.1	1.69	120.6	1.67
16a	160	63	6.5	10.0	10.0	21.95	17.23	866	108.3	6.28	73.4	16.3	1.83	144.1	1.79
16b		65	8.5	10.0	10.0	25.15	19.75	935	116.8	6.10	83.4	17.6	1.82	160.8	1.75
18a	180	68	7.0	10.5	10.5	25.69	20.17	1 273	141.4	7.04	98.6	20.0	1.96	189.7	1.88
18b		70	9.0	10.5	10.5	29.29	22.99	1 370	152.2	6.84	111.0	21.5	1.95	210.1	1.84
20a	200	73	7.0	11.0	11.0	28.83	22.63	1 780	178.0	7.86	128.0	24.2	2.11	244.0	2.01
20b		75	9.0	11.0	11.0	32.83	25.77	1 914	191.4	7.64	143.6	25.9	2.09	268.4	1.95
22a	220	77	7.0	11.5	11.5	31.84	24.99	2 394	217.6	8.67	157.8	28.2	2.23	298.2	2.10
22b		79	9.0	11.5	11.5	36.24	28.45	2 571	233.8	8.42	176.5	30.1	2.21	326.3	2.03

续附表 5-3

型号	尺寸(mm)					截面积 (cm^2)	质量 (kg/m)	x—x 轴			y—y 轴			y_1—y_1 轴	Z_0 (cm)
	h	b	t_w	t	R			I_x (cm^4)	W_x (cm^3)	i_x (cm)	I_y (cm^4)	W_y (cm^3)	i_y (cm)	I_{y1} (cm^4)	
a		78	7.0	12.0	12.0	34.91	27.40	3 359	268.7	9.81	175.9	30.7	2.24	324.8	2.07
25b	250	80	9.0	12.0	12.0	39.91	31.33	3 619	289.6	9.52	196.4	32.7	2.22	355.1	1.99
c		82	11.0	12.0	12.0	44.91	35.25	3 880	310.4	9.30	215.9	34.6	2.19	388.6	1.96
a		82	7.5	12.5	12.5	40.02	31.42	4 753	339.5	10.90	217.9	35.7	2.33	393.3	2.09
28b	280	84	9.5	12.5	12.5	45.62	35.81	5 118	365.6	10.59	241.5	37.9	2.30	428.5	2.02
c		86	11.5	12.5	12.5	51.22	40.21	5 484	391.7	10.35	264.1	40.0	2.27	467.3	1.99
a		88	8.0	14.0	14.0	48.50	38.07	7 511	469.4	12.44	304.7	46.4	2.51	547.5	2.24
32b	320	90	10.0	14.0	14.0	54.90	43.10	8 057	503.5	12.11	335.6	49.1	2.47	592.9	2.16
c		92	12.0	14.0	14.0	61.30	48.12	8 603	537.7	11.85	365.0	51.6	2.44	642.7	2.13
a		96	9.0	16.0	16.0	60.89	47.80	11 874	659.7	13.96	455.0	63.6	2.73	818.5	2.44
36b	360	98	11.0	16.0	16.0	68.09	53.45	12 652	702.9	13.63	496.7	66.9	2.70	880.5	2.37
c		100	13.0	16.0	16.0	75.29	59.10	13 429	746.1	13.36	536.6	70.0	2.67	948.0	2.34
a		100	10.5	18.0	18.0	75.04	58.91	17 578	878.9	15.30	592.0	78.8	2.81	1 057.9	2.49
40b	400	102	12.5	18.0	18.0	83.04	65.19	18 644	932.2	14.98	640.6	82.6	2.78	1 135.8	2.44
c		104	14.5	18.0	18.0	91.04	71.47	19 711	985.6	14.71	687.8	86.2	2.75	1 220.3	2.42

附表 5-4　等边角钢

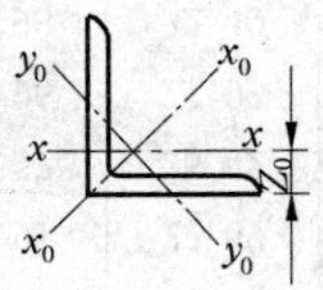

单角钢

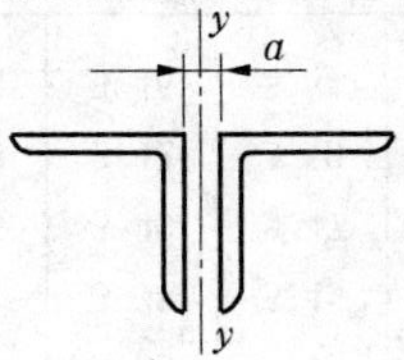

双角钢

角钢型号	圆角 R	重心矩 Z_0	截面积 A	质量	惯性矩 I_x	截面模量 W_x^{max}	截面模量 W_x^{min}	回转半径 i_x	回转半径 i_{x0}	回转半径 i_{y0}	i_y,当 a 为下列数值 6mm	8mm	10mm	12mm	14mm
	mm	mm	cm^2	kg/m	cm^4	cm^3	cm^3	cm	cm	cm	cm	cm	cm	cm	cm
∠20×3	3.5	6.0	1.13	0.89	0.40	0.66	0.29	0.59	0.75	0.39	1.08	1.17	1.25	1.34	1.43
∠20×4		6.4	1.46	1.15	0.50	0.78	0.36	0.58	0.73	0.38	1.11	1.19	1.28	1.37	1.46
∠25×3	3.5	7.3	1.43	1.12	0.82	1.12	0.46	0.76	0.95	0.49	1.27	1.36	1.44	1.53	1.61
∠25×4		7.6	1.86	1.46	1.03	1.34	0.59	0.74	0.93	0.48	1.30	1.38	1.47	1.55	1.64
∠30×3	4.5	8.5	1.75	1.37	1.46	1.72	0.68	0.91	1.15	0.59	1.47	1.55	1.63	1.71	1.80
∠30×4		8.9	2.28	1.79	1.84	2.08	0.87	0.90	1.13	0.58	1.49	1.57	1.65	1.74	1.82
∠36×3	4.5	10.0	2.11	1.66	2.58	2.59	0.99	1.11	1.39	0.71	1.70	1.78	1.86	1.94	2.03
∠36×4		10.4	2.76	2.16	3.29	3.18	1.28	1.09	1.38	0.70	1.73	1.80	1.89	1.97	2.05
∠36×5		10.7	3.38	2.65	3.95	3.68	1.56	1.08	1.36	0.70	1.75	1.83	1.91	1.99	2.08
∠40×3	5	10.9	2.36	1.85	3.59	3.28	1.23	1.23	1.55	0.79	1.86	1.94	2.01	2.09	2.18
∠40×4		11.3	3.09	2.42	4.60	4.05	1.60	1.22	1.54	0.79	1.88	1.96	2.04	2.12	2.20
∠40×5		11.7	3.79	2.98	5.53	4.72	1.96	1.21	1.52	0.78	1.90	1.98	2.06	2.14	2.23
∠45×3	5	12.2	2.66	2.09	5.17	4.25	1.58	1.39	1.76	0.90	2.06	2.14	2.21	2.29	2.37
∠45×4		12.6	3.49	2.74	6.65	5.29	2.05	1.38	1.74	0.89	2.08	2.16	2.24	2.32	2.40
∠45×5		13.0	4.29	3.37	8.04	6.20	2.51	1.37	1.72	0.88	2.10	2.18	2.26	2.34	2.42
∠45×6		13.3	5.08	3.99	9.33	6.99	2.95	1.36	1.71	0.88	2.12	2.20	2.28	2.36	2.44

续附表 5-4

型号		圆角 R	重心矩 Z_0	截面积 A	质量	惯性矩 I_x	截面模量 W_x^{max}	截面模量 W_x^{min}	回转半径 i_x	回转半径 i_{x0}	回转半径 i_{y0}	i_y,当 a 为下列数值 6mm	8mm	10mm	12mm	14mm
		mm	mm	cm^2	kg/m	cm^4	cm^3	cm^3	cm	cm	cm	cm	cm	cm	cm	cm
∠50×	3	5.5	13.4	2.97	2.33	7.18	5.36	1.96	1.55	1.96	1.00	2.26	2.33	2.41	2.48	2.56
	4		13.8	3.90	3.06	9.26	6.70	2.56	1.54	1.94	0.99	2.28	2.36	2.43	2.51	2.59
	5		14.2	4.80	3.77	11.21	7.90	3.13	1.53	1.92	0.98	2.30	2.38	2.45	2.53	2.61
	6		14.6	5.69	4.46	13.05	8.95	3.68	1.51	1.91	0.98	2.32	2.40	2.48	2.56	2.64
∠56×	3	6	14.8	3.34	2.62	10.19	6.86	2.48	1.75	2.20	1.13	2.50	2.57	2.64	2.72	2.80
	4		15.3	4.39	3.45	13.18	8.63	3.24	1.73	2.18	1.11	2.52	2.59	2.67	2.74	2.82
	5		15.7	5.42	4.25	16.02	10.22	3.97	1.72	2.17	1.10	2.54	2.61	2.69	2.77	2.85
	8		16.8	8.37	6.57	23.63	14.06	6.03	1.68	2.11	1.09	2.60	2.67	2.75	2.83	2.91
∠63×	4	7	17.0	4.98	3.91	19.03	11.22	4.13	1.96	2.46	1.26	2.79	2.87	2.94	3.02	3.09
	5		17.4	6.14	4.82	23.17	13.33	5.08	1.94	2.45	1.25	2.82	2.89	2.96	3.04	3.12
	6		17.8	7.29	5.72	27.12	15.26	6.00	1.93	2.43	1.24	2.83	2.91	2.98	3.06	3.14
	8		18.5	9.51	7.47	34.45	18.59	7.75	1.90	2.39	1.23	2.87	2.95	3.03	3.10	3.18
	10		19.3	11.66	9.15	41.09	21.34	9.39	1.88	2.36	1.22	2.91	2.99	3.07	3.15	3.23
∠70×	4	8	18.6	5.57	4.37	26.39	14.16	5.14	2.18	2.74	1.40	3.07	3.14	3.21	3.29	3.36
	5		19.1	6.88	5.40	32.21	16.89	6.32	2.16	2.73	1.39	3.09	3.16	3.24	3.31	3.39
	6		19.5	8.16	6.41	37.77	19.39	7.48	2.15	2.71	1.38	3.11	3.18	3.26	3.33	3.41
	7		19.9	9.42	7.40	43.09	21.68	8.59	2.14	2.69	1.38	3.13	3.20	3.28	3.36	3.43
	8		20.3	10.67	8.37	48.17	23.79	9.68	2.13	2.68	1.37	3.15	3.22	3.30	3.38	3.46
∠75×	5	9	20.3	7.41	5.82	39.96	19.73	7.30	2.32	2.92	1.50	3.29	3.36	3.43	3.50	3.58
	6		20.7	8.80	6.91	46.91	22.69	8.63	2.31	2.91	1.49	3.31	3.38	3.45	3.53	3.60
	7		21.1	10.16	7.98	53.57	25.42	9.93	2.30	2.89	1.48	3.33	3.40	3.47	3.55	3.63
	8		21.5	11.50	9.03	59.96	27.93	11.20	2.28	2.87	1.47	3.35	3.42	3.50	3.57	3.65
	10		22.2	14.13	11.09	71.98	32.40	13.64	2.26	2.84	1.46	3.38	3.46	3.54	3.61	3.69

续附表 5-4

型号	圆角 R	重心矩 Z_0	截面积 A	质量	惯性矩 I_x	截面模量 W_x^{max}	W_x^{min}	回转半径 i_x	i_{x0}	i_{y0}	i_y，当 a 为下列数值 6mm	8mm	10mm	12mm	14mm
	mm		cm^2	kg/m	cm^4	cm^3		cm			cm				
5		21.5	7.91	6.21	48.79	22.70	8.34	2.48	3.13	1.60	3.49	3.56	3.63	3.71	3.78
6		21.9	9.40	7.38	57.35	26.16	9.87	2.47	3.11	1.59	3.51	3.58	3.65	3.73	3.80
∠80×7	9	22.3	10.86	8.53	65.58	29.38	11.37	2.46	3.10	1.58	3.53	3.60	3.67	3.75	3.83
8		22.7	12.30	9.66	73.50	32.36	12.83	2.44	3.08	1.57	3.55	3.62	3.70	3.77	3.85
10		23.5	15.13	11.87	88.43	37.68	15.64	2.42	3.04	1.56	3.58	3.66	3.74	3.81	3.89
6		24.4	10.64	8.35	82.77	33.90	12.61	2.79	3.51	1.80	3.91	3.98	4.05	4.12	4.20
7		24.8	12.30	9.66	94.83	38.28	14.54	2.78	3.50	1.78	3.93	4.00	4.07	4.14	4.22
∠90×8	10	25.2	13.94	10.95	106.5	42.30	16.42	2.76	3.48	1.78	3.95	4.02	4.09	4.17	4.24
10		25.9	17.17	13.48	128.6	49.57	20.07	2.74	3.45	1.76	3.98	4.06	4.13	4.21	4.28
12		26.7	20.31	15.94	149.2	55.93	23.57	2.71	3.41	1.75	4.02	4.09	4.17	4.25	4.32
6		26.7	11.93	9.37	115.0	43.04	15.68	3.10	3.91	2.00	4.30	4.37	4.44	4.51	4.58
7		27.1	13.80	10.83	131.9	48.57	18.10	3.09	3.89	1.99	4.32	4.39	4.46	4.53	4.61
8		27.6	15.64	12.28	148.2	53.78	20.47	3.08	3.88	1.98	4.34	4.41	4.48	4.55	4.63
∠100×10	12	28.4	19.26	15.12	179.5	63.29	25.06	3.05	3.84	1.96	4.38	4.45	4.52	4.60	4.67
12		29.1	22.80	17.90	208.9	71.72	29.47	3.03	3.81	1.95	4.41	4.49	4.56	4.64	4.71
14		29.9	26.26	20.61	236.5	79.19	33.73	3.00	3.77	1.94	4.45	4.53	4.60	4.68	4.75
16		30.6	29.63	23.26	262.5	85.81	37.82	2.98	3.74	1.93	4.49	4.56	4.64	4.72	4.80
7		29.6	15.20	11.93	177.2	59.78	22.05	3.41	4.30	2.20	4.72	4.79	4.86	4.94	5.01
8		30.1	17.24	13.53	199.5	66.36	24.95	3.40	4.28	2.19	4.74	4.81	4.88	4.96	5.03
∠110×10	12	30.9	21.26	16.69	242.2	78.48	30.60	3.38	4.25	2.17	4.78	4.85	4.92	5.00	5.07
12		31.6	25.20	19.78	282.6	89.34	36.05	3.35	4.22	2.15	4.82	4.89	4.96	5.04	5.11
14		32.4	29.06	22.81	320.7	99.07	41.31	3.32	4.18	2.14	4.85	4.93	5.00	5.08	5.15

续附表 5-4

型号		圆角 R	重心矩 Z_0	截面积 A	质量	惯性矩 I_x	截面模量		回转半径			i_y，当 a 为下列数值				
							W_x^{max}	W_x^{min}	i_x	i_{x0}	i_{y0}	6mm	8mm	10mm	12mm	14mm
		(mm)		cm²	kg/m	cm⁴	cm³		cm			cm				
∠125×	8	14	33.7	19.75	15.50	297.0	88.20	32.52	3.88	4.88	2.50	5.34	5.41	5.48	5.55	5.62
	10		34.5	24.37	19.13	361.7	104.8	39.97	3.85	4.85	2.48	5.38	5.45	5.52	5.59	5.66
	12		35.3	28.91	22.70	423.2	119.9	47.17	3.83	4.82	2.46	5.41	5.48	5.56	5.63	5.70
	14		36.1	33.37	26.19	481.7	133.6	54.16	3.80	4.78	2.45	5.45	5.52	5.59	5.67	5.74
∠140×	10	14	38.2	27.37	21.49	514.7	134.6	50.58	4.34	5.46	2.78	5.98	6.05	6.12	6.20	6.27
	12		39.0	32.51	25.52	603.7	154.6	59.80	4.31	5.43	2.77	6.02	6.09	6.16	6.23	6.31
	14		39.8	37.57	29.49	688.8	173.0	68.75	4.28	5.40	2.75	6.06	6.13	6.20	6.27	6.34
	16		40.6	42.54	33.39	770.2	189.9	77.46	4.26	5.36	2.74	6.09	6.16	6.23	6.31	6.38
∠160×	10	16	43.1	31.50	24.73	779.5	180.8	66.70	4.97	6.27	3.20	6.78	6.85	6.92	6.99	7.06
	12		43.9	37.44	29.39	916.6	208.6	78.98	4.95	6.24	3.18	6.82	6.89	6.96	7.03	7.10
	14		44.7	43.30	33.99	1 048	234.4	90.95	4.92	6.20	3.16	6.86	6.93	7.00	7.07	7.14
	16		45.5	49.07	38.52	1 175	258.3	102.6	4.89	6.17	3.14	6.89	6.96	7.03	7.10	7.18
∠180×	12	16	48.9	42.24	33.16	1 321	270.0	100.8	5.59	7.05	3.58	7.63	7.70	7.77	7.84	7.91
	14		49.7	48.90	38.38	1 514	304.6	116.3	5.57	7.02	3.57	7.67	7.74	7.81	7.88	7.95
	16		50.5	55.47	43.54	1 701	336.9	131.4	5.54	6.98	3.55	7.70	7.77	7.84	7.91	7.98
	18		51.3	61.95	48.63	1 881	367.1	146.1	5.51	6.94	3.53	7.73	7.80	7.87	7.95	8.02
∠200×	14	18	54.6	54.64	42.89	2 104	385.1	144.7	6.20	7.82	3.98	8.47	8.54	8.61	8.67	8.75
	16		55.4	62.01	48.68	2 366	427.0	163.7	6.18	7.79	3.96	8.50	8.57	8.64	8.71	8.78
	18		56.2	69.30	54.40	2 621	466.5	182.2	6.15	7.75	3.94	8.53	8.60	8.67	8.75	8.82
	20		56.9	76.50	60.06	2 867	503.6	200.4	6.12	7.72	3.93	8.57	8.64	8.71	8.78	8.85
	24		58.4	90.66	71.17	3 338	571.5	235.8	6.07	7.64	3.90	8.63	8.71	8.78	8.85	8.92

附表 5-5　不等边角钢

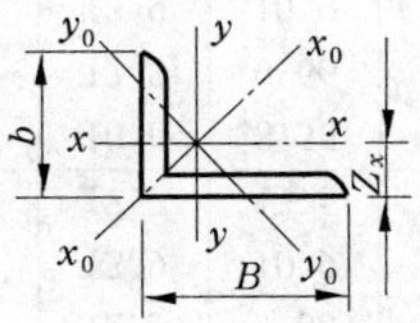

单角钢

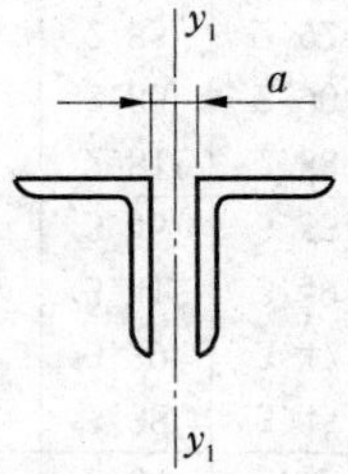

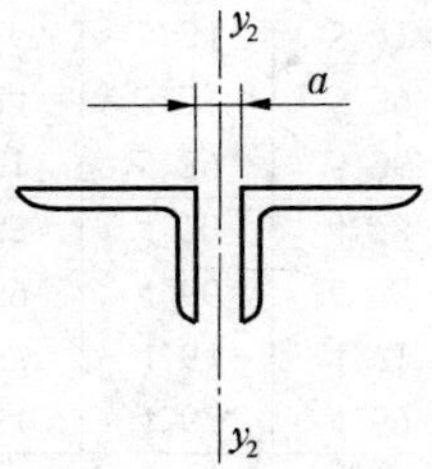

双角钢

角钢型号 $B\times b\times t$	圆角 R	重心矩 Z_x	重心矩 Z_y	截面积 A	质量	回转半径 i_x	回转半径 i_y	回转半径 i_{y0}	i_{y1}，当 a 为下列数值 6mm	8mm	10mm	12mm	i_{y2}，当 a 为下列数值 6mm	8mm	10mm	12mm
		mm	mm	cm^2	kg/m	cm	cm	cm	cm	cm	cm	cm	cm	cm	cm	cm
∠25×16×3	3.5	4.2	8.6	1.16	0.91	0.44	0.78	0.34	0.84	0.93	1.02	1.11	1.40	1.48	1.57	1.66
∠25×16×4	3.5	4.6	9.0	1.50	1.18	0.43	0.77	0.34	0.87	0.96	1.05	1.14	1.42	1.51	1.60	1.68
∠32×20×3	3.5	4.9	10.8	1.49	1.17	0.55	1.01	0.43	0.97	1.05	1.14	1.23	1.71	1.79	1.88	1.96
∠32×20×4	3.5	5.3	11.2	1.94	1.52	0.54	1.00	0.43	0.99	1.08	1.16	1.25	1.74	1.82	1.90	1.99
∠40×25×3	4	5.9	13.2	1.89	1.48	0.70	1.28	0.54	1.13	1.21	1.30	1.38	2.07	2.14	2.23	2.31
∠40×25×4	4	6.3	13.7	2.47	1.94	0.69	1.26	0.54	1.16	1.24	1.32	1.41	2.09	2.17	2.25	2.34
∠45×28×3	5	6.4	14.7	2.15	1.69	0.79	1.44	0.61	1.23	1.31	1.39	1.47	2.28	2.36	2.44	2.52
∠45×28×4	5	6.8	15.1	2.81	2.20	0.78	1.43	0.60	1.25	1.33	1.41	1.50	2.31	2.39	2.47	2.55
∠50×32×3	5.5	7.3	16.0	2.43	1.91	0.91	1.60	0.70	1.38	1.45	1.53	1.61	2.49	2.56	2.64	2.75
∠50×32×4	5.5	7.7	16.5	3.18	2.49	0.90	1.59	0.69	1.40	1.47	1.55	1.64	2.51	2.59	2.67	2.75
∠56×36×3	6	8.0	17.8	2.74	2.15	1.03	1.80	0.79	1.51	1.59	1.66	1.74	2.75	2.82	2.90	2.98
∠56×36×4	6	8.5	18.2	3.59	2.82	1.02	1.79	0.78	1.53	1.61	1.69	1.77	2.77	2.85	2.93	3.01
∠56×36×5	6	8.8	18.7	4.42	3.47	1.01	1.77	0.78	1.56	1.63	1.71	1.79	2.80	2.88	2.96	3.04
∠63×40×4	7	9.2	20.4	4.06	3.19	1.14	2.02	0.88	1.66	1.74	1.81	1.89	3.09	3.16	3.24	3.32
∠63×40×5	7	9.5	20.8	4.99	3.92	1.12	2.00	0.87	1.68	1.76	1.84	1.92	3.11	3.19	3.27	3.35
∠63×40×6	7	9.9	21.2	5.91	4.64	1.11	1.99	0.86	1.71	1.78	1.86	1.94	3.13	3.21	3.29	3.37
∠63×40×7	7	10.3	21.6	6.80	5.34	1.10	1.97	0.86	1.73	1.81	1.89	1.97	3.16	3.24	3.32	3.40

续附表 5-5

角钢型号 $B\times b\times t$	圆角 R	重心矩 Z_x	重心矩 Z_y	截面积 A	质量	回转半径 i_x	回转半径 i_y	回转半径 i_{y0}	i_{y1}，当 a 为下列数值 6mm	8mm	10mm	12mm	i_{y2}，当 a 为下列数值 6mm	8mm	10mm	12mm
	mm	mm	mm	cm^2	kg/m	cm	cm	cm	cm	cm	cm	cm	cm	cm	cm	cm
∠70×45×4	7.5	10.2	22.3	4.55	3.57	1.29	2.25	0.99	1.84	1.91	1.99	2.07	3.39	3.46	3.54	3.62
5		10.6	22.8	5.61	4.40	1.28	2.23	0.98	1.86	1.94	2.01	2.09	3.41	3.49	3.57	3.64
6		11.0	23.2	6.64	5.22	1.26	2.22	0.97	1.88	1.96	2.04	2.11	3.44	3.51	3.59	3.67
7		11.3	23.6	7.66	6.01	1.25	2.20	0.97	1.90	1.98	2.06	2.14	3.46	3.54	3.61	3.69
∠75×50×5	8	11.7	24.0	6.13	4.81	1.43	2.39	1.09	2.06	2.13	2.20	2.28	3.60	3.68	3.76	3.83
6		12.1	24.4	7.26	5.70	1.42	2.38	1.08	2.08	2.15	2.23	2.30	3.63	3.70	3.78	3.86
8		12.9	25.2	9.47	7.43	1.40	2.35	1.07	2.12	2.19	2.27	2.35	3.67	3.75	3.83	3.91
10		13.6	26.0	11.6	9.10	1.38	2.33	1.06	2.16	2.24	2.31	2.40	3.71	3.79	3.87	3.95
∠80×50×5	8	11.4	26.0	6.38	5.00	1.42	2.57	1.10	2.02	2.09	2.17	2.24	3.88	3.95	4.03	4.10
6		11.8	26.5	7.56	5.93	1.41	2.55	1.09	2.04	2.11	2.19	2.27	3.90	3.98	4.05	4.13
7		12.1	26.9	8.72	6.85	1.39	2.54	1.08	2.06	2.13	2.21	2.29	3.92	4.00	4.08	4.16
8		12.5	27.3	9.87	7.75	1.38	2.52	1.07	2.08	2.15	2.23	2.31	3.94	4.02	4.10	4.18
∠90×56×5	9	12.5	29.1	7.21	5.66	1.59	2.90	1.23	2.22	2.29	2.36	2.44	4.32	4.39	4.47	4.55
6		12.9	29.5	8.56	6.72	1.58	2.88	1.22	2.24	2.31	2.39	2.46	4.34	4.42	4.50	4.57
7		13.3	30.0	9.88	7.76	1.57	2.87	1.22	2.26	2.33	2.41	2.49	4.37	4.44	4.52	4.60
8		13.6	30.4	11.2	8.78	1.56	2.85	1.21	2.28	2.35	2.43	2.51	4.39	4.47	4.54	4.62
∠100×63×6	10	14.3	32.4	9.62	7.55	1.79	3.21	1.38	2.49	2.56	2.63	2.71	4.77	4.85	4.92	5.00
7		14.7	32.8	11.1	8.72	1.78	3.20	1.37	2.51	2.58	2.65	2.73	4.80	4.87	4.95	5.03
8		15.0	33.2	12.6	9.88	1.77	3.18	1.37	2.53	2.60	2.67	2.75	4.82	4.90	4.97	5.05
10		15.8	34.0	15.5	12.1	1.75	3.15	1.35	2.57	2.64	2.72	2.79	4.86	4.94	5.02	5.10
∠100×80×6		19.7	29.5	10.6	8.35	2.40	3.17	1.73	3.31	3.38	3.45	3.52	4.54	4.62	4.69	4.76
7		20.1	30.0	12.3	9.66	2.39	3.16	1.71	3.32	3.39	3.47	3.54	4.57	4.64	4.71	4.79
8		20.5	30.4	13.9	10.9	2.37	3.15	1.71	3.34	3.41	3.49	3.56	4.59	4.66	4.73	4.81
10		21.3	31.2	17.2	13.5	2.35	3.12	1.69	3.38	3.45	3.53	3.60	4.63	4.70	4.78	4.85
∠110×70×6		15.7	35.3	10.6	8.35	2.01	3.54	1.54	2.74	2.81	2.88	2.96	5.21	5.29	5.36	5.44
7		16.1	35.7	12.3	9.66	2.00	3.53	1.53	2.76	2.83	2.90	2.98	5.24	5.31	5.39	5.46
8		16.5	36.2	13.9	10.9	1.98	3.51	1.53	2.78	2.85	2.92	3.00	5.26	5.34	5.41	5.49
10		17.2	37.0	17.2	13.5	1.96	3.48	1.51	2.82	2.89	2.96	3.04	5.30	5.38	5.46	5.53

续附表 5-5

角钢型号 $B\times b\times t$		圆角 R	重心矩 Z_x	重心矩 Z_y	截面积 A	质量	回转半径 i_x	回转半径 i_y	回转半径 i_{y0}	i_{y1}，当 a 为下列数值 6mm	8mm	10mm	12mm	i_{y2}，当 a 为下列数值 6mm	8mm	10mm	12mm
			(mm)		cm^2	kg/m	cm			cm				cm			
∠125×80×	7	11	18.0	40.1	14.1	11.1	2.30	4.02	1.76	3.13	3.18	3.25	3.33	5.90	5.97	6.04	6.12
	8		18.4	40.6	16.0	12.6	2.29	4.01	1.75	3.13	3.20	3.27	3.35	5.92	5.99	6.07	6.14
	10		19.2	41.4	19.7	15.5	2.26	3.98	1.74	3.17	3.24	3.31	3.39	5.96	6.04	6.11	6.19
	12		20.0	42.2	23.4	18.3	2.24	3.95	1.72	3.20	3.28	3.35	3.43	6.00	6.08	6.16	6.23
∠140×90×	8	12	20.4	45.0	18.0	14.2	2.59	4.50	1.98	3.49	3.56	3.63	3.70	6.58	6.65	6.73	6.80
	10		21.2	45.8	22.3	17.5	2.56	4.47	1.96	3.52	3.59	3.66	3.73	6.62	6.70	6.77	6.85
	12		21.9	46.6	26.4	20.7	2.54	4.44	1.95	3.56	3.63	3.70	3.77	6.66	6.74	6.81	6.89
	14		22.7	47.4	30.5	23.9	2.51	4.42	1.94	3.59	3.66	3.74	3.81	6.70	6.78	6.86	6.93
∠160×100×	10	13	22.8	52.4	25.3	19.9	2.85	5.14	2.19	3.84	3.91	3.98	4.05	7.55	7.63	7.70	7.78
	12		23.6	53.2	30.1	23.6	2.82	5.11	2.18	3.87	3.94	4.01	4.09	7.60	7.67	7.75	7.82
	14		24.3	54.0	34.7	27.2	2.80	5.08	2.16	3.91	3.98	4.05	4.12	7.64	7.71	7.79	7.86
	16		25.1	54.8	39.3	30.8	2.77	5.05	2.15	3.94	4.02	4.09	4.16	7.68	7.75	7.83	7.90
∠180×110×	10	14	24.4	58.9	28.4	22.3	3.13	5.81	2.42	4.16	4.23	4.30	4.36	8.49	8.56	8.63	8.71
	12		25.2	59.8	33.7	26.5	3.10	5.78	2.40	4.19	4.26	4.33	4.40	8.53	8.60	8.68	8.75
	14		25.9	60.6	39.0	30.6	3.08	5.75	2.39	4.23	4.30	4.37	4.44	8.57	8.64	8.72	8.79
	16		26.7	61.4	44.1	34.6	3.05	5.72	2.37	4.26	4.33	4.40	4.47	8.61	8.68	8.76	8.84
∠200×125×	12		28.3	65.4	37.9	29.8	3.57	6.44	2.75	4.75	4.82	4.88	4.95	9.39	9.47	9.54	9.62
	14		29.1	66.2	43.9	34.4	3.54	6.41	2.73	4.78	4.85	4.92	4.99	9.43	9.51	9.58	9.66
	16		29.9	67.0	49.7	39.0	3.52	6.38	2.71	4.81	4.88	4.95	5.02	9.47	9.55	9.62	9.70
	18		30.6	67.8	55.5	43.6	3.49	6.35	2.70	4.85	4.92	4.99	5.06	9.51	9.59	9.66	9.74

注：一个角钢的惯性矩 $I_x = Ai_x^2, I_y = Ai_y^2$；一个角钢的截面模量 $W_x^{max} = I_x/Z_x, W_x^{min} = I_x/(b - Z_x)$；$W_y^{max} = I_y/Z_y, W_y^{min} = I_y/(B - Z_y)$。

附表 5-6 热轧无缝钢管

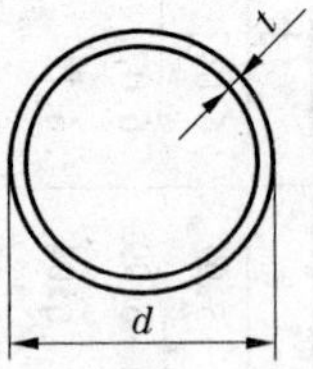

I——截面惯性矩；

W——截面模量；

i——截面回转半径。

尺寸(mm)		截面面积	每米质量	截面特性		
d	t	(cm^2)	(kg/m)	I (cm^4)	W (cm^3)	i (cm)
32	2.5	2.32	1.82	2.54	1.59	1.05
	3.0	2.73	2.15	2.90	1.82	1.03
	3.5	3.13	2.46	3.23	2.02	1.02
	4.0	3.52	2.76	3.52	2.20	1.00
38	2.5	2.79	2.19	4.41	2.32	1.26
	3.0	3.30	2.59	5.09	2.68	1.24
	3.5	3.79	2.98	5.70	3.00	1.23
	4.0	4.27	3.35	6.26	3.29	1.21
42	2.5	3.10	2.44	6.07	2.89	1.40
	3.0	3.68	2.89	7.03	3.35	1.38
	3.5	4.23	3.32	7.91	3.77	1.37
	4.0	4.78	3.75	8.71	4.15	1.35
45	2.5	3.34	2.62	7.56	3.36	1.51
	3.0	3.96	3.11	8.77	3.90	1.49
	3.5	4.56	3.58	9.89	4.40	1.47
	4.0	5.15	4.04	10.93	4.86	1.46
50	2.5	3.73	2.93	10.55	4.22	1.68
	3.0	4.43	3.48	12.28	4.91	1.67
	3.5	5.11	4.01	13.90	5.56	1.65
	4.0	5.78	4.54	15.41	6.16	1.63
	4.5	6.43	5.05	16.81	6.72	1.62
	5.0	7.07	5.55	18.11	7.25	1.60
54	3.0	4.81	3.77	15.68	5.81	1.81
	3.5	5.55	4.36	17.79	6.59	1.79
	4.0	6.28	4.93	19.76	7.32	1.77
	4.5	7.00	5.49	21.61	8.00	1.76
	5.0	7.70	6.04	23.34	8.64	1.74
	5.5	8.38	6.58	24.96	9.24	1.73
	6.0	9.05	7.10	26.46	9.80	1.71
57	3.0	5.09	4.00	18.61	6.53	1.91
	3.5	5.88	4.62	21.14	7.42	1.90
	4.0	6.66	5.23	23.52	8.25	1.88
	4.5	7.42	5.83	25.76	9.04	1.86
	5.0	8.17	6.41	27.86	9.78	1.85
	5.5	8.90	6.99	29.84	10.47	1.83
	6.0	9.61	7.55	31.69	11.12	1.82
60	3.0	5.37	4.22	21.88	7.29	2.02
	3.5	6.21	4.88	24.88	8.29	2.00
	4.0	7.04	5.52	27.73	9.24	1.98
	4.5	7.85	6.16	30.41	10.14	1.97
	5.0	8.64	6.78	32.94	10.98	1.95
	5.5	9.42	7.39	35.32	11.77	1.94
	6.0	10.18	7.99	37.56	12.52	1.92

尺寸(mm)		截面面积	每米质量	截面特性		
d	t	(cm^2)	(kg/m)	I (cm^4)	W (cm^3)	i (cm)
63.5	3.0	5.70	4.48	26.15	8.24	2.14
	3.5	6.60	5.18	29.79	9.38	2.12
	4.0	7.48	5.87	33.24	10.47	2.11
	4.5	8.34	6.55	36.50	11.50	2.09
	5.0	9.19	7.21	39.60	12.47	2.08
	5.5	10.02	7.87	42.52	13.39	2.06
	6.0	10.84	8.51	45.28	14.26	2.04
68	3.0	6.13	4.81	32.42	9.54	2.30
	3.5	7.09	5.57	36.99	10.88	2.28
	4.0	8.04	6.31	41.34	12.16	2.27
	4.5	8.98	7.05	45.47	13.37	2.25
	5.0	9.90	7.77	49.41	14.53	2.23
	5.5	10.80	8.48	53.14	15.63	2.22
	6.0	11.69	9.17	56.68	16.67	2.20
70	3.0	6.31	4.96	35.50	10.14	2.37
	3.5	7.31	5.74	40.53	11.58	2.35
	4.0	8.29	6.51	45.33	12.95	2.34
	4.5	9.26	7.27	49.89	14.26	2.32
	5.0	10.21	8.01	54.24	15.50	2.30
	5.5	11.14	8.75	58.38	16.68	2.29
	6.0	12.06	9.47	62.31	17.80	2.27
73	3.0	6.60	5.18	40.48	11.09	2.48
	3.5	7.64	6.00	46.26	12.67	2.46
	4.0	8.67	6.81	51.78	14.19	2.44
	4.5	9.68	7.60	57.04	15.63	2.43
	5.0	10.68	8.38	62.07	17.01	2.41
	5.5	11.66	9.16	66.87	18.32	2.39
	6.0	12.63	9.91	71.43	19.57	2.38
76	3.0	6.88	5.40	45.91	12.08	2.58
	3.5	7.97	6.26	52.50	13.82	2.57
	4.0	9.05	7.10	58.81	15.48	2.55
	4.5	10.11	7.93	64.85	17.07	2.53
	5.0	11.15	8.75	70.62	18.59	2.52
	5.5	12.18	9.56	76.14	20.04	2.50
	6.0	13.19	10.36	81.41	21.42	2.48
83	3.5	8.74	6.86	69.19	16.67	2.81
	4.0	9.93	7.79	77.64	18.71	2.80
	4.5	11.10	8.71	85.76	20.67	2.78
	5.0	12.25	9.62	93.56	22.54	2.76
	5.5	13.39	10.51	101.04	24.35	2.75
	6.0	14.51	11.39	108.22	26.08	2.73
	6.5	15.62	12.26	115.10	27.74	2.71
	7.0	16.71	13.12	121.69	29.32	2.70

续附表 5-6

尺寸(mm)		截面面积	每米质量	截面特性		
d	t	(cm^2)	(kg/m)	I (cm^4)	W (cm^3)	i (cm)
89	3.5	9.40	7.38	86.05	19.34	3.03
	4.0	10.68	8.38	96.68	21.73	3.01
	4.5	11.95	9.38	106.92	24.03	2.99
	5.0	13.19	10.36	116.79	26.24	2.98
	5.5	14.43	11.33	126.29	28.38	2.96
	6.0	15.65	12.28	135.43	30.43	2.94
	6.5	16.85	13.22	144.22	32.41	2.93
	7.0	18.03	14.16	152.67	34.31	2.91
95	3.5	10.06	7.90	105.45	22.20	3.24
	4.0	11.44	8.98	118.60	24.97	3.22
	4.5	12.79	10.04	131.31	27.64	3.20
	5.0	14.14	11.10	143.58	30.23	3.19
	5.5	15.46	12.14	155.43	32.72	3.17
	6.0	16.78	13.17	166.86	35.13	3.15
	6.5	18.07	14.19	177.89	37.45	3.14
	7.0	19.35	15.19	188.51	39.69	3.12
102	3.5	10.83	8.50	131.52	25.79	3.48
	4.0	12.32	9.67	148.09	29.04	3.47
	4.5	13.78	10.82	164.14	32.18	3.45
	5.0	15.24	11.96	179.68	35.23	3.43
	5.5	16.67	13.09	194.72	38.18	3.42
	6.0	18.10	14.21	209.28	41.03	3.40
	6.5	19.50	15.31	223.35	43.79	3.38
	7.0	20.89	16.40	236.96	46.46	3.37
114	4.0	13.82	10.85	209.35	36.73	3.89
	4.5	15.48	12.15	232.41	40.77	3.87
	5.0	17.12	13.44	254.81	44.70	3.86
	5.5	18.75	14.72	276.58	48.52	3.84
	6.0	20.36	15.98	297.73	52.23	3.82
	6.5	21.95	17.23	318.26	55.84	3.81
	7.0	23.53	18.47	338.19	59.33	3.79
	7.5	25.09	19.70	357.58	62.73	3.77
	8.0	26.64	20.91	376.30	66.02	3.76
121	4.0	14.70	11.54	251.87	41.63	4.14
	4.5	16.47	12.93	279.83	46.25	4.12
	5.0	18.22	14.30	307.05	50.75	4.11
	5.5	19.96	15.67	333.54	55.13	4.09
	6.0	21.68	17.02	359.32	59.39	4.07
	6.5	23.38	18.35	384.40	63.54	4.05
	7.0	25.07	19.68	408.80	67.57	4.04
	7.5	26.74	20.99	432.51	71.49	4.02
	8.0	28.40	22.29	455.57	75.30	4.01

尺寸(mm)		截面面积	每米质量	截面特性		
d	t	(cm^2)	(kg/m)	I (cm^4)	W (cm^3)	i (cm)
127	4.0	15.46	12.13	292.61	46.08	4.35
	4.5	17.32	13.59	325.29	51.23	4.33
	5.0	19.16	15.04	357.14	56.24	4.32
	5.5	20.99	16.48	388.19	61.13	4.30
	6.0	22.81	17.90	418.44	65.90	4.28
	6.5	24.61	19.32	447.92	70.54	4.27
	7.0	26.39	20.72	476.63	75.06	4.25
	7.5	28.16	22.10	504.58	79.46	4.23
	8.0	29.91	23.48	531.80	83.75	4.22
133	4.0	16.21	12.73	337.53	50.76	4.56
	4.5	18.17	14.26	375.42	56.45	4.55
	5.0	20.11	15.78	412.40	62.02	4.53
	5.5	22.03	17.29	448.50	67.44	4.51
	6.0	23.94	18.79	483.72	72.74	4.50
	6.5	25.83	20.28	518.07	77.91	4.48
	7.0	27.71	21.75	551.58	82.94	4.46
	7.5	29.57	23.21	584.25	87.86	4.45
	8.0	31.42	24.66	616.11	92.65	4.43
140	4.5	19.16	15.04	440.12	62.87	4.79
	5.0	21.21	16.65	483.76	69.11	4.78
	5.5	23.24	18.24	526.40	75.20	4.76
	6.0	25.26	19.83	568.06	81.15	4.74
	6.5	27.26	21.40	608.76	86.97	4.73
	7.0	29.25	22.96	648.51	92.64	4.71
	7.5	31.22	24.51	687.32	98.19	4.69
	8.0	33.18	26.04	725.21	103.60	4.68
	9.0	37.04	29.08	798.29	114.04	4.64
	10	40.84	32.06	867.86	123.98	4.61
146	4.5	20.00	15.70	501.16	68.65	5.01
	5.0	22.15	17.39	551.10	75.49	4.99
	5.5	24.28	19.06	599.95	82.19	4.97
	6.0	26.39	20.72	647.73	88.73	4.95
	6.5	28.49	22.36	694.44	95.13	4.94
	7.0	30.57	24.00	740.12	101.39	4.92
	7.5	32.63	25.62	784.77	107.50	4.90
	8.0	34.68	27.23	828.41	113.48	4.89
	9.0	38.74	30.41	912.71	125.03	4.85
	10	42.73	33.54	993.16	136.05	4.82

续附表 5-6

尺寸(mm)		截面面积	每米质量	截面特性			尺寸(mm)		截面面积	每米质量	截面特性		
d	t	(cm^2)	(kg/m)	I (cm^4)	W (cm^3)	i (cm)	d	t	(cm^2)	(kg/m)	I (cm^4)	W (cm^3)	i (cm)
152	4.5	20.85	16.37	567.61	74.69	5.22	180	5.0	27.49	21.58	1 053.17	117.02	6.19
	5.0	23.09	18.13	624.43	82.16	5.20		5.5	30.15	23.67	1 148.79	127.64	6.17
	5.5	25.31	19.87	680.06	89.48	5.18		6.0	32.80	25.75	1 242.72	138.08	6.16
	6.0	27.52	21.60	734.52	96.65	5.17		6.5	35.43	27.81	1 335.00	148.33	6.14
	6.5	29.71	23.32	787.82	103.66	5.15		7.0	38.04	29.87	1 425.63	158.40	6.12
	7.0	31.89	25.03	839.99	110.52	5.13		7.5	40.64	31.91	1 514.64	168.29	6.10
	7.5	34.05	26.73	891.03	117.24	5.12		8.0	43.23	33.93	1 602.04	178.00	6.09
	8.0	36.19	28.41	940.97	123.81	5.10		9.0	48.35	37.95	1 772.12	196.90	6.05
	9.0	40.43	31.74	1 037.59	136.53	5.07		10	53.41	41.92	1 936.01	215.11	6.02
	10	44.61	35.02	1 129.99	148.68	5.03		12	63.33	49.72	2 245.84	249.54	5.95
159	4.5	21.84	17.15	652.27	82.05	5.46	194	5.0	29.69	23.31	1 326.54	136.76	6.68
	5.0	24.19	18.99	717.88	90.30	5.45		5.5	32.57	25.57	1 447.86	149.26	6.67
	5.5	26.52	20.82	782.18	98.39	5.43		6.0	35.44	27.82	1 567.21	161.57	6.65
	6.0	28.84	22.64	845.19	106.31	5.41		6.5	38.29	30.06	1 684.61	173.67	6.63
	6.5	31.14	24.45	906.92	114.08	5.40		7.0	41.12	32.28	1 800.08	185.57	6.62
	7.0	33.43	26.24	967.41	121.69	5.38		7.5	43.94	34.50	1 913.64	197.28	6.60
	7.5	35.70	28.02	1 026.65	129.14	5.36		8.0	46.75	36.70	2 025.31	208.79	6.58
	8.0	37.95	29.79	1 084.67	136.44	5.35		9.0	52.31	41.06	2 243.08	231.25	6.55
	9.0	42.41	33.29	1 197.12	150.58	5.31		10	57.81	45.38	2 453.55	252.94	6.51
	10	46.81	36.75	1 304.88	164.14	5.28		12	68.61	53.86	2 853.25	294.15	6.45
168	4.5	23.11	18.14	772.96	92.02	5.78	203	6.0	37.13	29.15	1 803.07	177.64	6.97
	5.0	25.60	20.10	851.14	101.33	5.77		6.5	40.13	31.50	1 938.81	191.02	6.95
	5.5	28.08	22.04	927.85	110.46	5.75		7.0	43.10	33.84	2 072.43	204.18	6.93
	6.0	30.54	23.97	1 003.12	119.42	5.73		7.5	46.06	36.16	2 203.94	217.14	6.92
	6.5	32.98	25.89	1 076.95	128.21	5.71		8.0	49.01	38.47	2 333.37	229.89	6.90
	7.0	35.41	27.79	1 149.36	136.83	5.70		9.0	54.85	43.06	2 586.08	254.79	6.87
	7.5	37.82	29.69	1 220.38	145.28	5.68		10	60.63	47.60	2 830.72	278.89	6.83
	8.0	40.21	31.57	1 290.01	153.57	5.66		12	72.01	56.52	3 296.49	324.78	6.77
	9.0	44.96	35.29	1 425.22	169.67	5.63		14	83.13	65.25	3 732.07	367.69	6.70
	10	49.64	38.97	1 555.13	185.13	5.60		16	94.00	73.79	4 138.78	407.76	6.64

续附表 5-6

尺寸(mm)		截面面积	每米质量	截面特性		
d	t	(cm²)	(kg/m)	I (cm⁴)	W (cm³)	i (cm)
219	6.0	40.15	31.52	2 278.74	208.10	7.53
	6.5	43.39	34.06	2 451.64	223.89	7.52
	7.0	46.62	36.60	2 622.04	239.46	7.50
	7.5	49.83	39.12	2 789.96	254.79	7.48
	8.0	53.03	41.63	2 955.43	269.90	7.47
	9.0	59.38	46.61	3 279.12	299.46	7.43
	10	65.66	51.54	3 593.29	328.15	7.40
	12	78.04	61.26	4 193.81	383.00	7.33
	14	90.16	70.78	4 758.50	434.57	7.26
	16	102.04	80.10	5 288.81	483.00	7.20
245	6.5	48.70	38.23	3 465.46	282.89	8.44
	7.0	52.34	41.08	3 709.06	302.78	8.42
	7.5	55.96	43.93	3 949.52	322.41	8.40
	8.0	59.56	46.76	4 186.87	341.79	8.38
	9.0	66.73	52.38	4 652.32	379.78	8.35
	10	73.83	57.95	5 105.63	416.79	8.32
	12	87.84	68.95	5 976.67	487.89	8.25
	14	101.60	79.76	6 801.68	555.24	8.18
	16	115.11	90.36	7 582.30	618.96	8.12
273	6.5	54.42	42.72	4 834.18	354.15	9.42
	7.0	58.50	45.92	5 177.30	379.29	9.41
	7.5	62.56	49.11	5 516.47	404.14	9.39
	8.0	66.60	52.28	5 851.71	428.70	9.37
	9.0	74.64	58.60	6 510.56	476.96	9.34
	10	82.62	64.86	7 154.09	524.11	9.31
	12	98.39	77.24	8 396.14	615.10	9.24
	14	113.91	89.42	9 579.75	701.81	9.17
	16	129.18	101.41	10 706.79	784.38	9.10
299	7.5	68.68	53.92	7 300.02	488.30	10.31
	8.0	73.14	57.41	7 747.42	518.22	10.29
	9.0	82.00	64.37	8 628.09	577.13	10.26
	10	90.79	71.27	9 490.15	634.79	10.22
	12	108.20	84.93	11 159.52	746.46	10.16
	14	125.35	98.40	12 757.61	853.35	10.09
	16	142.25	111.67	14 286.48	955.62	10.02
325	7.5	74.81	58.73	9 431.80	580.42	11.23
	8.0	79.67	62.54	10 013.92	616.24	11.21
	9.0	89.35	70.14	11 161.33	686.85	11.18
	10	98.96	77.68	12 286.52	756.09	11.14
	12	118.00	92.63	14 471.45	890.55	11.07
	14	136.78	107.38	16 570.98	1 019.75	11.01
	16	155.32	121.93	18 587.38	1 143.84	10.94
351	8.0	86.21	67.67	12 684.36	722.76	12.13
	9.0	96.70	75.91	14 147.55	806.13	12.10
	10	107.13	84.10	15 584.62	888.01	12.06
	12	127.80	100.32	18 381.63	1 047.39	11.99
	14	148.22	116.35	21 077.86	1 201.02	11.93
	16	168.39	132.19	23 675.75	1 349.05	11.86

附表 5-7　电焊钢管

I——截面惯性矩；
W——截面模量；
i——截面回转半径。

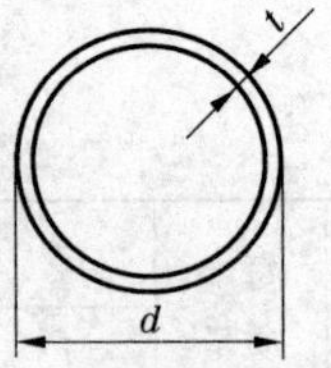

尺寸(mm)		截面面积	每米质量	截面特性		
d	*t*	(cm^2)	(kg/m)	*I* (cm^4)	*W* (cm^3)	*i* (cm)
32	2.0	1.88	1.48	2.13	1.33	1.06
	2.5	2.32	1.82	2.54	1.59	1.05
38	2.0	2.26	1.78	3.68	1.93	1.27
	2.5	2.79	2.19	4.41	2.32	1.26
40	2.0	2.39	1.87	4.32	2.16	1.35
	2.5	2.95	2.31	5.20	2.60	1.33
42	2.0	2.51	1.97	5.04	2.40	1.42
	2.5	3.10	2.44	6.07	2.89	1.40
45	2.0	2.70	2.12	6.26	2.78	1.52
	2.5	3.34	2.62	7.56	3.36	1.51
	3.0	3.96	3.11	8.77	3.90	1.49
51	2.0	3.08	2.42	9.26	3.63	1.73
	2.5	3.81	2.99	11.23	4.40	1.72
	3.0	4.52	3.55	13.08	5.13	1.70
	3.5	5.22	4.10	14.81	5.81	1.68
53	2.0	3.20	2.52	10.43	3.94	1.80
	2.5	3.97	3.11	12.67	4.78	1.79
	3.0	4.71	3.70	14.78	5.58	1.77
	3.5	5.44	4.27	16.75	6.32	1.75
57	2.0	3.46	2.71	13.08	4.59	1.95
	2.5	4.28	3.36	15.93	5.59	1.93
	3.0	5.09	4.00	18.61	6.53	1.91
	3.5	5.88	4.62	21.14	7.42	1.90
60	2.0	3.64	2.86	15.34	5.11	2.05
	2.5	4.52	3.55	18.70	6.23	2.03
	3.0	5.37	4.22	21.88	7.29	2.02
	3.5	6.21	4.88	24.88	8.29	2.00
63.5	2.0	3.86	3.03	18.29	5.76	2.18
	2.5	4.79	3.76	22.32	7.03	2.16
	3.0	5.70	4.48	26.15	8.24	2.14
	3.5	6.60	5.18	29.79	9.38	2.12
70	2.0	4.27	3.35	24.72	7.06	2.41
	2.5	5.30	4.16	30.23	8.64	2.39
	3.0	6.31	4.96	35.50	10.14	2.37
	3.5	7.31	5.74	40.53	11.58	2.35
	4.5	9.26	7.27	49.89	14.26	2.32
76	2.0	4.65	3.65	31.85	8.38	2.62
	2.5	5.77	4.53	39.03	10.27	2.60
	3.0	6.88	5.40	45.91	12.08	2.58
	3.5	7.97	6.26	52.50	13.82	2.57
	4.0	9.05	7.10	58.81	15.48	2.55
	4.5	10.11	7.93	64.85	17.07	2.53
83	2.0	5.09	4.00	41.76	10.06	2.86
	2.5	6.32	4.96	51.26	12.35	2.85
	3.0	7.54	5.92	60.40	14.56	2.83
	3.5	8.74	6.86	69.19	16.67	2.81
	4.0	9.93	7.79	77.64	18.71	2.80
	4.5	11.10	8.71	85.76	20.67	2.78

续附表 5-7

尺寸(mm)		截面面积	每米质量	截面特性		
d	t	(cm^2)	(kg/m)	I (cm^4)	W (cm^3)	i (cm)
89	2.0	5.47	4.29	51.75	11.63	3.08
	2.5	6.79	5.33	63.59	14.29	3.06
	3.0	8.11	6.36	75.02	16.86	3.04
	3.5	9.40	7.38	86.05	19.34	3.03
	4.0	10.68	8.38	96.68	21.73	3.01
	4.5	11.95	9.38	106.92	24.03	2.99
95	2.0	5.84	4.59	63.20	13.31	3.29
	2.5	7.26	5.70	77.76	16.37	3.27
	3.0	8.67	6.81	91.83	19.33	3.25
	3.5	10.06	7.90	105.45	22.20	3.24
102	2.0	6.28	4.93	78.57	15.41	3.54
	2.5	7.81	6.13	96.77	18.97	3.52
	3.0	9.33	7.32	114.42	22.43	3.50
	3.5	10.83	8.50	131.52	25.79	3.48
	4.0	12.32	9.67	148.09	29.04	3.47
	4.5	13.78	10.82	164.14	32.18	3.45
	5.0	15.24	11.96	179.68	35.23	3.43
108	3.0	9.90	7.77	136.49	25.28	3.71
	3.5	11.49	9.02	157.02	29.08	3.70
	4.0	13.07	10.26	176.95	32.77	3.68
114	3.0	10.46	8.21	161.24	28.29	3.93
	3.5	12.15	9.54	185.63	32.57	3.91
	4.0	13.82	10.85	209.35	36.73	3.89
	4.5	15.48	12.15	232.41	40.77	3.87
	5.0	17.12	13.44	254.81	44.70	3.86

尺寸(mm)		截面面积	每米质量	截面特性		
d	t	(cm^2)	(kg/m)	I (cm^4)	W (cm^3)	i (cm)
121	3.0	11.12	8.73	193.69	32.01	4.17
	3.5	12.92	10.14	223.17	36.89	4.16
	4.0	14.70	11.54	251.87	41.63	4.14
127	3.0	11.69	9.17	224.75	35.39	4.39
	3.5	13.58	10.66	259.11	40.80	4.37
	4.0	15.46	12.13	292.61	46.08	4.35
	4.5	17.32	13.59	325.29	51.23	4.33
	5.0	19.16	15.04	357.14	56.24	4.32
133	3.5	14,24	11.18	298.71	44.92	4.58
	4.0	16.21	12.73	337.53	50.76	4.56
	4.5	18.17	14.26	375.42	56.45	4.55
	5.0	20.11	15.78	412.40	62.02	4.53
140	3.5	15.01	11.78	349.79	49.97	4.83
	4.0	17.09	13.42	395.47	56.50	4.81
	4.5	19.16	15.04	440.12	62.87	4.79
	5.0	21.21	16.65	483.76	69.11	4.78
	5.5	23.24	18.24	526.40	75.20	4.76
152	3.5	16.33	12.82	450.35	59.26	5.25
	4.0	18.60	14.60	509.59	67.05	5.23
	4.5	20.85	16.37	567.61	74.69	5.22
	5.0	23.09	18.13	624.43	82.16	5.20
	5.5	25.31	19.87	680.06	89.48	5.18

附录六　型钢的螺栓(铆钉)准线表

附表 6-1　角钢上的准线表

单行排列				双行错列				双行并列			
	角钢肢宽	e	最大孔径	角钢肢宽	e_1	e_2	最大孔径	角钢肢宽	e_1	e_2	最大孔径
	40	25	12	125	55	85	23				
	45	28	12	140	55	90	23	150	55	115	20
	50	30	14	160	65	110	23	180	70	140	23
	56	30	17	180	70	130	26	200	70	150	26
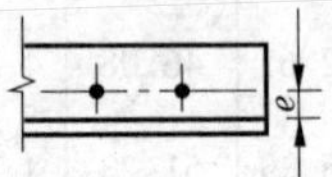	63	35	20	200	90	150	29	220	75	160	26
	70	40	20	220	100	160	29	250	80	170	29
	75	40	20	250	110	170	29				
	80	45	23								
	90	50	23	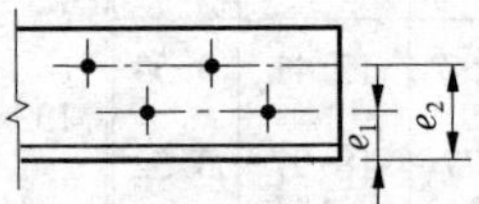				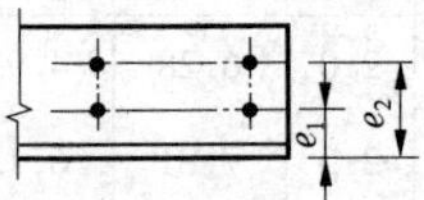			
	100	55	26								
	110	60	26								
	125	65	26								

附表 6-2　工字钢和槽钢腹板及翼缘上的准线表

	工字钢型号	14	16	18	20	22	25	28	32	36	40	45	50	56	63
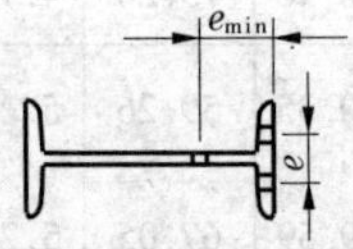	e_{min}	45	45	45	50	50	55	60	65	65	70	75	75	75	75
	e	40	45	50	55	60	65	65	75	80	80	85	90	95	95
	槽钢型号	8	10	12.6	14	16	18	20	22	25	28	32	36	40	
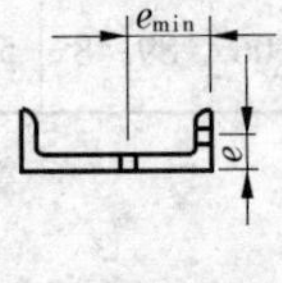	e_{min}			40	45	50	50	55	55	60	65	65	70	75	
	e	25	30	30	35	35	40	40	45	45	45	50	55	60	

附录七　螺栓和锚栓的规格

附表 7-1　螺栓螺纹处有效截面面积

公称直径	12	14	16	18	20	22	24	27	30
螺栓有效截面面积 $A_e(cm^2)$	0.84	1.15	1.57	1.92	2.45	3.03	3.53	4.59	5.61
公称直径	33	36	39	42	45	48	52	56	60
螺栓有效截面面积 $A_e(cm^2)$	6.94	8.17	9.76	11.2	13.1	14.7	17.6	20.3	23.6
公称直径	64	68	72	76	80	85	90	95	100
螺栓有效截面面积 $A_e(cm^2)$	26.8	30.6	34.6	38.9	43.4	49.5	55.9	62.7	70.0

附表 7-2　锚栓规格

	Ⅰ				Ⅱ				Ⅲ		
形式	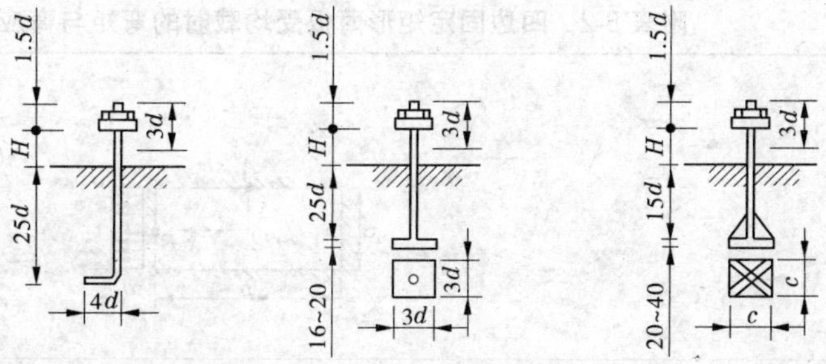										
锚栓直径 d(mm)	20	24	30	36	42	48	56	64	72	80	90
锚栓有效截面面积(cm^2)	2.45	3.53	5.61	8.17	11.2	14.7	20.3	26.8	34.6	43.4	55.9
锚栓设计拉力(kN)(Q235 钢)	34.3	49.4	78.5	114.1	156.9	206.2	284.2	375.2	484.4	608.2	782.7
Ⅲ型锚栓　锚板宽度 c(mm)					140	200	200	240	280	350	400
Ⅲ型锚栓　锚板厚度 t(mm)					20	20	20	25	30	40	40

附表 7-3　普通螺栓的标准直径及螺纹处的有效截面面积

螺栓外径 d(mm)	16	18	20	22	24	27	30	33	36	42	48
螺纹内径 d_e(mm)	14.12	15.65	17.65	19.65	21.19	24.19	26.72	29.72	32.25	37.78	43.31
螺纹处有效截面面积 $A_e(mm^2)$	156.7	192.5	244.8	303.4	352.5	459.4	560.6	693.6	816.7	1 121.0	1 473.0

附录八 矩形弹性薄板弯矩系数

附表 8-1 四边简支矩形薄板受均载时的挠度与弯矩系数($\nu=0.3$)

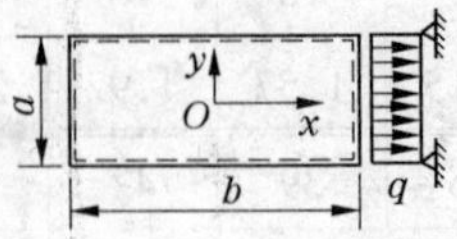

	b/a	1.0	1.1	1.2	1.3	1.4	1.5	1.6	1.7	1.8	1.9	2.0	3.0	∞
薄板中心	$\alpha=\frac{wD}{qa^4}$	0.004 06	0.004 85	0.005 64	0.006 38	0.007 05	0.007 72	0.008 30	0.008 83	0.009 31	0.009 74	0.010 13	0.012 23	0.013 02
	$\beta=\frac{M_x}{qa^2}$	0.047 9	0.055 4	0.062 7	0.069 4	0.075 5	0.081 2	0.086 2	0.090 8	0.094 8	0.098 5	0.101 7	0.118 9	0.125 0
	$\beta_1=\frac{M_y}{qa^2}$	0.047 9	0.049 3	0.050 1	0.050 3	0.050 2	0.049 8	0.049 2	0.048 6	0.047 9	0.047 1	0.046 4	0.040 6	0.037 5

附表 8-2 四边固定矩形薄板受均载时的弯矩与弯应力系数($\nu=0.3$)

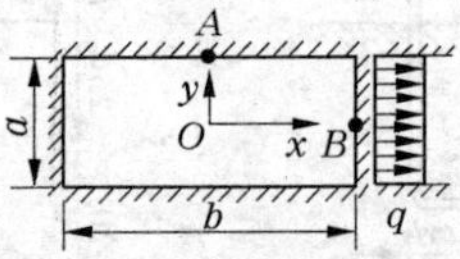

b/a		1.0	1.1	1.2	1.3	1.4	1.5	1.6
支承长边	M_y/qa^2	−0.051 3	−0.058 1	−0.063 9	−0.068 7	−0.072 6	−0.075 7	−0.078 0
中点 A	k_y	0.308	0.349	0.383	0.412	0.436	0.454	0.468
支承短边	M_x/qa^2	−0.051 3	−0.053 8	−0.055 4	−0.056 3	−0.056 8	−0.057 0	−0.057 1
中点 B	k_x	0.308	0.323	0.332	0.338	0.341	0.342	0.343
薄板中心	M_y/qa^2	0.023 1	0.026 4	0.029 9	0.032 7	0.034 9	0.036 8	0.038 1
	M_x/qa^2	0.023 1	0.023 1	0.022 8	0.022 2	0.021 2	0.020 3	0.019 3
	wD/qa^4	0.001 26	0.001 50	0.001 72	0.001 91	0.002 07	0.002 20	0.002 30

b/a		1.7	1.8	1.9	2.0	2.5	∞
支承长边	M_y/qa^2	−0.079 9	−0.081 2	−0.082 2	−0.082 9	−0.083 3	−0.083 3
中点 A	k_y	0.479	0.487	0.493	0.497	0.500	0.500
支承短边	M_x/qa^2	−0.057 1	−0.057 1	−0.057 1	−0.057 1	−0.057 1	−0.057 1
中点 B	k_x	0.343	0.343	0.343	0.343	0.343	0.343
薄板中心	M_y/qa^2	0.039 2	0.040 1	0.040 7	0.041 2	0.041 6	0.041 7
	M_x/qa^2	0.018 2	0.017 4	0.016 5	0.015 8	0.013 4	0.012 5
	wD/qa^4	0.002 38	0.002 45	0.002 49	0.002 54	0.002 59	0.002 60

注:板的弯应力为 $\sigma_x=k_xqa^2/t^2$,$\sigma_y=k_yqa^2/t^2$。

附表 8-3　三边固定、一边简支的矩形薄板受均载时的弯矩与弯应力系数($\nu=0.3$)

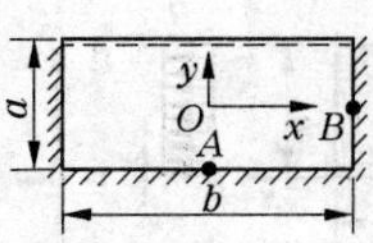

情况1

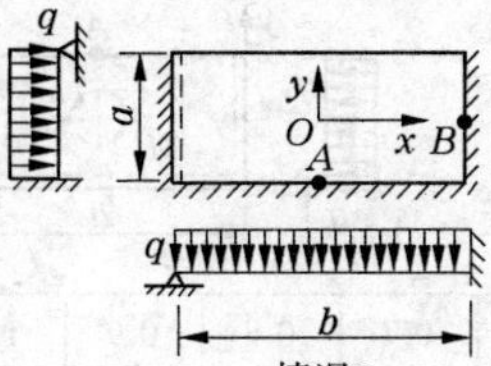

情况2

	b/a		1.0	1.25	1.5	1.75	2.0	2.5	3.0	∞
情况1	固支长边中点 A	M_y/qa^2	−0.054 7	−0.078 7	−0.094 2	−0.105 3	−0.113 9	−0.122 0	−0.123 3	−0.125 0
		k_y	0.328	0.472	0.565	0.632	0.683	0.732	0.740	0.750
	固支短边中点 B	M_x/qa^2	−0.600 0	−0.070 9	−0.075 8	−0.077 5	−0.078 3	−0.078 4	−0.078 5	−0.078 6
		k_x	0.360	0.425	0.455	0.465	0.470	0.470	0.471	0.472
	板中心 O	M_x/qa^2	0.027 7	0.030 6	0.030 1	0.027 5	0.025 9	0.022 2	0.020 0	0.018 8
		M_y/qa^2	0.023 6	0.035 7	0.045 2	0.051 4	0.056 4	0.061 0	0.062 3	0.062 5
情况2	固支长边中点 A	M_y/qa^2	−0.060 0	−0.074 7	−0.078 8	−0.081 5	−0.083 3	−0.083 3	−0.083 3	−0.083 3
		k_y	0.360	0.448	0.473	0.489	0.500	0.500	0.500	0.500
	固支短边中点 B	M_x/qa^2	−0.054 7	−0.056 9	−0.056 9	−0.056 9	−0.057 0	−0.057 0	−0.057 0	−0.057 0
		k_x	0.328	0.341	0.341	0.341	0.342	0.342	0.342	0.342
	板中心 O	M_x/qa^2	0.023 6	0.021 5	0.019 0	0.016 8	0.015 0	0.013 3	0.012 5	0.012 5
		M_y/qa^2	0.027 7	0.034 7	0.038 7	0.041 0	0.041 6	0.041 7	0.041 7	0.041 7

附表 8-4　两邻边固定另两边简支的矩形薄板受均载时的弯矩与弯应力系数($\nu=0.3$)

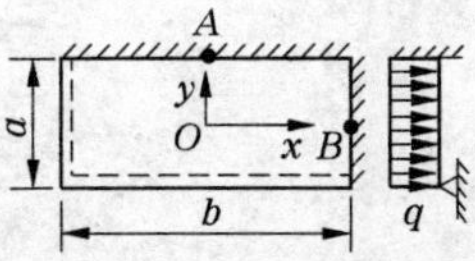

b/a		1.0	1.1	1.2	1.3	1.4	1.5	1.6	1.7	1.8	1.9	2.0
固支长边中点 A	M_y/qa^2	−0.0678	−0.0766	−0.0845	−0.0915	−0.0975	−0.1028	−0.1068	−0.1104	−0.1134	−0.1159	−0.1180
	k_y	0.407	0.459	0.507	0.549	0.585	0.616	0.640	0.662	0.680	0.695	0.708
固支短边中点 B	M_x/qa^2	−0.0678	−0.0709	−0.0736	−0.0754	−0.0765	−0.0772	−0.0778	−0.0782	−0.0785	−0.0786	−0.0787
	k_x	0.407	0.425	0.441	0.452	0.459	0.463	0.467	0.468	0.470	0.471	0.472

附表 8-5　三边简支一边自由的矩形薄板受均载时的弯矩系数(ν=0.3)

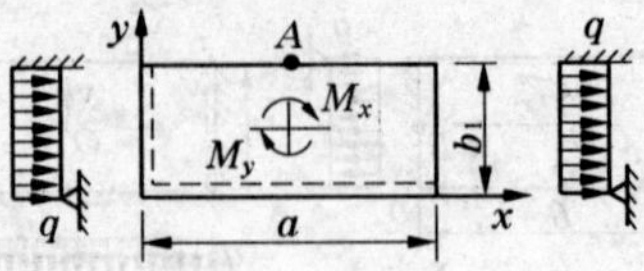

b/a		0.5	0.6	0.7	0.8	0.9	1.0	1.1	1.2	1.3	1.4	1.5	2.0	∞
自由边中点 A	$\beta = M_x / qa^2$	0.060	0.074	0.088	0.097	0.107	0.112	0.117	0.121	0.124	0.126	0.128	0.132	0.133
板中心	$\beta_1 = M_x / qa^2$	0.039	0.049	0.058	0.066	0.074	0.080	0.085	0.090	0.094	0.098	0.101	0.113	0.125
	$\beta_2 = M_y / qa^2$	0.022	0.027	0.031	0.035	0.037	0.039	0.040	0.041	0.042	0.042	0.042	0.041	0.037

附录九　钢闸门自重估算公式

一、露顶式平面闸门

当 5m≤H≤8m 时：

$$G = k_z k_c k_g H^{1.43} B^{0.88} \times 9.8 \quad (\text{kN}) \qquad \text{附(9-1)}$$

式中　H、B——孔口高度及宽度，m；

k_z——闸门行走支承系数，对滑动式支承 $k_z = 0.81$，对于滚轮式支承 $k_z = 1.0$，对于台车式支承 $k_z = 1.3$；

k_c——材料系数，闸门用普通碳素钢时 $k_c = 1.0$，用低合金钢时 $k_c = 0.8$；

k_g——孔口高度系数，当 H＜5m 时，$k_g = 0.156$，当 5m≤H≤8m 时，$k_g = 0.13$。

当 H＞8m 时：

$$G = 0.012 k_z k_c k_g H^{1.56} B^{0.85} \times 9.8 \quad (\text{kN}) \qquad \text{附(9-2)}$$

式中符号含义、取值同前。

二、潜孔式平面滑动闸门

$$G = 0.022 k_1 k_2 k_3 A^{1.34} H_s^{0.63} \times 9.8 \quad (\text{kN}) \qquad \text{附(9-3)}$$

式中　k_1——闸门工作性质系数，对工作门与事故门 $k_1 = 1.1$，对检修门 $k_1 = 1.0$；

k_2——孔口高宽比修正系数，当 $H/B \geq 2$ 时，$k_2 = 0.93$，$H/B < 1$ 时，$k_2 = 1.1$，其他情况下，$k_2 = 1.0$；

k_3——水头修正系数，当 H_s＜70m 时，$k_3 = 1.0$，当 H_s≥70m 时，$k_3 = \left(\dfrac{H_s}{A}\right)^{1/4}$；

A——孔口面积，m^2；

H_s——设计水头，m。

三、潜孔式平面滚轮闸门

$$G = 0.073 k_1 k_2 k_3 A^{0.93} H_s^{0.79} \times 9.8 \quad (\text{kN}) \qquad \text{附(9-4)}$$

式中　k_1——闸门工作性质系数，对于工作门与事故门 $k_1 = 1.0$，对于检修门与导流门，$k_1 = 0.9$；

k_3——水头修正系数，当 H_s＜60m 时，$k_3 = 1.0$，H_s≥60m 时，$k_3 = \left(\dfrac{H_s}{A}\right)^{1/4}$；

其他符号含义、取值同前。

附录十　材料的摩擦系数

附表 10-1　材料的摩擦系数

种类	材料及工作条件	系数值 最大	系数值 最小
滑动摩擦系数	1. 钢对钢(干摩擦)	0.5～0.6	0.15
	2. 钢对铸铁(干摩擦)	0.35	0.16
	3. 钢对木材(有水时)	0.65	0.3
	4. 胶木滑道,胶木对不锈钢在清水中①②		
	压强 $q>2.5$kN/mm	0.10～0.11	0.06
	压强 $q=2.5\sim2.0$kN/mm	0.11～0.13	0.065
	压强 $q=2.0\sim1.5$kN/mm	0.13～0.15	0.075
	压强 $q<1.5$kN/mm	0.17	0.085
	5. 钢基铜塑三层复合材料 滑道及填充聚四氟乙烯板滑道对不锈钢,在清水中①		
	压强 $q>2.5$kN/mm	0.09	0.04
	压强 $q=2.5\sim2.0$kN/mm	0.09～0.11	0.05
	压强 $q=2.0\sim1.5$kN/mm	0.11～0.13	0.05
	压强 $q=1.5\sim1.0$kN/mm	0.13～0.15	0.06
	压强 $q<1.0$kN/mm	0.15	0.06
滑动轴承摩擦系数	1. 钢对青铜(干摩擦)	0.30	0.16
	2. 钢对青铜(有润滑)	0.25	0.12
	3. 钢基铜塑复合材料对镀铬钢(不锈钢)	0.12～0.14	0.05
止水摩擦系数	1. 橡皮对钢	0.70	0.35
	2. 橡皮对不锈钢	0.50	0.20
	3. 橡塑复合止水对不锈钢	0.20	0.05
滚动摩擦力臂	1. 钢对钢	1mm	
	2. 钢对铸铁	1mm	

①工件表面粗糙度:轨道工作面应达到 $R_a=1.6\mu m$;胶木(填充聚四氟乙烯)工作面应达到 $R_a=3.2\mu m$。

②表中胶木滑道所列数值适用于事故闸门和快速闸门,当用于工作门时,尚应根据工作条件专门研究。

附录十一　轴套的容许应力和混凝土的容许应力

附表 11-1　轴套的容许应力　（单位：N/mm^2）

轴和轴套的材料	符号	径向承压
钢对 10－1 铸锡磷青铜	$[\sigma_{cg}]$	40
钢对 9－4 铸铝铁青铜		50
钢对钢基铜塑复合材料		40

附表 11-2　混凝土的容许应力　（单位：N/mm^2）

应力种类	符号	混凝土强度等级			
		C15	C20	C25	C30
承压	$[\sigma_h]$	5	7	9	11

参考文献

[1] 《钢结构设计规范》(GB50017—2003). 北京:中国计划出版社,2003

[2] 《建筑结构可靠度设计统一标准》(GB50068—2001). 北京:中国建筑工业出版社,2001

[3] 《建筑结构荷载规范》(GB50009—2001). 北京:中国建筑工业出版社,2002

[4] 《钢结构工程施工质量验收规范》(GB50205—2001). 北京:中国计划出版社,2002

[5] 《水利水电工程钢闸门设计规范》(SL74—95). 北京:中国水利水电出版社,1995

[6] 《高层民用建筑钢结构技术规程》(JGJ99—98). 北京:中国建筑工业出版社,1998

[7] 《建筑结构制图标准》(GB/T50105—2001). 北京:中国计划出版社,2002

[8] 《门式刚架轻型房屋钢结构技术规程》(CECS102:2003). 北京:中国计划出版社,2003

[9] 赵熙元,等．建筑钢结构设计手册．北京:冶金工业出版社,1995

[10] 陈绍藩．钢结构设计原理．第2版．北京:科学出版社,1998

[11] 魏明钟．钢结构．武汉:武汉工业出版社,2000

[12] 武汉水利电力大学,大连理工大学,河海大学．水工钢结构．第3版．北京:中国水利水电出版社,1998

[13] 范崇仁．水工钢结构设计．北京:中国水利水电出版社,2000

[14] 王国周,瞿履谦．钢结构——原理与设计．北京:清华大学出版社,1993

[15] 刘声扬．钢结构．北京:中国建筑工业出版社,1997

[16] 钟善桐．钢结构．北京:中国建筑工业出版社,2001

[17] 曹平周,朱召泉．钢结构．第2版．北京:科学技术文献出版社,2002

[18] 梁启智,等．钢结构．广州:华南理工大学出版社,1993

[19] 刘声扬．钢结构疑难释义．北京:中国建筑工业出版社,1998

[20] 欧阳可庆．钢结构．北京:中国建筑工业出版社,1991

[21] 解伟．水工钢结构．北京:中央广播电视大学出版社,2003

[22] 王用纯．钢结构．北京:中央广播电视大学出版社,1994

[23] 金秦来．高坝闸门总体布置．北京:科学出版社,1994

[24] 张新中．建筑钢结构的应用发展及综合经济效益分析．华北水利水电学院学报,2002(4)